高职高专"十二五"规划教材

土建专业系列

土建 CAD

主　编　滕　斌　邵慧甫
副主编　管晓涛　王　京　赵　洁
　　　　章　立　王　萍

南京大学出版社

图书在版编目(CIP)数据

土建 CAD / 滕斌,邵慧甫主编. — 南京 :南京大学
出版社,2013.4(2016.1 重印)
高职高专"十二五"规划教材. 土建专业系列
ISBN 978 - 7 - 305 - 09495 - 8

Ⅰ. ①土… Ⅱ. ①滕… ②邵… Ⅲ. ①土木工程—建
筑制图- AutoCAD 软件-高等学校-教材 Ⅳ.
①TU204 - 39

中国版本图书馆 CIP 数据核字(2011)第 277845 号

出版发行 南京大学出版社
社 址 南京市汉口路 22 号　　　　邮 编 210093
出 版 人 金鑫荣

丛 书 名 高职高专"十二五"规划教材·土建专业系列
书 名 土建 CAD
主 编 滕 斌 邵慧甫
责任编辑 张晋华 何永国　　　　编辑热线 010 - 82967726
审读编辑 陈兰兰

印 刷 南京紫藤制版印务中心
开 本 787×1092 1/16 印张 19 字数 437 千
版 次 2013 年 4 月第 1 版 2016 年 1 月第 2 次印刷
ISBN 978 - 7 - 305 - 09495 - 8
定 价 36.00 元

网址:http://www.njupco.com
官方微博:http://weibo.com/njupco
官方微信号:njupress
销售咨询热线:(025)83594756

前　言

本书依据我国现行的规程规范，结合院校学生实际能力和就业特点，根据教学大纲及培养技术应用型人才的总目标来编写。本书充分总结教学与实践经验，对基本理论的讲授以应用为目的，教学内容以必需、够用为度，突出实训、实例教学，紧跟时代和行业发展步伐，力求体现高职高专、应用型教育注重职业能力培养的特点。

全书共分为13章，内容包括：建筑AutoCAD绘图入门基础，建筑二维图形绘制，选择与夹点编辑建筑二维图形，建筑二维图形编辑，绘图工具与图层管理，面域与图案填充，精确绘制图形，创建文字和表格图，标注基础与样式设置，建筑图形标注与标注编辑，输出与打印图形，使用块、属性块、外部参照和AutoCAD设计中心，建筑AutoCAD绘图综合实例。

本书主要有以下的特点。

第一，教学思路清晰，内容全面。将传统建筑制图与现代信息技术绘图软件AutoCAD相融合，符合高职教育以就业为导向，以能力为本位的教学定位。

第二，实用性强。专业例图联系工程实际，便于理论联系实际教学。贴近岗位需求，实用为本，应用为主。

第三，浅显易懂。尽量把教学内容用简明扼要的形式表现，图文并茂，使学生一目了然，便于掌握和比较。

第四，严谨规范。严格执行国家标准，插图丰富清晰，文字简洁准确，叙述通俗易懂。

本书由滕斌、邵慧甫任主编，管晓涛、王京、赵洁、章立、王萍任副主编。由于编者水平所限，书中不足之处敬请读者批评指正。本书可作为高职高专土建类及相关专业计算机绘图课程的教材，也可作为应用型本科院校、成人教育学院、网络教育土木工程及相关专业的计算机绘图教材。

编　者

2011年10月

目　　录

项目1　建筑 AutoCAD 绘图入门基础 ……………………………………………………… (1)

　1.1　AutoCAD 的基本功能 ………………………………………………………………… (1)

　1.2　AutoCAD 2007 的经典界面组成 …………………………………………………… (2)

　1.3　图形文件管理 …………………………………………………………………………… (4)

　1.4　使用命令与系统变量 ………………………………………………………………… (7)

　1.5　设置参数选项 …………………………………………………………………………… (8)

　1.6　设置图形单位 …………………………………………………………………………… (9)

　1.7　设置绘图图限 ………………………………………………………………………… (10)

项目2　建筑二维图形绘制 ……………………………………………………………………… (11)

　2.1　绘图方法 ………………………………………………………………………………… (11)

　2.2　直线的绘制 …………………………………………………………………………… (12)

　2.3　圆的绘制 ………………………………………………………………………………… (16)

　2.4　圆弧的绘制 …………………………………………………………………………… (20)

　2.5　点的绘制 ………………………………………………………………………………… (23)

　2.6　圆环的绘制 …………………………………………………………………………… (25)

　2.7　矩形的绘制 …………………………………………………………………………… (26)

　2.8　正多边形绘制 ………………………………………………………………………… (28)

　2.9　椭圆的绘制与编辑 …………………………………………………………………… (31)

　2.10　样条曲线的绘制与编辑 …………………………………………………………… (33)

　2.11　多线的绘制与编辑 ………………………………………………………………… (34)

　2.12　多段线的绘制与编辑 ……………………………………………………………… (40)

项目3　选择与夹点编辑建筑二维图形 ……………………………………………………… (43)

　3.1　选择对象的方法 ……………………………………………………………………… (43)

　3.2　特征点编辑 …………………………………………………………………………… (48)

　3.3　特性编辑 ………………………………………………………………………………… (52)

　3.4　典型图形绘制 ………………………………………………………………………… (55)

　3.5　上机绘图 ………………………………………………………………………………… (57)

项目4　建筑二维图形编辑 ……………………………………………………………………… (59)

　4.1　删除对象 ………………………………………………………………………………… (59)

　4.2　复制对象 ………………………………………………………………………………… (60)

　4.3　镜像对象 ………………………………………………………………………………… (61)

　4.4　偏移对象 ………………………………………………………………………………… (63)

4. 5　延伸对象 ……………………………………………………… (64)

4. 6　修剪对象 ……………………………………………………… (65)

4. 7　阵列对象 ……………………………………………………… (67)

4. 8　移动对象 ……………………………………………………… (72)

4. 9　旋转对象 ……………………………………………………… (74)

4. 10　缩放对象 …………………………………………………… (76)

4. 11　拉伸 ………………………………………………………… (78)

4. 12　倒角 ………………………………………………………… (79)

4. 13　圆角 ………………………………………………………… (82)

4. 14　打断、打断于点 …………………………………………… (86)

4. 15　分解对象 …………………………………………………… (87)

项目 5　绘图工具与图层管理 …………………………………… (88)

5. 1　光标捕捉 ……………………………………………………… (88)

5. 2　目标捕捉 ……………………………………………………… (89)

5. 3　查询 …………………………………………………………… (92)

5. 4　草图设置 ……………………………………………………… (97)

5. 5　线型设置 ……………………………………………………… (98)

5. 6　图层 …………………………………………………………… (102)

5. 7　图层显示控制 ………………………………………………… (108)

5. 8　上机操作 ……………………………………………………… (122)

项目 6　面域与图案填充 ………………………………………… (129)

6. 1　创建面域 ……………………………………………………… (129)

6. 2　图案充填 ……………………………………………………… (132)

6. 3　设置边界和孤岛 ……………………………………………… (136)

6. 4　编辑图案填充 ………………………………………………… (137)

6. 5　分解图案 ……………………………………………………… (142)

6. 6　典型图形绘制 ………………………………………………… (143)

项目 7　精确绘制图形 …………………………………………… (145)

7. 1　使用坐标系 …………………………………………………… (145)

7. 2　设置捕捉和栅格 ……………………………………………… (151)

7. 3　使用 GRID 与 SNAP 命令 …………………………………… (154)

7. 4　使用正交模式 ………………………………………………… (155)

7. 5　打开对象捕捉功能 …………………………………………… (155)

7. 6　使用自动追踪 ………………………………………………… (163)

7. 7　使用动态输入 ………………………………………………… (165)

7. 8　上机绘图 ……………………………………………………… (166)

项目 8　创建文字和表格图 ……………………………………… (169)

8. 1　字体与字型的设置 …………………………………………… (169)

8．2　单行文本创建 ……………………………………………（172）

8．3　多行文本创建 ……………………………………………（174）

8．4　特殊字符输入 ……………………………………………（181）

8．5　单行文字与多行文字编辑 ………………………………（182）

8．6　快显文本 …………………………………………………（182）

8．7　创建和管理表格样式 ……………………………………（183）

8．8　插入表格 …………………………………………………（185）

8．9　编辑表格和表格单元 ……………………………………（185）

8．10　典型图形绘制 ……………………………………………（186）

项目9　标注基础与样式设置 ……………………………………（189）

9．1　尺寸标注的规则 …………………………………………（189）

9．2　尺寸标注的组成 …………………………………………（189）

9．3　尺寸标注的类型 …………………………………………（190）

9．4　创建尺寸标注的基本步骤 ………………………………（190）

9．5　尺寸标注样式 ……………………………………………（191）

9．6　上机操作 …………………………………………………（203）

项目10　建筑图形标注与标注编辑 ……………………………（207）

10．1　基本标注命令 ……………………………………………（207）

10．2　编辑标注对象 ……………………………………………（217）

10．3　尺寸标注的整体性和关联性 ……………………………（219）

10．4　典型图形标注 ……………………………………………（220）

10．5　上机操作 …………………………………………………（222）

项目11　输出与打印图形 …………………………………………（224）

11．1　输入与输出图形 …………………………………………（224）

11．2　在模型空间与图纸空间之间切换 ………………………（225）

11．3　创建和管理布局 …………………………………………（226）

11．4　使用浮动视口 ……………………………………………（232）

11．5　打印图形 …………………………………………………（233）

11．6　发布 DWF 文件 …………………………………………（235）

11．7　应用实例 …………………………………………………（235）

项目12　使用块、属性块、外部参照和 AutoCAD 设计中心 …（240）

12．1　创建与管理块 ……………………………………………（240）

12．2　编辑与管理块属性 ………………………………………（246）

12．3　使用外部参照 ……………………………………………（249）

12．4　AutoCAD 设计中心 ……………………………………（251）

12．5　应用实例 …………………………………………………（254）

项目13　建筑 AutoCAD 绘图综合实例 …………………………（259）

13．1　绘制建筑平面图 …………………………………………（259）

13. 2　绘制立面图 ……………………………………………………………（273）

13. 3　绘制剖面图 ……………………………………………………………（278）

13. 4　结构施工图的绘制 ……………………………………………………（283）

13. 5　绘制标准层结构布置图 ………………………………………………（285）

13. 6　绘制其他结构图 ………………………………………………………（287）

参考文献　………………………………………………………………………（294）

项目 1   建筑 AutoCAD 绘图入门基础

1.1   AutoCAD 的基本功能

AutoCAD 是诸多绘图软件之一,它是由美国 Autodesk 公司开发的通用计算机辅助设计(Computer Aided Design,CAD)软件,具有易于掌握、使用方便、体系结构开放等优点,能够绘制各类工程图形,对其进行标注尺寸、打印输出等,目前已广泛应用于机械、建筑、采矿、地质、冶金等领域,在建筑行业中应用更具有重要价值。

AutoCAD 2007 是 AutoCAD 系列软件较成熟的版本,与 AutoCAD 先前的版本相比,它在性能和功能方面都有较大的增强,同时保证与低版本相兼容。AutoCAD 2007 的基本功能包括图形文件的创建、打开和保存方法、AutoCAD 参数选项、图形单位、绘图图限的设置方法、命令与系统变量的使用方法。

AutoCAD 自 1982 年问世以来,已经经历了十余次升级,其每一次升级,在功能上都得到了逐步增强,且日趋完善。由于 AutoCAD 具有强大的辅助绘图功能,它已成为工程设计领域中应用最为广泛的计算机辅助绘图与设计软件之一。下面对 AutoCAD 中的绘制与编辑图形、标注图形尺寸、输出与打印图形基本功能作简单介绍。

1. 绘制与编辑图形

AutoCAD 的“绘图”菜单中包含有丰富的绘图命令,使用它们可以绘制直线、圆及圆弧、点、矩形、样条曲线、多线、多段线等基本图形,借助于“修改”菜单中的修改命令,可以精确绘制出各类建筑二维图形,功能全面,满足建筑专业制图要求。

2. 标注图形尺寸

尺寸标注是向图形中添加测量注释的过程,是整个绘图过程中不可缺少的一步。AutoCAD 的“标注”菜单中包含了一套完整的尺寸标注和编辑命令,使用它们可以在图形的各个方向上创建各种类型的标注,也可以方便、快捷地以一定格式创建符合建筑工程专业标准的标注。

标注显示了对象的测量值,对象之间的距离、角度,或者特征与指定原点的距离。在AutoCAD 中提供了线性、半径和角度 3 种基本的标注类型,可以进行水平、垂直、对齐、旋转、坐标、基线或连续等标注。此外,还可以进行引线标注、公差标注,以及自定义粗糙度标注。标注功能较强,可满足于建筑工程中各图形标注的要求。

3. 输出与打印图形

AutoCAD 不仅允许将所绘图形以不同样式通过绘图仪或打印机输出,还能将不同格式的图形导入 AutoCAD 或将 AutoCAD 图形以其他格式输出。因此,当图形绘制完成之后可以使用多种方法将其输出。例如,可以将图形打印在图纸上,或创建成文件以供其他应用程序使用。

1.2 AutoCAD 2007 的经典界面组成

AutoCAD 2007 经典界面主要由标题栏、菜单栏与快捷菜单、工具栏、绘图窗口、命令行与文本窗口、状态栏等元素组成,如图 1-1 所示。

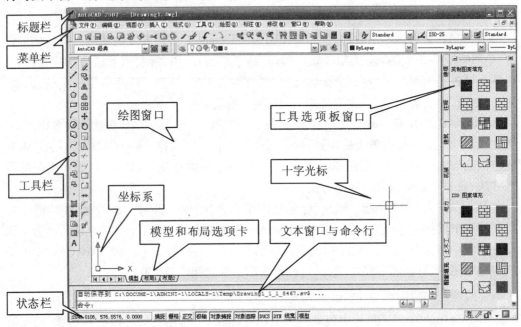

图 1-1 AutoCAD 2007 界面组成

1. 标题栏

标题栏位于应用程序窗口的最上面,用于显示当前正在运行的程序名及文件名等信息,如果是 AutoCAD 默认的图形文件,其名称为 DrawingN. dwg(N 是数字)。单击标题栏右端的按钮,可以最小化、最大化或关闭应用程序窗口。标题栏最左边是应用程序的小图标,单击它将会弹出 AutoCAD 窗口控制下拉菜单,可以执行最小化或最大化窗口、恢复窗、移动窗、关闭 AutoCAD 等操作。

2. 菜单栏与快捷菜单

AutoCAD 2007 的菜单栏由"文件"、"编辑"、"视图"等菜单组成,几乎包括了 Auto-CAD 中全部的功能和命令。

快捷菜单又称为上下文相关菜单。在绘图区域、工具栏、状态栏、模型与布局选项卡以及一些对话框上右击时,将弹出一个快捷菜单,该菜单中的命令与 AutoCAD 当前状态相关。使用它们可以在不启动菜单栏的情况下快速、高效地完成某些操作。

3.工具栏

工具栏是应用程序调用命令的另一种方式,它包含许多由图标表示的命令按钮。在 AutoCAD 中,系统共提供了二十多个已命名的工具栏。默认情况下,"标准"、"属性"、"绘图"和"修改"等工具栏处于打开状态。如果要显示当前隐藏的工具栏,可在任意工具栏上右击,此时将弹出快捷菜单,通过选择命令可以显示或关闭相应的工具栏。"标准"、"绘图"和"修改"工具栏,如图1-2所示。

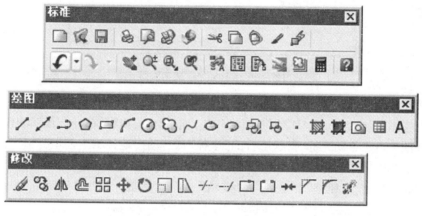

图1-2 "标准"、"绘图"和"修改"工具栏界面图

4.绘图窗口

在 AutoCAD 中,绘图窗口是用户绘图的工作区域,所有的绘图结果都反映在这个窗口中。可以根据需要关闭其周围和里面的各个工具栏,以增大绘图空间。如果图纸比较大,需要查看未显示部分时,可以单击窗口右边与下边滚动条上的箭头,或拖动滚动条上的滑块来移动图纸。

在绘图窗口中除了显示当前的绘图结果外,还显示了当前使用的坐标系类型以及坐标原点、X 轴、Y 轴、Z 轴的方向等。默认情况下,坐标系为世界坐标系(WCS)。绘图窗口的下方有"模型"和"布局"选项卡,单击其标签可以在模型空间或图纸空间之间切换。

5.文本窗口与命令行

"命令行"窗口位于绘图窗口的底部,用于接收用户输入的命令,并显示 AutoCAD 提示信息。在 AutoCAD 2007 中,"命令行"窗口可以拖放为浮动窗口,如图1-3所示。

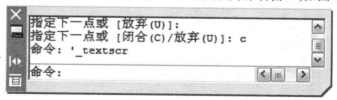

图1-3 "命令行"浮动窗口

"AutoCAD 文本窗口"是记录 AutoCAD 命令的窗口,是放大的"命令行"窗口,它记录了已执行的命令,也可以用来输入新命令。在 AutoCAD 2007 中,可以选择"视图"→"显

示"→"文本窗口"命令、执行 TEXTSCR 命令或按 F2 键来打开 AutoCAD 文本窗口,它记录了对文档进行的所有操作,如图 1 - 4 所示。

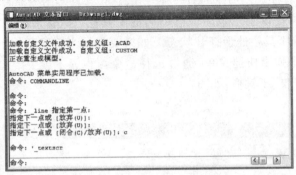

图 1 - 4　　AutoCAD 文本窗口

6. 状态栏

状态栏用来显示 AutoCAD 当前的状态,如当前光标的坐标、命令和按钮的说明等。

在绘图窗口中移动光标时,状态行的"坐标"区将动态地显示当前坐标值。坐标显示取决于所选择的模式和程序中运行的命令,共有"相对"、"绝对"和"无"3 种模式。状态栏中还包括"捕捉"、"栅格"、"正交"、"极轴"、"对象捕捉"、"对象追踪"、DUCS、DYN、"线宽"、"模型"和"图纸"10 个功能按钮。

1.3　图形文件管理

在 AutoCAD 2007 中,图形文件管理包括创建新的图形文件、打开已有的图形文件、关闭图形文件以及保存图形文件等操作。

(1)创建新图形文件。选择"文件"→"新建"命令(NEW),或在"标准"工具栏中单击"新建"按钮,可以创建新图形文件,此时将打开"选择样板"对话框,如图 1 - 5 所示。

图 1 - 5　选择样板对话框

在"选择样板"对话框中,可以在"名称"列表框中选中某一样板文件,这时在其右面的"预览"框中将显示出该样板的预览图像。单击"打开"按钮,可以以选中的样板文件为样板创建新图形,此时会显示图形文件的布局(选择样板文件 acad. dwt 或 acadiso. dwt 除外)。例如,以样板文件 Gb_a0 Color Dependent Plot Styles 创建新图形文件,如图 1 - 6 所示。

图 1-6　新建图形文件界面

(2)打开图形文件。在菜单栏中选择"文件"→"打开"命令(OPEN),或在"标准"工具栏中单击"打开"按钮,可以打开已有的图形文件,此时将打开"选择文件"对话框,如图 1 - 7 所示。选择需要打开的图形文件,在右面的"预览"框中将显示出该图形的预览图像。默认情况下,打开的图形文件的格式为. dwg,如图 1 - 8 所示。

图 1-7　"选择文件"对话框

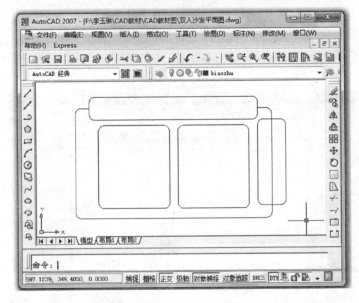

图1-8　图形文件打开界面

　　在 AutoCAD 中,可以以"打开"、"以只读方式打开"、"局部打开"和"以只读方式局部打开"4 种方式打开图形文件。当以"打开"、"局部打开"方式打开图形时,可以对打开的图形进行编辑,如果以"以只读方式打开"、"以只读方式局部打开"方式打开图形时,则无法对打开的图形进行编辑。

　　如果选择以"局部打开"、"以只读方式局部打开"打开图形,这时将打开"局部打开"对话框。可以在"要加载几何图形的视图"选项组中选择要打开的视图,在"要加载几何图形的图层"选项组中选择要打开的图层,然后单击"打开"按钮,即可在视图中打开选中图层上的对象。

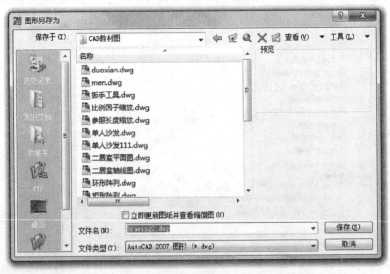

图1-9　"图形另存为"对话框

（3）保存图形文件。在 AutoCAD 中,可以使用多种方式将所绘图形以文件形式存入磁盘。例如,可以选择"文件"→"保存"命令(QSAVE),或在"标准"工具栏中单击"保存"按钮,以当前使用的文件名保存图形;也可以选择"文件"→"另存为"命令(SAVEAS),将当前图形以新的名称保存。在第一次保存创建的图形时,系统将打开"图形另存为"对话框,如图1-9所示。默认情况下,文件以"AutoCAD 2007 图形(* . dwg)"格式保存,也可以在"文件类型"下拉列表框中选择其他格式,如 AutoCAD 2004/LT2004图形(* . dwg)、AutoCAD 2000/LT2000 图形(* . dwg)、AutoCAD 图形标准(* . dws)等格式。

（4）关闭图形文件。选择"文件"→"关闭"命令(CLOSE),或在绘图窗口中单击"关闭"按钮,可以关闭当前图形文件。如果当前图形没有存盘,系统将弹出 AutoCAD 警告对话框,询问是否保存文件,如图1-10所示。此时,单击"是(Y)"按钮或直接按 Enter 键,可以保存当前图形文件并将其关闭;单击"否(N)"按钮,可以关闭当前图形文件但不存盘;单击"取消"按钮,取消关闭当前图形文件操作,即不保存也不关闭。

如果当前所编辑的图形文件没有命名,那么单击"是(Y)"按钮后,AutoCAD 会打开"图形保存"对话框,要求用户确定图形文件存放的位置和名称。

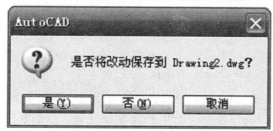

图1-10　AutoCAD 警告

1.4　使用命令与系统变量

在 AutoCAD 中,菜单命令、工具按钮、命令和系统变量大都是相互对应的。可以选择某一菜单命令,或单击某个工具按钮,或在命令行中输入命令和系统变量来执行相应命令。可以说,命令是 AutoCAD 绘制与编辑图形的核心。

（1）使用鼠标操作执行命令。在绘图窗口,光标通常显示为"十"字线形式。当光标移至菜单选项、工具栏或对话框内时,会变成一个箭头。无论光标是"十"字线形式还是箭头形式,当单击或者按动鼠标键时,都会执行相应的命令或动作。在 AutoCAD 中,鼠标键是按照下述规则定义的。

①拾取键:通常指鼠标左键,用于指定屏幕上的点,也可以用来选择 Windows 对象、AutoCAD 对象、工具栏按钮和菜单命令等。

②回车键:指鼠标右键,相当于 Enter 键,用于结束当前使用的命令,此时系统将根据当前绘图状态而弹出不同的快捷菜单。

③弹出菜单:当使用 Shift 键和鼠标右键的组合时,系统将弹出一个快捷菜单,用于设

置捕捉点的方法。对于 3 键鼠标,弹出按钮通常是鼠标的中间按钮。

(2)使用命令行。在 AutoCAD 2007 中,默认情况下"命令行"是一个可固定的窗口,可以在当前命令行提示下输入命令、对象参数等内容。对大多数命令,"命令行"中可以显示执行完的两条命令提示(也叫命令历史),而对于一些输出命令,例如 TIME、LIST 命令,需要在放大的"命令行"或"文本窗口"中才能完全显示。

在"命令行"窗口中右击,AutoCAD 将显示一个快捷菜单。通过它可以选择最近使用过的 6 个命令、复制选定的文字或全部命令历史记录、粘贴文字,以及打开"选项"对话框。在命令行中,还可以使用 BackSpace 或 Delete 键删除命令行中的文字;也可以选中命令历史,并执行"粘贴到命令行"命令,将其粘贴到命令行中。

(3)使用透明命令。在 AutoCAD 2007 中,透明命令是指在执行其他命令的过程中可以执行的命令。常使用的透明命令多为修改图形设置的命令、绘图辅助工具命令,例如 SNAP、GRID、ZOOM 等。要以透明方式使用命令,应在输入命令之前输入单引号(')。命令行中,透明命令的提示前有一个双折号(>>)。完成透明命令后,将继续执行原命令。

(4)使用系统变量。在 AutoCAD 中,系统变量用于控制某些功能和设计环境、命令的工作方式,它可以打开或关闭捕捉、栅格或正交等绘图模式,设置默认的填充图案,或存储当前图形和 AutoCAD 配置的有关信息。

系统变量通常是 6 ~ 10 个字符长的缩写名称。许多系统变量有简单的开关设置。例如 GRIDMODE 系统变量用来显示或关闭栅格,当在命令行的"输入 GRIDMODE 的新值 <1>:"提示下输入 0 时,可以关闭栅格显示;输入 1 时,可以打开栅格显示。有些系统变量则用来存储数值或文字,例如 DATE 系统变量用来存储当前日期。可以在对话框中修改系统变量,也可以直接在命令行中修改系统变量。例如要使用 ISOLINES 系统变量修改曲面的线框密度,可在命令行提示下输入该系统变量名称并按 Enter 键,然后输入新的系统变量值并按 Enter 键即可,操作如下。

命令:ISOLINES(输入系统变量名称)

输入 ISOLINES 的新值 <4>:32(输入系统变量的新值)

1.5　设置参数选项

通常情况下,安装好 AutoCAD 2007 后就可以在其默认状态下绘制图形,但有时为了使用特殊的定点设备、打印机,或提高绘图效率,用户需要在绘制图形前先对系统参数进行必要的设置。

选择"工具"→"选项"命令(OPTIONS),可打开"选项"对话框。在该对话框中包含"文件"、"显示"、"打开和保存"、"打印和发布"、"系统"、"用户系统配置"、"草图"、"三维建模"、"选择"和"配置"10 个选项卡,如图 1 - 11 所示。

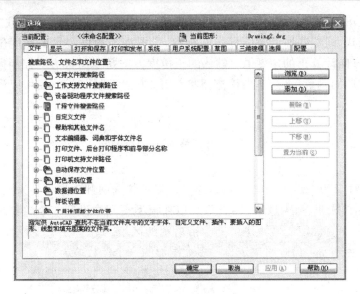

图 1-11　"选项"对话框

1.6　设置图形单位

在 AutoCAD 2007 中,用户可以采用 1:1 的比例绘图,因此,所有的直线、圆和其他对象都可以以真实大小来绘制。例如,如果一个零件长 200cm,那么它也可以按 200cm 的真实大小来绘制,在需要打印出图时,再将图形按图纸大小进行缩放。在 AutoCAD 2007中,用户可以选择"格式"→"单位"命令,在打开的"图形单位"对话框中设置绘图时使用的长度单位、角度单位,以及单位的显示格式和精度等参数,如图 1-12 所示。

图 1-12　"图形单位"对话框

设置测量单位的当前类型。该值包括"建筑"、"小数"、"工程"、"分数"和"科学"设置当前角度格式、设置线性测量值显示的小数、设置当前角度显示的精度位数或分数大小,以顺时针方向计算正的角度值。默认的正角度方向是逆时针方向控制插入到当前图形中的块和图形的测量单位,单击该按钮将打开"方向控制"对话框,可以设置起始角度(0°)的方向。

1.7　设置绘图图限

在 AutoCAD 2007 中,用户不仅可以通过设置参数选项和图形单位来设置绘图环境,还可以设置绘图图限。使用 LIMITS 命令可以在模型空间中设置一个想象的矩形绘图区域,也称为图限。它确定的区域是可见栅格指示的区域,如图 1 - 13 所示,也是选择"视图"→"缩放"→"全部"命令时决定显示多大图形的一个参数。

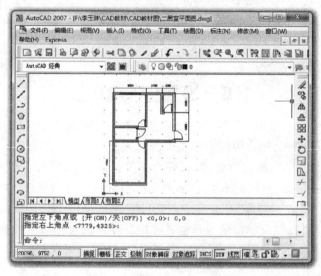

图 1 - 13　栅格显示图形界限

项目2 建筑二维图形绘制

2.1 绘图方法

为了满足不同用户的需要,使操作更加灵活方便,AutoCAD 2007 提供了多种绘图方法来实现相同的功能。可使用绘图菜单、绘图工具栏、屏幕菜单和绘图命令 4 种方法来绘制基本图形对象。

1. 绘图菜单

绘图菜单是绘制图形最基本、最常用的方法,其中包含了 AutoCAD 2007 的大部分绘图命令。选择该菜单中的命令或子命令,可绘制出相应的二维图形。

2. 绘图工具栏

绘图工具栏中的每个工具按钮都与绘图菜单中的绘图命令相对应,是图形化的绘图命令。绘图工具栏,如图 1 – 3 所示。

3. 屏幕菜单

屏幕菜单是 AutoCAD 2007 的另一种菜单形式。选择其中的"工具 1"和"工具 2"子菜单,可以使用绘图相关工具。"工具 1"和"工具 2"子菜单中的每个命令分别与 Auto-CAD 2007 的绘图命令相对应。默认情况下,系统不显示"屏幕菜单",但可以通过选择"工具"→"选项"命令,打开"选项"对话框,在"显示"选项卡的"窗口元素"选项组中选中"显示屏幕菜单"复选框将其显示。

4. 绘图命令

使用绘图命令也可以绘制图形,在命令提示行中输入绘图命令或者命令的快捷键按 Enter 键,并根据命令行的提示信息进行绘图操作。这种方法快捷、准确性高,但要求掌握绘图命令及其选择项的具体用法。

AutoCAD 2007 在实际绘图时,采用命令行工作机制,以命令的方式实现用户与系统的信息交互,而前面介绍的 3 种绘图方法是为了方便操作而设置的,是 3 种不同的调用绘图命令的方式。

2.2　直线的绘制

直线是各种绘图中最常用、最简单的一类图形对象,只要指定了起点和终点即可绘制一条直线,是绘制建筑二维图形的基本要素,是必须掌握的知识内容。

2.2.1　命令使用

1.命令调用方式

(1)下拉菜单:"绘图"→"直线"。

(2)工具栏:"绘图"→直线按钮 ✎。

(3)命令行:Line(L),快捷形式:L。

在 AutoCAD 2007 中,绘制直线命令是使用最频繁的命令,也是最基础的命令,用户通过鼠标或键盘来决定线段的起点和终点。

当从一个点出发作了一条线段后,AutoCAD 2007 允许以上一条线段的终点为起点,另外确定一点为线段的终点,这样一直作下去,除非按 Enter 键、鼠标右键或 Esc 键,才能终止命令。执行直线命令后,用户可以一次画一条线段,也可以连续画多条线段(各线段是彼此独立实体),如图 2-1 所示。直线是由起点和终点来确定的,通过鼠标或键盘来确定起点和终点。

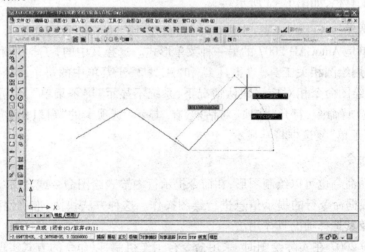

图 2-1　直线绘制

2.操作步骤

执行上述三种命令方式中任一种方式,系统提示如下:

指定第一点:　　　　　　　　　　//输入起始点

指定下一点或[放弃(U)]:　　　　//输入第 2 点

指定下一点或[闭合(C)/放弃(U)]://输入第 3 点

指定下一点或[闭合(C)/放弃(U)]:C↙

　　　　　　　　//输入"C",按 Enter 键,自动封闭由直线绘制
　　　　　　　　的多边形并退命令

　　说明:在本书叙述中,所有涉及用户交互操作的过程,在菜单或命令操作后,由用户响应的操作及说明置于"//"后,其中"↙"表示用户敲击 Enter 键进行确认。在下文示例操作中,不再作说明。

2.2.2　应用实例

　　某二居室平面图,设计尺寸如图 2-2 所示,现绘制该平面图的墙体中轴线。

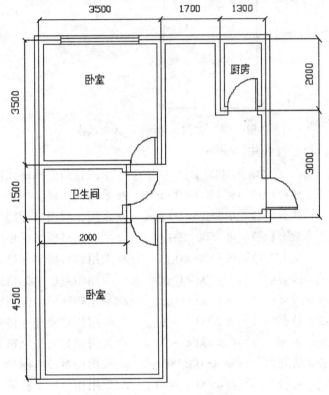

图 2-2　二居室平面图

　　(1)绘图分析。二居室平面图包括两个卧室、一个厨房和一个卫生间,其墙体中轴线由满足规定长度和角度的多个直线段组成,可采用直线绘制来完成。方法一:绘制时采用相对极坐标输入绘制点,可满足要求,建筑工程图中,相对坐标点的输入方式是常应用的手段,其中包括相对极坐标和相对直角坐标;方法二:可以采用直接输入直线长度来绘制,利用鼠标拖动确定直线的方向,这种方法简单快捷,但是仅限于横平竖直的直线组成的图形,对于绘制具有一定角度的图形时缺乏精确性。

　　(2)绘图过程。

　　方法一:

　　中轴线的绘制可从四个角点的任意位置开始,如图 2-3 所示从左下角开始:

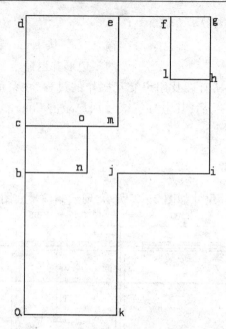

图 2 - 3 二居室轴线图的绘制过程

单击绘图工具栏的直线按钮✐

命令_line 指定第一点:1000,1000 ✓　　　　//采用直角坐标格式输入 a 点坐标

指定下一点或［放弃(U)］:@4500 < 90 ✓　　//采用相对极坐标格式输入 b 点坐标

指定下一点或［放弃(U)］:@1500 < 90 ✓　　//采用相对极坐标格式输入 c 点坐标

指定下一点或［放弃(U)］:@3500 < 90 ✓　　//采用相对极坐标格式输入 d 点坐标

指定下一点或［放弃(U)］:@3500 < 0 ✓　　//采用相对极坐标格式输入 e 点坐标

指定下一点或［放弃(U)］:@1700 < 0 ✓　　//采用相对极坐标格式输入 f 点坐标

指定下一点或［放弃(U)］:@1300 < 0 ✓　　//采用相对极坐标格式输入 g 点坐标

指定下一点或［放弃(U)］:@2000 < - 90 ✓　//采用相对极坐标格式输入 h 点坐标

指定下一点或［放弃(U)］:@3000 < - 90 ✓　//采用相对极坐标格式输入 i 点坐标

指定下一点或［放弃(U)］:@3000 < 180 ✓　//采用相对极坐标格式输入 j 点坐标

指定下一点或［放弃(U)］:@4500 < - 90 ✓　//采用相对极坐标格式输入 k 点坐标

指定下一点或［闭合(C)放弃(U)］:C ✓　　//闭合图型

命令_line 指定第一点:1000,5500 ✓　　　　//采用直角坐标格式输入 b 点坐标

指定下一点或［放弃(U)］:@2000 < 0 ✓　　//采用相对极坐标格式输入 n 点坐标

指定下一点或［放弃(U)］:@1500 < 90 ✓　　//采用相对极坐标格式输入 o 点坐标

命令_line 指定第一点:1000,7000 ✓　　　　//采用直角坐标格式输入 c 点坐标

指定下一点或［放弃(U)］:@3000 < 0 ✓　　//采用相对极坐标格式输入 m 点坐标

指定下一点或［放弃(U)］:@3500 < 90 ✓　　//采用相对极坐标格式输入 e 点坐标

命令_line 指定第一点:6200,10500 ✓　　　//采用直角坐标格式输入 f 点坐标

指定下一点或［放弃(U)］:@2000 < - 90 ✓　//采用相对极坐标格式输入 i 点坐标

指定下一点或［放弃(U)］:@1300 < 0 ✓　　//采用相对极坐标格式输入 h 点坐标

方法二:(注意:鼠标指向一定是所绘制直线的延展方向。)

二居室轴线图的快速绘制:

命令:LINE↙　　　　　　　　　　　　//执行直线命令

指定第一点:1000,1000↙　　　　　　//采用直角坐标格式输入 a 点坐标

指定下一点或［放弃(U)］:＜正交 开＞4500↙　//打开正交状态,沿着 Y 轴正向拖动鼠标直接输入 ab 段直线长度

指定下一点或［放弃(U)］:1500↙　　//沿着 Y 轴正向拖动鼠标直接输入 bc 段直线长度

指定下一点或［放弃(U)］:3500↙　　//沿着 Y 轴正向拖动鼠标直接输入 cd 段直线长度

指定下一点或［闭合(C)/放弃(U)］:3500↙　//沿着 X 轴正向拖动鼠标直接输入 de 段直线长度

指定下一点或［闭合(C)/放弃(U)］:1700↙　//沿着 X 轴正向拖动鼠标直接输入 ef 段直线长度

指定下一点或［闭合(C)/放弃(U)］:1300↙　//沿着 X 轴正向拖动鼠标直接输入 fg 段直线长度

指定下一点或［闭合(C)/放弃(U)］:2000↙　//沿着 Y 轴反向拖动鼠标直接输入 gh 段直线长度

指定下一点或［闭合(C)/放弃(U)］:3000↙　//沿着 Y 轴反向拖动鼠标直接输入 hi 段直线长度

指定下一点或［闭合(C)/放弃(U)］:3000↙　//沿着 X 轴反向拖动鼠标直接输入 ij 段直线长度

指定下一点或［闭合(C)/放弃(U)］:4500↙　//沿着 Y 轴反向拖动鼠标直接输入 jk 段直线长度

指定下一点或［闭合(C)/放弃(U)］:C↙　//闭合图型

命令:LINE↙　　　　　　　　　　　　//执行直线命令

指定第一点:1000,5500↙　　　　　　//采用直角坐标格式输入 b 点坐标

指定下一点或［闭合(C)/放弃(U)］:2000↙　//沿着 X 轴正向拖动鼠标直接输入 bn 段直线长度

指定下一点或［闭合(C)/放弃(U)］:1500↙　//沿着 Y 轴正向拖动鼠标直接输入 no 段直线长度

命令:LINE↙　　　　　　　　　　　　//执行直线命令

指定第一点:1000,7000↙　　　　　　//采用直角坐标格式输入 c 点坐标

指定下一点或［闭合(C)/放弃(U)］:3500↙　//沿着 X 轴正向拖动鼠标直接输入 cm 段直线长度

指定下一点或［闭合(C)/放弃(U)］:3500↙　//沿着 Y 轴正向拖动鼠标直接输入 me 段直线长度

命令:LINE↙　　　　　　　　　　　　//执行直线命令

指定第一点:6200,10500↙　　　　　　//采用直角坐标格式输入 f 点坐标
指定下一点或［闭合(C)/放弃(U)］:2000↙　　//沿着 Y 轴反向拖动鼠标直接输入
　　　　　　　　　　　　　　　　　　　　fl 段直线长度
指定下一点或［闭合(C)/放弃(U)］:1300↙　　//沿着 Y 轴反向拖动鼠标直接输入
　　　　　　　　　　　　　　　　　　　　lh 段直线长度

2.3　圆的绘制

2.3.1　命令使用

1.命令调用方式

(1)下拉菜单:"绘图"→"圆"。

(2)工具栏:"绘图"→"圆"按钮 ⏱ ,如图 2 - 4 所示。

(3)命令行:Circle,快捷键:C。

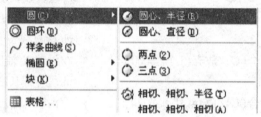

图 2 - 4　绘圆菜单

2.操作说明

指定圆的圆心或[三点(3P)/两点(2P)/相切、相切、半径(T)]:

(1)"圆心、半径"方法是用指定的圆心和给定半径值来绘制圆,这是绘圆的默认方式。

(2)"圆心、直径"方法是用指定的圆心和给定直径值来绘制圆。

(3)"三点(3P)"选项是用指定的圆周上的三点来绘制圆。

(4)"两点(2P)"选项是用指定的圆直径上的两个端点来绘制圆。

(5)"相切、相切、半径(T)"选项是用来绘制与两个已知对象相切,且半径为给定值的圆。

(6)"相切、相切、相切"方法是用来绘制与三个已知对象相切的圆。

2.3.2　应用实例

绘制洗手池,具体尺寸如图2-5所示。

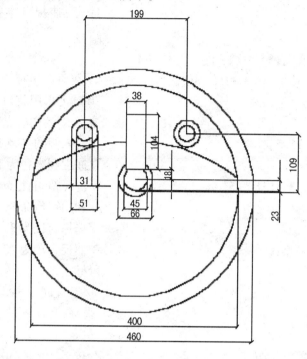

图2-5　洗手池

具体操作如下:

命令行输入C↙　　　　　　　　　//在绘图区域任意指定一点作为圆心

指定圆的半径<3.8131>:200↙　　//输入圆的半径200
命令行输入C↙　　　　　　　　　//捕捉到半径为200的圆的圆心
指定圆的半径<3.8131>:230↙　　//输入圆的半径230,如图2-6(a)所示

命令行输入C↙　　　　　　　　　//利用对象捕捉中的"捕捉自"工具捕捉到半径为200的圆的圆心

指定圆的半径或[直径(D)]:
from基点:<偏移>:@0,23↙　　　//在原有半径为200的圆的圆心基础上采用相对直角坐标的方式输入新的圆心点坐标

指定圆的半径:22.5↙　　　　　　//输入圆的半径22.5
命令行输入C↙　　　　　　　　　//捕捉到半径为22.5的圆的圆心

指定圆的半径 <3.8131> :33 ✓	//输入圆的半径 33，如图 2 - 6(b) 所示
命令行输入 C ✓	//利用对象捕捉中的"捕捉自"工具 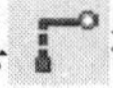 ⬚ 捕捉到半径为 200 的圆的圆心
指定圆的半径或[直径(D)]: from 基点:<偏移>:@ - 99.5,109 ✓	//在原有半径为 200 的圆的圆心基础上采用相对直角坐标的方式输入新的圆心点坐标
指定圆的半径:15.5 ✓	//输入圆的半径 15.5
命令行输入 C ✓	//捕捉到半径为 15.5 的圆的圆心
指定圆的直径 <3.8131> :51 ✓	//输入圆的直径 51,如图 2 -6(c)所示
命令行输入 MI ✓	//利用镜像命令
选择对象:	//选择直径为 31 和 51 的两个圆
指定镜像线第一点:	//捕捉直径为 45 的圆的圆心单击鼠标左键
指定镜像线第二点:	//竖直向上移动光标,出现追踪线,在追踪线的位置上单击鼠标左键
是否删除源对象?[是(Y)/(N)] <N> :	//按 Enter 键 如图 2 -6(d)所示
命令行输入 L ✓	//利用对象捕捉中的"捕捉自"  ⬚ 工具捕捉到直径为 45 的圆的圆心
指定第一点:from 基点:<偏移>:@ - 99.5,109	//在原有直径为 45 的圆的圆心基础上采用相对直角坐标的方式输入直线起始点点坐标
指定下一点:104	//沿着 Y 轴正向拖动鼠标直接输入直线长度
指定下一点:38	//沿着 X 轴正向拖动鼠标直接输入直线长度
指定下一点:104	//沿着 Y 轴反向拖动鼠标直接输入直线长度
指定下一点或[闭合(C)/放弃(U)]:C ✓	//闭合图型如图 2 -6(e)所示
命令行输入 C ✓	//捕捉直径为 460 的圆的下方象限点作为圆心,以矩形的长边中点作为圆周内的一点,画出一个辅助圆,如图 2 -6(f)所示

命令行输入 TR ↙   //利用修剪命令修剪掉多余部分，结果如图 2 - 6(g)所示

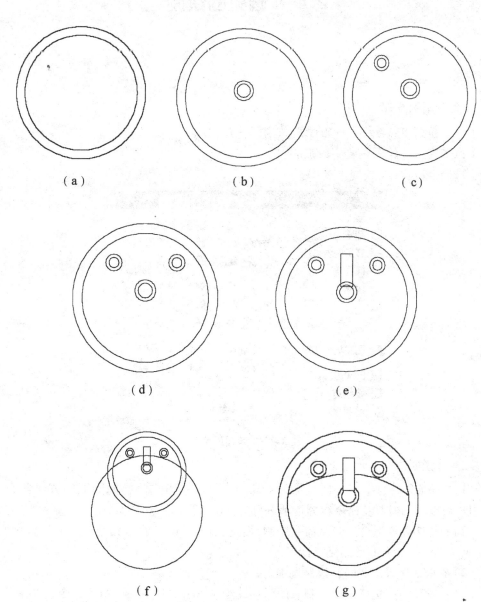

图 2 - 6 洗手池的绘制过程

2.4　圆弧的绘制

2.4.1　命令使用

1. 命令调用方式

（1）下拉菜单："绘图"→"圆弧"，如图 2－7 所示。

（2）工具栏："绘图"→圆弧按钮 ⌒。

（3）命令行：Arc，快捷形式：A。

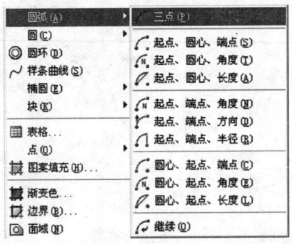

图 2－7　绘圆弧菜单

2. 操作说明

（1）"Arc"命令的作用是创建圆弧对象。由图 2－7 可知，绘制圆弧的方法共有 11 种，用户可以根据需要及命令行的提示进行选择。

（2）有些圆弧不适合用圆弧命令绘制，而适合用"Circle"命令结合"Trim"（修剪）命令生成。"Trim"命令的使用见第四章。

（3）AutoCAD 采用逆时针绘制圆弧。

（4）直线和圆弧交替连续绘制或圆弧连续绘制，是在"Line"或"Arc"命令的提示下直接回车，其起点为上一线段的终点，并且与上一线段相切，连接点是切点。

2.4.2　应用实例

绘制如图 2－8 所示的浴缸平面图。

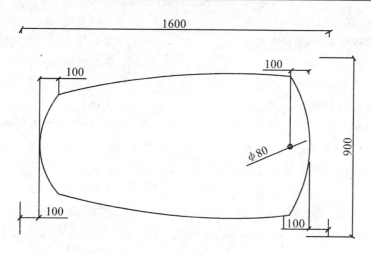

图 2－8　浴缸平面图

本图需通过辅助线来绘制,具体操作如下。

选择"工具"→"草图设置"命令,在"对象捕捉"选项卡中勾选"启用对象捕捉"、"端点"、"中点"、"圆心"和"象限点"复选框,单击"确定"按钮,如图 2－9 所示。

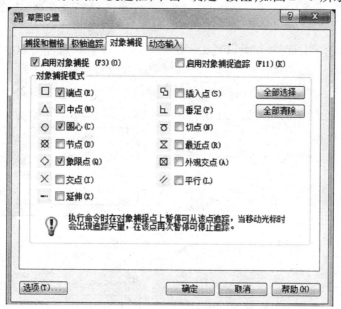

图 2－9　"草图设置"对话框

命令:LINE ↙ 　　　　　　　　　　　　　//执行直线命令

LINE 指定第一点:＜正交 开＞　　　　　　//在绘图区内指定一点

指定下一点或［放弃(U)］:1600 ↙　　　　//鼠标指向 X 轴正向

同理绘制,完成浴缸的矩形边框,如图 2－10(a)所示。

选择"修改"→"偏移"命令　　　　　　　　//执行偏移命令

指定偏移距离:100 ↙　　　　　　　　　　//选择直线 ab

指定要偏移的那一侧上的点:　　　　　　// 在直线 ab 下方单击鼠标左键

选择要偏移的对象：　　　　　　　　　　　//选择直线 bc

指定要偏移的那一侧上的点：　　　　　　//在直线 bc 左方单击鼠标左键

选择要偏移的对象：　　　　　　　　　　　//选择直线 cd

指定要偏移的那一侧上的点：　　　　　　// 在直线 cd 上方单击鼠标左键

选择要偏移的对象：　　　　　　　　　　　//选择直线 da

指定要偏移的那一侧上的点：　　　　　　//在直线 da 右方单击鼠标左键

利用"偏移"命令在矩形框内侧绘制出四条辅助线，如图 2 – 10(b)所示。

同理继续向内偏移 4 条辅助线，如图 2 – 10(c)所示。

命令：Arc ↙　　　　　　　　　　　　　　//执行弧命令

指定圆弧的起点或[圆心(C)]：　　　　　//利用鼠标捕捉 A 点

指定圆弧的第二点或[圆心(C)端点(E)]：　// 利用鼠标捕捉左侧第一条辅助
　　　　　　　　　　　　　　　　　　　　线的中点 B

指定圆弧的端点或：　　　　　　　　　　//利用鼠标捕捉 C 点

这样就画出了第一段弧，如图 2 – 10(d)所示，同理继续绘制出其他三段弧，如图 2 –
11(e)所示。

命令：C ↙　　　　　　　　　　　　　　　//执行圆命令，选择右侧辅助线中
　　　　　　　　　　　　　　　　　　　　点为圆心

指定圆的半径或[直径(D)]:40 ↙　　　　//绘制直径为 80 的圆如图 2 – 10
　　　　　　　　　　　　　　　　　　　　(f)所示

选择"修改"→"删除"命令，删除矩形框内侧的八条辅助线，如图 2 – 10(g)所示。

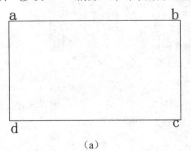

(a)

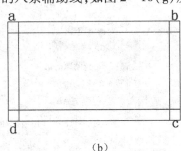

(b)

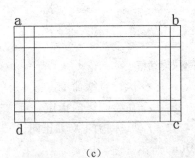

(c)

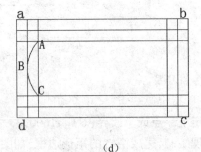

(d)

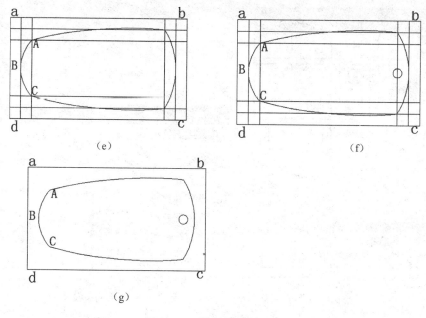

图2-10 浴缸的绘制过程

2.5 点的绘制

2.5.1 设置点的大小及类型

设置点的样式和大小的命令调用方式为:

(1)下拉菜单:"格式"→"点样式"。

(2)命令:Ddptype。

如图2-11所示,用户可根据需要通过该对话框确定点的样式和点的大小。

2.5.2 绘制单点与多点

1. 命令调用方式

(1)下拉菜单:"绘图"→"点"→"单点"或"多点",如图2-12所示。

(2)工具栏:"绘图"→圆弧按钮(多点)。

(3)命令行:Point(单点),快捷形式:Po(单点)。

2. 相关说明

"Point"命令是创建单点或多点对象。执行命令时,按提示指定所绘制点的位置。绘制多点时,按 Esc 键,就可结束命令。

在直线上绘制点时并不可见,是因为点与直线重合,我们可以用鼠标框选择或更改点的大小或类型即可显现。

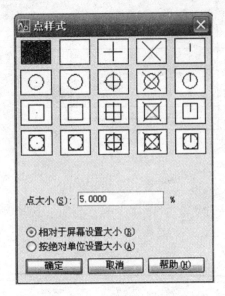

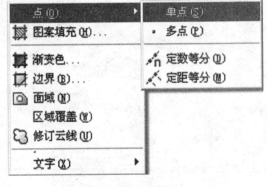

图 2 - 11　"点的样式"对话框　　　　　图 2 - 12　点的下拉菜单

2.5.3　绘制定数等分点

1.命令调用方式

(1)下拉菜单:"绘图"→"点"→"定数等分",如图 2 - 12 所示。

(2)命令行:Divide,快捷形式:Div。

2.相关说明

"Divide"命令用于定数等分线段,执行命令时命令行提示如下:

选择要定数等分的对象:

输入线段数目或[块(B)]:

"块(B)"选项用于在分段处插入所定义的块,否则在分段处放置点的对象。

2.5.4　绘制定距等分点

1.命令调用方式

(1)下拉菜单:"绘图"→"点"→"定距等分",如图 2 - 12 所示。

(2)命令行:Measure,快捷形式:Me 。

2.相关说明

"Measure"命令用于定距等分线段,即将点对象在指定的对象上按指定的间隔放置。执行命令时命令行提示如下:

选择要定距等分的对象:

指定线段长度或[块(B)]:

应注意与定数等分点的区别,"块(B)"选项用于在分段处插入所定义的块,否则在分段处放置点的对象。

2.5.5　思考题

将长度为 37cm 的线段均分应该使用定数等分还是定距等分的命令?

2.6　圆环的绘制

2.6.1　命令调用方式

绘制圆环的命令调用格式为:

下拉菜单:"绘图"→"圆环",如图 2-13 所示。

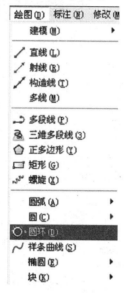

图 2-13　圆环绘制下拉菜单

2.6.2　应用实例

指北针中圆环的绘制。

点击下拉菜单:"绘图"→"圆环"

指定圆环的内径 <24.0000>:27 ✓

指定圆环的外径 <30.0000>:29 ✓

指定圆环的中心点或退出:　　　　　　　　//如图 2-14(a)所示

打开"对象捕捉",捕捉圆环放置点,如图 2-14(b)所示。

指定圆环的中心点或退出:✓　　　　　　//圆环绘制结束,如图 2-14(c)所示

执行修剪后得到最终的指北针,如图 2-14(d)所示。

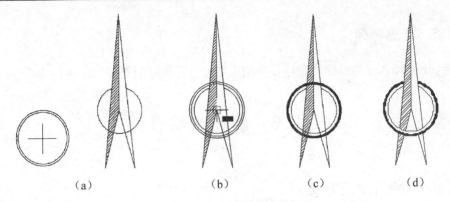

图 2 - 14　　指北针圆环绘制过程

2.7　矩形的绘制

2.7.1　命令调用方式

绘制矩形的命令调用格式为：

(1)下拉菜单:"绘图"→"矩形"。

(2)工具栏:"绘图"→矩形按钮 ▭ 。

(3)命令行:Rectang,快捷形式:Rec。

2.7.2　相关说明

"Rectang"命令的作用是创建矩形对象,命令发布后命令行提示如下:

指定第一个角点或[倒角(C)/高程(E)/圆角(F)/厚度(T)/宽度(W)]:

指定另一个角点或[面积(A)/尺寸(D)/旋转(R)]:

"倒角(C)/高程(E)/圆角(F)/厚度(T)/宽度(W)"等选项的意义如图 2 - 15 所示。

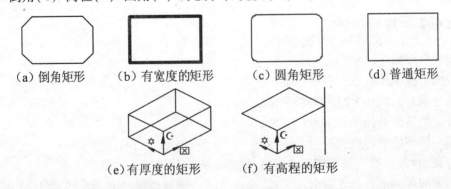

　(a)倒角矩形　　(b)有宽度的矩形　　(c)圆角矩形　　(d)普通矩形

　　(e)有厚度的矩形　　　　(f)有高程的矩形

图 2 - 15　各种矩形

　　"面积(A)"选项是在指定了矩形的第一个角点后,再输入矩形的面积,然后输入矩形的长度或宽度绘制矩形。

"尺寸(D)"选项是在指定了矩形的第一个角点后,再分别输入矩形的长度和宽度。有 4 个位置可以定位矩形,最后确定放置位置。

"旋转(R)"选项是在指定了矩形的第一个角点后,再输入旋转矩形的角度,然后可以根据前面介绍的方法绘制具有一个旋转角度的矩形。

2.7.3　应用实例

绘制双人沙发,尺寸如图 2 - 16 所示。

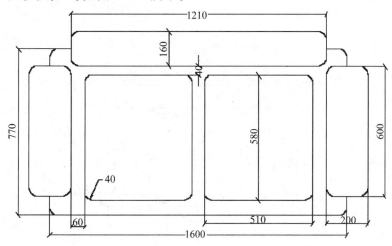

图 2 - 16　双人沙发平面图

命令:REC ✓

指定第一个角点或[倒角(C)/高程(E)/圆角(F)/厚度(T)/宽度(W)]:F ✓

指定矩形的圆角半径 <0.0000 >:40 ✓

在绘图区域中单击一点作为矩形的第一角点。

指定另一个角点或[面积(A)/尺寸(D)/旋转(R)]:@1210,160 ✓

绘制出第一个矩形,如图 2 - 17(a)所示。

直接按 Enter 键,再次执行"矩形"命令。

指定第一个角点或[倒角(C)/高程(E)/圆角(F)/厚度(T)/宽度(W)]:

利用对象捕捉中的"捕捉自"工具捕捉到已画矩形下边的中心。

指定第一个角点或[倒角(C)/高程(E)/圆角(F)/厚度(T)/宽度(W)]:from 基点:mid 于 <偏移 >:@ -540,-40 ✓

指定另一角点或[尺寸(D)]:@510,-580 ✓

完成第二个矩形的绘制,如图 2 - 17(b)所示。

同理继续绘制出其他 4 个矩形,结果如图 2 - 17(c)所示。

命令:TR ✓

修剪掉外侧矩形内部的部分,如图 2 - 17(d)所示。

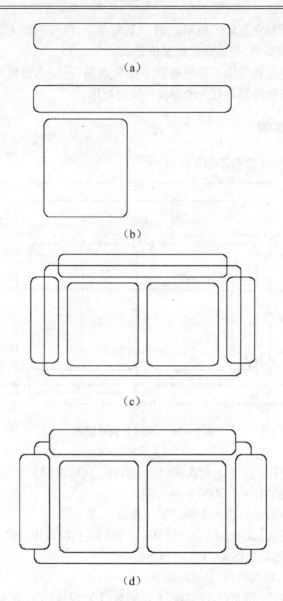

（a）

（b）

（c）

（d）

图 2 - 17 双人沙发的绘制过程

2.8 正多边形绘制

2.8.1 命令调用方式

绘制正多边形的命令调用格式为：

（1）下拉菜单："绘图"→"正多边形"。

（2）工具栏："绘图"→正多边形按钮 ⬠ 。

（3）命令行：Polygon，快捷形式：Pol。

2.8.2 相关说明

"Polygon"命令的作用是创建正多边形对象，命令发布后命令行提示如下：polygon
输入边的数目 < 4 > ：

指定正多边形的中心点或［边（E）］：

输入选项［内接于圆（I）/外切于圆（C）］< I > ：

指定圆的半径：

选项"内接于圆"是根据多边形的外接圆确定正多边形；选项"外切于圆"是根据多边形的内接圆确定正多边形；选项"边"是由指定的两点确定正多边形的边长，并从第一端点向另一端点，沿逆时针方向绘制正多边形。

2.8.3 应用实例

绘制如图 2 - 18 所示的扳手工具。

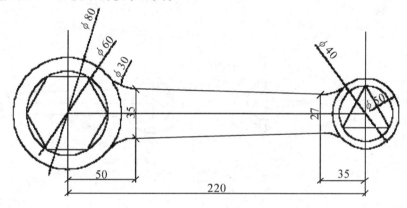

图 2 - 18   扳手工具

命令：L ✓   //绘制辅助线如图 2 - 19（a）所示

命令：C ✓   //绘制两个圆如图 2 - 19（b）所示

命令：Pol ✓   //执行"正多边形"命令

输入边的数目 < 4 > ：6 ✓

指定正多边形的中心点或［边（E）］：   //捕捉左侧大圆的圆心作为正六边形的
                                    中心

输入选项［内接于圆（I）外切于圆（C）］：< I > ✓

指定圆的半径：30 ✓   //绘制出正六边形，同理绘制出正三角形，
                                    如图 2 - 19（c）所示

命令：L ✓   //执行直线命令

指定第一点：   //利用"捕捉自"工具 ⌐⌐ 捕捉左侧圆心

LINE 指定第一点：_from 基点：< 偏移 > ：@ 50， - 17.5 ✓

指定下一点:@135,4　　　　　　　//绘制下方的一条直线,同理绘制出上方
　　　　　　　　　　　　　　　　的另一条直线,如图 2 - 19(d)所示

选择菜单"绘图"→"圆"→"相切,相切,半径"命令。

指定对象与圆的第一个切点:　　　//选择圆作为第一个切点

指定对象与圆的第二个切点:　　　//选择上方的直线作为第二个切点

指定圆的半径:30 ✓　　　　　　　//绘制出第一个相切的圆如图 2 - 19(e)
　　　　　　　　　　　　　　　　所示

同理绘制出其他 3 个相切的圆,如图 2 - 19(f)所示。

命令:TR ✓　　　　　　　　　　//使用修剪命令剪掉多余的部分,如
　　　　　　　　　　　　　　　　图 2 - 19(g)所示

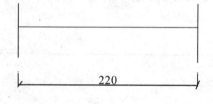

（a）

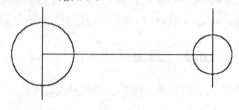

（b）

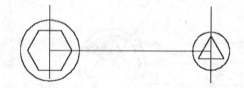

（c）

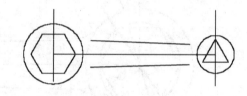

（d）

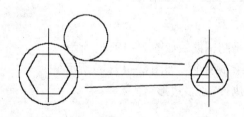

（e）

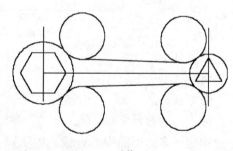

（f）

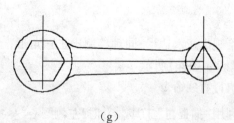

（g）

图 2 - 19　扳手的绘制过程

2.9 椭圆的绘制与编辑

2.9.1 命令调用方式

绘制椭圆的命令调用方式为：

（1）下拉菜单："绘图"→"椭圆"。

（2）工具栏："绘图"→椭圆 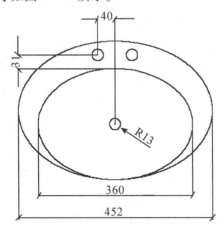。

（3）命令行：Ellipse，快捷形式：El。

2.9.2 相关说明

执行命令后，根据命令行提示进行操作：

指定椭圆的轴端点或［圆弧（A）中心点（C）］：

指定轴的另一个端点：

指定另一条半轴长度或［旋转（R）］：

（1）"圆弧（A）"选项用来绘制椭圆弧。

（2）"中心点（C）"选项通过指定椭圆的中心点来绘制椭圆。

（3）"旋转（R）"选项通过绕第一条长轴旋转角度确定第二条轴线。

2.9.3 应用实例

绘制一个洗脸盆，尺寸如图 2 - 20 所示。

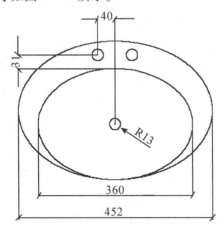

图 2 - 20 洗脸盆平面图

命令：EL↙   //执行椭圆命令

指定椭圆的轴端点或［圆弧（A）中心点（C）］：   //拾取绘图区中的任意一点为椭圆
　　　　　　　　　　　　　　　　　　　　　　　　　　轴端点

指定轴的另一个端点：@ 452,0↙

指定另一条半轴长度:157 ✓　　　　　　　//绘制出椭圆,如图 2 – 21(a)所示

命令:EL ✓

指定椭圆的轴端点:　　　　　　　　　　//捕捉第一个椭圆的下象限点为椭
　　　　　　　　　　　　　　　　　　　　圆轴端点

指定轴的另一个端点:@ 0,252 ✓

指定另一条半轴长度:180 ✓　　　　　　　//绘制出椭圆,如图 2 – 21(b)所示

命令:C ✓　　　　　　　　　　　　　　　//执行圆命令

指定圆的圆心:　　　　　　　　　　　　//捕捉第二个椭圆的圆心为圆心

指定圆的半径:13 ✓　　　　　　　　　　//绘制出圆,如图 2 – 21(c)所示

命令:C ✓　　　　　　　　　　　　　　　//执行圆命令

指定圆的圆心:　　　　　　　　　　　　//利用"捕捉自"工具　　捕捉第二
　　　　　　　　　　　　　　　　　　　　个椭圆的上象限点

指定圆的圆心:_from 基点: < 偏移 > :@ – 40,31

指定圆的半径:13 ✓　　　　　　　　　　//绘制出圆,如图 2 – 21(d)所示

同理绘制出第三个半径为 13 的小圆,如图 2 – 21(e)所示。

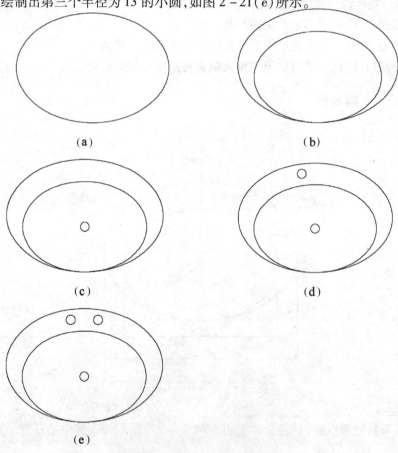

图 2 – 21　　洗脸盆的绘制过程

2.10　样条曲线的绘制与编辑

样条曲线是一种通过或接近指定点的拟合曲线,主要用于表达具有不规则变化曲率半径的曲线。

2.10.1　绘制样条曲线

1.命令调用方式

(1)下拉菜单:"绘图"→"样条曲线"。

(2)工具栏:"绘图"→样条曲线 ～。

(2)命令行:Spline,快捷形式:Spl。

2.相关说明

(1)执行命令,依据提示分别指定样条曲线上的第一个拟合点和下一个拟合点。回车后再依据提示,拖动鼠标确定样条曲线在起始点和终止点处的切线方向。

(2)绘制样条曲线过程中,如果执行"闭合(C)"选项,可使样条曲线封闭;执行"拟合公差(F)"选项,可根据给定的拟合公差绘制样条曲线;执行"对象(O)"选项,可将样条拟合多段线转换成等价的样条曲线并删除多段线。

2.10.2　编辑样条曲线

1.命令调用方式

(1)下拉菜单:"修改"→"对象"→"样条曲线"。

(2)命令行:Splinedit,快捷形式:Spe。

2.相关说明

样条曲线编辑命令是一个单对象编辑命令,一次只能编辑一个样条曲线对象。执行该命令并选择需要编辑的样条曲线后,在曲线周围将显示控制点,并提示:

输入选项[拟合数据(F)/闭合(C)/移动顶点(M)/精度(R)/反转(E)/放弃(U)]:

各选项的意义如下:

(1)"拟合数据(F)"选项用来编辑样条曲线所通过的某些特殊点。选择此项后,再根据需要选择相关的下一级选项。

(2)"闭合(C)"选项用于封闭选定的样条曲线。

(3)"移动顶点(M)"选项用于移动样条曲线上的当前点。

(4)"精度(R)"选项用于对样条曲线上的控制点进行细化操作。

(5)"反转(E)"选项用于反转样条曲线的方向。

(6)"放弃(U)"选项用于取消上一次操作。

2.11　多线的绘制与编辑

多线是由多条平行线构成的线型,平行线之间的间距和数目可以调整,可以具有不同的线型和颜色。多线对象突出的优点是能够提高绘图效率,保证图线之间的统一性,在建筑制图中,多线命令具有广泛的应用,尤其是在绘制墙体和窗户时,应用"多线"命令更方便快捷。此外,在使用"多线"命令前要对多线样式进行设置。

2.11.1　定义多线样式

1. 命令调用方式

(1)下拉菜单:"格式"→"多线样式"。
(2)命令行:Mlstyle。

2. 相关说明

执行"Mlstyle"命令时,系统弹出"多线样式"对话框,如图 2 - 22 所示。该对话框各选项的功能如下:

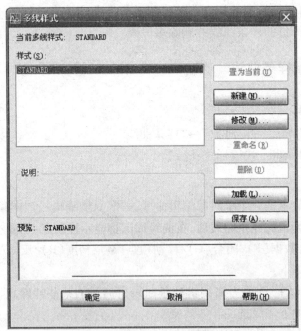

图 2 - 22　"多线样式"对话框

(1)"样式"列表区列出当前已有的多线样式,其中系统提供的默认样式是 Standard。
(2)"新建"按钮用于创建新样式。通过"新建多线样式"对话框,用户可设置多线中各元素的特性及起点和终点处样式。

（3）"修改"按钮用于修改已有样式中各元素的特性及起点和终点处样式。

（4）"预览"区用于预览在"样式"列表区选中的具体样式。

（5）"加载"按钮用于从多线文件中加载已定义的多线样式。

（6）"保存"按钮用于将当前样式保存到多线文件中（＊.mln），可供新的图形文件使用。

2.11.2　绘制多线

1.命令调用方式

（1）下拉菜单："绘图"→"多线"。

（2）命令行：Mline，快捷形式：Ml。

2.相关说明

执行"Mline"命令时,命令行提示如下：

当前设置：对正＝上，比例＝20.00，样式＝STANDARD

指定起点或［对正(J)/比例(S)/样式(ST)］：（用户应根据需要合理选择多线的比例及对正方式、样式。）

指定下一点：

指定下一点或［放弃(U)］：

指定下一点或［闭合(C)/放弃(U)］：

（1）"对正(J)"选项用于选择鼠标与多线之间的对正方式。

（2）"比例(S)"选项用于设置多线的偏移比例,即控制多线的全局宽度。使用多线比例缩放功能,可以得到多种不同的多线宽度。

（3）"样式(ST)"选项用于选择已设置的多线样式。

2.11.3　编辑多线

1.命令调用方式

（1）下拉菜单："修改"→"对象"→"多线"。

（2）命令行：Mledit。

2.相关说明

执行"Mledit"命令,系统将弹出"多线编辑工具"对话框,如图 2 - 23 所示。通过该对话框中的各图像按钮选择对应的编辑功能,然后按屏幕的提示进行操作。

（1）"十字闭合"按钮用于在两条多线之间创建闭合的十字交点。

（2）"十字打开"按钮用于在两条多线之间创建打开的十字交点。打断将插入第一条多线的所有元素和第二条多线的外部元素。

（3）"十字合并"按钮用于在两条多线之间创建合并的十字交点。

（4）"T 形闭合"按钮用于在两条多线之间创建闭合的 T 形交点。

（5）"T 形打开"按钮用于在两条多线之间创建打开的 T 形交点。

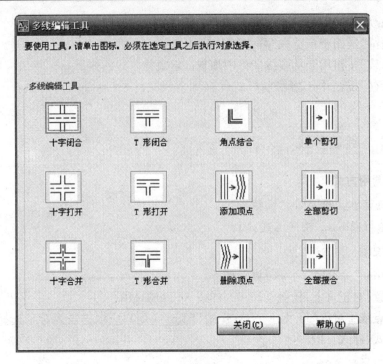

图 2-23　"多线编辑工具"对话框

（6）"T形合并"按钮用于在两条多线之间创建合并的 T 形交点。

（7）"角点结合"按钮用于使两条相交的多线形成一个角。

（8）"添加顶点"按钮用于在多线上增加顶点。

（9）"删除顶点"按钮用于在多线上删除顶点。

（10）"单个剪切"按钮用于将多线上所指定元素的两点之间的线段剪去。

（11）"全部剪切"按钮用于将多线上所指定两点之间的所有线段全部剪去。

（12）"全部接合"按钮用于将已被剪切的多线线段重新接合起来。

2.11.4　应用实例

绘制某浴室，如图 2-24 所示。

1. 设置多线样式

（1）选择"格式"→"多线样式"命令，打开"多线样式"对话框，如图 2-22 所示。

（2）单击"新建"按钮，打开"创建新的多线样式"对话框，输入新样式名称 Q，如图 2-25所示。

（3）单击"继续"按钮，打开"新建多线样式：Q"对话框，在"起点"和"端点"选项组选中"直线"复选框，如图 2-26 所示。

（4）单击"确定"按钮回到"多线样式"对话框。单击"保存"按钮，打开如图 2-27 所示的"保存多线样式"对话框。直接单击"保存"按钮。

（5）同理创建新的多线样式 C，在"新建多线样式：C"对话框中单击"添加"按钮，将"偏移"文本框值改为 0.2，再次单击"添加"按钮，将"偏移"文本框值改为 -0.2，如图

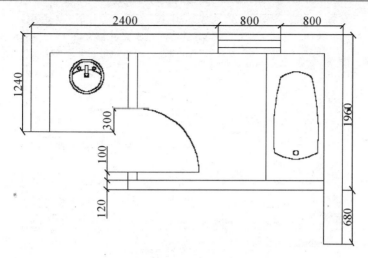

图2-24 浴室平面图

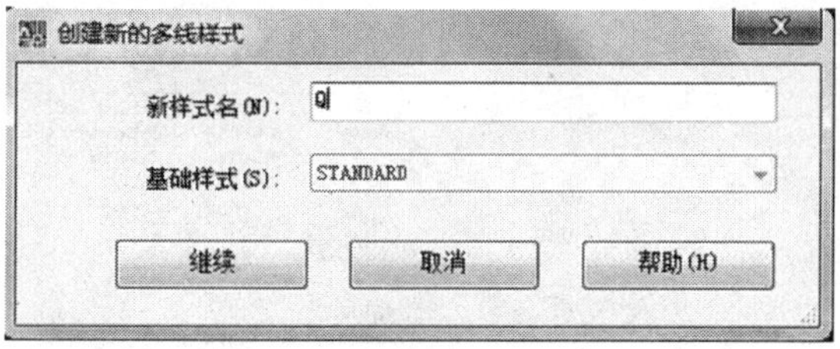

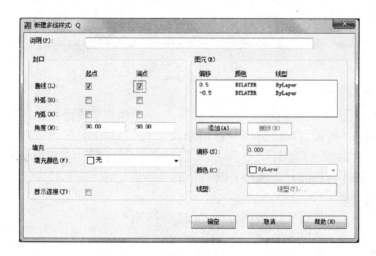

图2-25 "创建新的多线样式"对话框

图2-26 "新建多线样式:Q"对话框

2-28所示。然后单击"确定"按钮回到"多线样式"对话框。

(6)单击"保存"按钮,将多线样式C保存在acad.mln文件中。

图 2 - 27　"保存多线样式"对话框

图 2 - 28　　添加多线

2. 绘制外墙与窗

命令:ML ↙　　　　　　　　　　　　　　　　//执行多线命令
指定起点或［对正(J)/比例(S)/样式(ST)］:J ↙
输入对正类型［上(T)无(Z)下(B)］<上> :↙ //默认"上"对正类型
指定起点或［对正(J)/比例(S)/样式(ST)］:S ↙
输入多线比例 <1 > :240 ↙
指定起点或［对正(J)/比例(S)/样式(ST)］:ST ↙
输入多线样式名或[?] :Q ↙
指定起点或［对正(J)/比例(S)/样式(ST)］:　//在绘图区单击一点
指定下一点[或放弃(U)]:1240 ↙　　　　　//竖直向上移动光标
指定下一点[或放弃(U)]:2400 ↙　　　　　//水平向右移动光标
绘制出墙体 AB 段和 BC 段,如图 2 - 29(a)所示。
命令:ML ↙
指定起点或［对正(J)/比例(S)/样式(ST)］:ST ↙

输入多线样式名或[?]:C ✓

指定起点或［对正(J)/比例(S)/样式(ST)］：　//捕捉 C 点向右移动光标

指定下一点［或放弃(U)］:800 ✓

绘制出窗户 CD 段,同理绘制出墙体 DE 段和 EF 段,如图 2-29(b)所示。

3. 绘制内墙

命令:ML ✓

指定起点或［对正(J)/比例(S)/样式(ST)］:S ✓

输入多线比例 <1 > :120 ✓

指定起点或［对正(J)/比例(S)/样式(ST)］：　//捕捉 F 点作为内墙起点

指定下一点［或放弃(U)］:1240 ✓　　　　//沿 X 轴负向拖动光标

指定下一点［或放弃(U)］:220 ✓　　　　//沿 Y 轴正向拖动光标

命令:ML ✓　　　　　　　　　　　　　//利用"捕捉自"工具捕捉 H 点

指定起点:_from 基点:<偏移>:@0,800 ✓

指定下一点［或放弃(U)］:700 ✓

绘制出内墙,如图 2-29(c)所示。

4. 绘制其他图形

根据"2.3.2 实例"绘制洗手池。

根据"2.4.2 实例"绘制浴缸。

根据"2.2.2 实例"绘制门。

最后完成浴室的绘制,如图 2-29(d)所示。

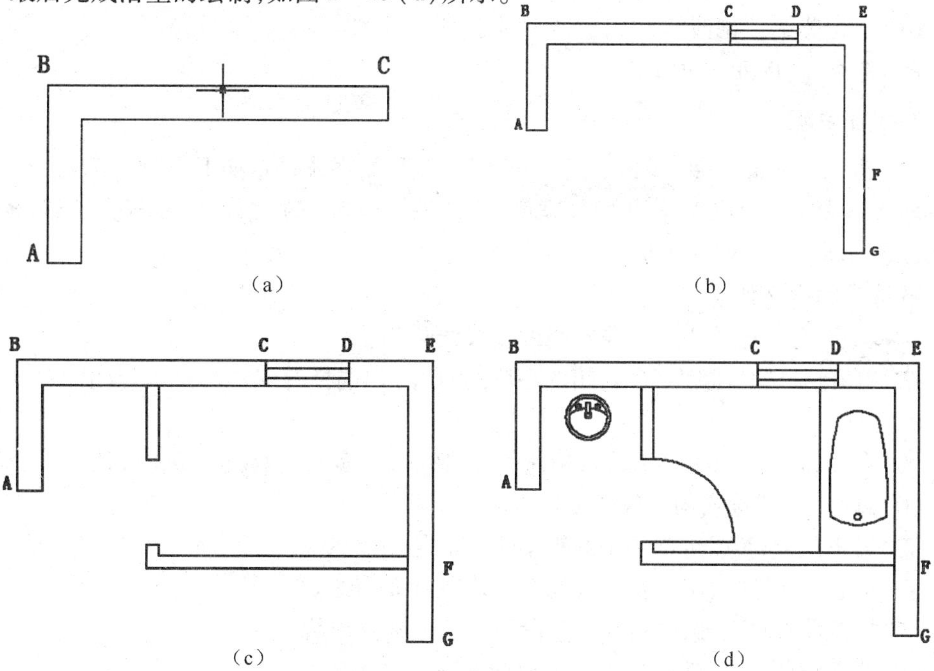

（a）　　　　　　　　　　（b）

（c）　　　　　　　　　　（d）

图 2-29　浴室的绘制过程

2.12　多段线的绘制与编辑

　　多段线是一种非常有用的线段对象,它是由多段直线段或圆弧段组成的一个组合体,既可以一起编辑,也可以分别编辑,还可以具有不同的宽度。

2.12.1　绘制多段线

1.命令调用方式

　　(1)下拉菜单:"绘图"→"多段线"。

　　(2)工具栏:"绘图"→多段线按钮 ⤵ 。

　　(3)命令行:Pline,快捷形式:Pl。

2.相关说明

　　(1)执行"Pline"命令,在默认情况下,当指定了多段线的起点和另一端点的位置后,将从起点到该端点绘出一段多段线。

　　(2)连续绘制的多段线为一整体,绘制过程中可根据提示随时改变其方向、宽度及类型。

2.12.2　编辑多段线

1.命令调用方式

　　(1)下拉菜单:"修改"→"对象"→"多段线"。

　　(2)命令行:Pedit,快捷形式:Pe。

2.操作说明

　　(1)执行"Pedit"命令,单击一条非封闭的多段线,系统提示如下:

　　输入选项[闭合(C)/合并(J)/宽度(W)/编辑顶点(E)/拟合(F)/样条曲线(S)/非曲线化(D)/线型生成(L)/放弃(U)]:

　　各选项的含义如下:

　　①"闭合(C)"选项用于使非封闭的多段线封闭。

　　②"打开(O)"选项用于使封闭的多段线打开,如选择的编辑对象是封闭的多段线就出现此选项。

　　③"合并(J)"选项用于把数条相连的多段线或非多段线变成一条多段线。

　　④"宽度(W)"选项用于改变多段线的宽度。

　　⑤"编辑顶点(E)"选项用于编辑多段线的某一顶点。

　　⑥"拟合(F)"选项用于将多段线拟合成双圆弧曲线。

　　⑦"样条曲线(S)"选项用于将多段线拟合成样条曲线。

　　⑧"非曲线化(D)"选项用于将光滑曲线还原成多段线。

　　⑨"线型生成(L)"选项用于确定多段线在顶点处的线型。

⑩"放弃(U)"选项用于取消"Pedit"命令的上一次操作。

(2)执行"Explode"命令,可将多段线分解成多个图形单元。

2.12.3　应用实例

绘制一个单人沙发,平面图如图 2-30 所示。

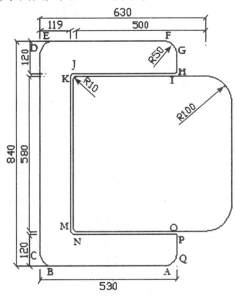

图 2-30　沙发平面图

命令:PL↙　　　　　　　　　　　　　　　　//执行多线命令

指定起点:　　　　　　　　　　　　　　　　//指定 A 点

指定下一点或[圆弧(A)/ 半宽(H)/ 长度(L)/ 放弃(U)/ 宽度(W)/]:430↙

沿 X 轴负向拖动光标绘制出直线段 AB,如图 2-31(a)所示。

指定下一点或[圆弧(A)/ 半宽(H)/ 长度(L)/ 放弃(U)/ 宽度(W)/]: A↙

指定圆弧的端点:@ -50,50↙

绘制出圆弧 BC 段,如图 2-31(a)所示。

指定圆弧端点或[角度(A)/ 圆心(CE)/ 闭合(CL)/方向(D)/ 半宽(H)/直线(L)/ 半径(R)/第二个点(S)/放弃(U)/宽度(W)]: L↙

指定下一点或[圆弧(A)/ 半宽(H)/ 长度(L)/ 放弃(U)/ 宽度(W)/]:740↙

沿 Y 轴正向拖动光标绘制出直线段 CD,同理绘制出圆弧 DE,直线段 EF,圆弧 FG,直线段 GH,圆弧 HI,直线段 IJ,圆弧 JK,直线段 KM,圆弧 MN,直线段 NO,圆弧 OP,直线段 PQ 和圆弧 QA,绘制时应注意根据尺寸认真计算各点的坐标。如图 2-31(a)所示。

命令:PL↙

指定起点:　　　　　　　　　　　　　　　//利用"捕捉自"工具捕捉 J 点

指定起点:_from 基点:<偏移>:@ 10, -10↙

指定下一个点或[圆弧(A)/半宽(H)/长度(L)/放弃(U)/宽度(W)]: 500↙

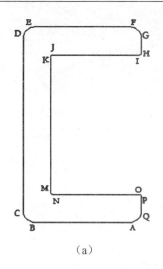
(a)

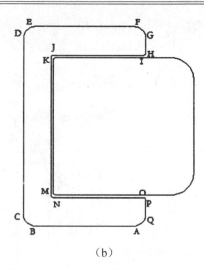
(b)

图 2 - 31　　沙发的绘制过程

指定下一点或［圆弧(A)/闭合(C)/半宽(H)/长度(L)/放弃(U)/宽度(W)］：A↙

指定圆弧的端点或[角度(A)/圆心(CE)/闭合(CL)/方向(D)/半宽(H)/直线(L)/半径(R)/第二个点(S)/放弃(U)/宽度(W)]：@100，－100↙

指定圆弧的端点或[角度(A)/圆心(CE)/闭合(CL)/方向(D)/半宽(H)/直线(L)/半径(R)/第二个点(S)/放弃(U)/宽度(W)]：L↙

指定下一点或［圆弧(A)/闭合(C)/半宽(H)/长度(L)/放弃(U)/宽度(W)］：380↙

指定下一点或［圆弧(A)/闭合(C)/半宽(H)/长度(L)/放弃(U)/宽度(W)］：A↙

指定圆弧的端点或[角度(A)/圆心(CE)/闭合(CL)/方向(D)/半宽(H)/直线(L)/半径(R)/第二个点(S)/放弃(U)/宽度(W)]：@－100，－100↙

指定圆弧的端点或[角度(A)/圆心(CE)/闭合(CL)/方向(D)/半宽(H)/直线(L)/半径(R)/第二个点(S)/放弃(U)/宽度(W)]：L↙

指定下一点或［圆弧(A)/闭合(C)/半宽(H)/长度(L)/放弃(U)/宽度(W)］：500↙

指定下一点或［圆弧(A)/闭合(C)/半宽(H)/长度(L)/放弃(U)/宽度(W)］：A↙

指定圆弧的端点或[角度(A)/圆心(CE)/闭合(CL)/方向(D)/半宽(H)/直线(L)/半径(R)/第二个点(S)/放弃(U)/宽度(W)]：@－10，10↙

指定圆弧的端点或[角度(A)/圆心(CE)/闭合(CL)/方向(D)/半宽(H)/直线(L)/半径(R)/第二个点(S)/放弃(U)/宽度(W)]：L↙

指定下一点或［圆弧(A)/闭合(C)/半宽(H)/长度(L)/放弃(U)/宽度(W)］：560↙

指定下一点或［圆弧(A)/闭合(C)/半宽(H)/长度(L)/放弃(U)/宽度(W)］：A↙

指定圆弧的端点或[角度(A)/圆心(CE)/闭合(CL)/方向(D)/半宽(H)/直线(L)/半径(R)/第二个点(S)/放弃(U)/宽度(W)]：CL↙

绘制出内侧的图形，如图 2 - 31(b)所示。

项目3 选择与夹点编辑建筑二维图形

3.1 选择对象的方法

3.1.1 对象选择的方法

1.直接点取方式

（1）单点选择。这是一种默认的选择对象方式,选择方法:在"选择对象:"提示下,用鼠标移动选择框,经过任一对象都会看到对象线条变粗,这时单击左键,该对象将以虚线方式显示,表示被选中。有几个对象需选择就点几次,选项完毕后按 Enter 键。选项框的大小可以调整,方法是:单击下拉菜单"工具"→"选项"命令,在"选项"对话框中选取"选择"选项卡,如图 3 - 1 所示。

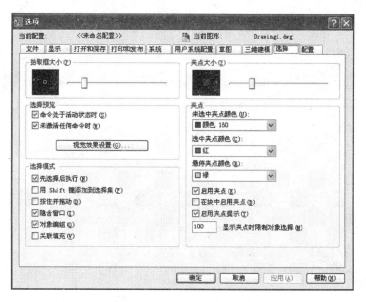

图 3 - 1 "选项"对话框

在该对话框中不仅可以设定拾取框(选择框)的大小,还可以设定夹点的大小和颜色(关于夹点的概念和应用本书后面将有说明)。在"选择模式"中还可以确定对象选择方式的设置,一般不做改动,取默认方式。

（2）多点选择。在"选择对象:"提示下,输入"M"后按 Enter 键,再依次选择对象,这时被选中的对象暂时不会变为虚线,当全部选择完后按 Enter 键,被选对象才一起变为虚线表示被选中。这种方法用得较少。

2. 默认窗口方式

当出现"选择对象:"提示时,如果将选择框移动到图中某一点处单击鼠标左键,系统会提示"指定对角点",此时将光标移动到另一个位置并单击左键,AutoCAD 会自动以这两个点作为对角点确定一个默认的矩形窗口。若矩形窗口定义时移动光标的方向是从左向右,如图 3 - 2 所示,由 A 向 B,则矩形窗口为实线,并且整个窗口呈蓝色。在窗口全部框住的对象均被选中,而与窗口相交的对象不被选中,如图 3 - 2 中的圆弧;若矩形窗口定义时移动光标是从右向左,如图 3 - 3 所示,由 B 向 A,则矩形窗口为虚线,并且整个窗口呈绿色。这时不仅在窗口内部的对象被选中,与窗口边界相交的对象也被选中,如图 3 - 3 中的圆弧。

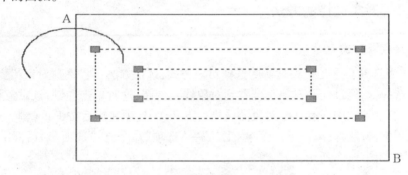

图 3 - 2　圆弧

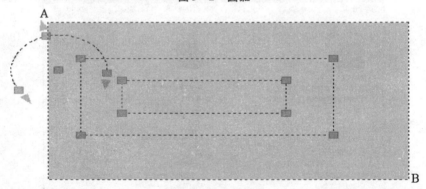

图 3 - 3　圆弧

凡被选中的对象都会变成虚线形式在屏幕上显示。

3. 窗口方式和交叉窗口方式

"窗口方式"表示选取某矩形窗口内的所有图形,操作方法是在"选择对象:"后面输入"W"(表示 Window),后面就和"默认窗口方式"方法相同。

"交叉窗口方式"表示选取某矩形窗口内部及与窗口边界相交的所有图形,操作方法是在"选择对象:"后面输入 C(表示 Crossing Window),该方法和"默认窗口方式"的区别在于没有方向的规定。

4. 指定不规则形状的区域选择对象

　　默认窗口方式及窗口方式和交叉窗口方式都是使用矩形窗口选择对象,但有时图形复杂时不能用矩形窗口而改用不规则形状的区域选择对象。在"选择对象:"后面输入"wp"后按 Enter 键,命令行出现提示"第一圈围点:",在屏幕上指定一点后,命令行出现提示"指定直线的端点或[放弃(U)]:",不断输入点后在屏幕上出现一个不规则多边形,将要选中的对象包含在不规则多边形内,如图 3 - 4 所示,按 Enter 键后不规则多边形内的对象被选中。

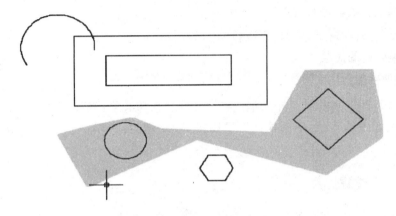

图 3 - 4　不规则多边形

　　如果在"选择对象:"后面输入"cp"后按 Enter 键,操作方法与"wp"相同,但是同交叉窗口方式相同,穿过不规则多边形边的对象也被选中。

5. 循环选择对象

　　当一个对象与其他对象彼此接近或重叠时,准确选择某一个对象是很困难的,这时就可以使用循环选择方法。在命令行显示"选择对象:"时,同时按住 Shift 键和空格键,在尽可能接近要选择对象的地方点击。命令行显示提示"<循环 开>"。这时被矩形拾取框点击的对象之一就会被选中并呈虚线显示。如果第一次选择的就是需要的对象,则可按 Esc 键关闭循环选择。如果该对象不是所需要的对象,松开 Shift 键和空格键,在任意位置点击,同一位置的另一个对象会呈虚线显示,连续点击直到所需的对象呈虚线显示。按 Enter 键确定选择对象是正确的,命令行会提示"<循环 关>找到一个"。

6. 扣除模式(Remove)与加入(Add)模式

　　AutoCAD 构造选择集操作有以下两种模式:加入模式和扣除模式。加入模式将选中的对象加到选择集中,而扣除模式将选中的对象移出选择集。正常情况下,构造选择集的模式为加入模式,如果 AutoCAD 提示行"选择对象:"后输入"R"并按 Enter 键,此时AutoCAD 的提示改为"删除对象:",将已被选中的对象再次选中,该对象将被剔除出选择集;若要返回加入模式,只要在"删除对象:"提示下输入"A"并按 Enter 键即可。命令行再次显示"选择对象:"。

7. 所有对象的选择(ALL)

　　当要选择当前绘图区所有对象时,可在"选择对象:"后输入"ALL",按 Enter 键后将选中绘图区中全部对象。该方法常用于清屏工作,如画好一张图后重新开始画一张新图,而需保留原图中的一些设置,可用删除命令 ERASE,命令行出现"选择对象:"后,输入"ALL"按 Enter 键,可达到清屏目的。

8. 选择最后生成的对象(LAST)

当图形较复杂,或两个对象重叠在一起不易选择,而正巧需选择的对象是刚刚最后生成时,可用 LAST 方式。在"选择对象:"后输入"LAST"或简称"L"后,将选中最后生成的对象。

9. 选择上次编辑过的对象(PREVIOUS)

当要反复操作一个对象时,可以在"选择对象:"后输入"PREVIOUS"或简称"P",可选中刚刚编辑过的对象。

10. 取消选择(U)

在选择了部分对象后,希望取消选择,可以在"选择对象:"后输入"U",按 Enter 键后可取消上次选中的对象,不断输入"U"和按 Enter 键,可一步一步往前推,取消选中的对象。

3.1.2　过滤选择

在 AutoCAD 中,可以以对象的类型(如直线、圆及圆弧等)、图层、颜色、线型或线宽等特性作为条件,过滤选择符合设定条件的对象。

在命令行中输入 FILTER 命令,打开"对象选择过滤器"对话框,如图 3 – 5 所示。需要注意此时必须考虑图形中对象的这些特性是否设置为随层。

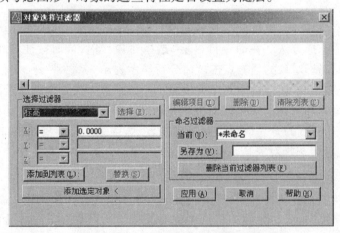

图 3 – 5　"对象选择过滤器"对话框

【例 3 – 1】　选择图中所示的半径小于 10 的圆。

操作步骤:

(1)在命令行输入"FILTER"命令,打开"对象选择过滤器"对话框。

(2)在"选择过滤器"下拉列表框中选择"圆",单击"添加到列表"按钮。如图 3 – 5 所示,在顶部的对象特性列表框中出现第一行所示属性。

（3）在"选择过滤器"下拉列表框中选择"圆半径"，在"关系运算符"下拉列表中选择"＜"，在右边文本框中输入"10"，单击"添加到列表"按钮。表示要将圆半径小于10的圆对象过滤出来。

（4）在"选择过滤器"下拉列表框中选择"颜色"，在关系运算符下拉列表中选择"＝"，在右边的文本框中输入"1"（表示红色），单击"添加到列表"按钮。也可以在选择颜色后，单击"选择"按钮，选择要过滤的颜色。

现在，在顶部的对象特征列表中已经显示了所有的过滤条件，如图3－5所示。这些条件之间是"与"的关系，即同时满足。单击"应用"按钮进入图形界面，选择所有对象，将从这些对象中过滤出符合条件的对象，并形成当前的选择集。

"对象选择过滤器"对话框中还包括"替换"、"编辑项目"、"删除"和"清除列表"等按钮，用以对所设定的过滤条件进行编辑。另外，还可以将条件列表框中的所有过滤条件保存为一个名字，以便将来重新使用这些过滤条件，也可以将保存过的过滤条件删除。

3.1.3　快速选择

在 AutoCAD 中，当需要选择具有某些共同特性的对象时，可利用"快速选择"对话框，根据对象的图层、线型、颜色、图案填充等特性和类型，创建选择集。选择"工具"→"快速选择"命令或在命令行中输入 QSELECT，可打开"快速选择"对话框，如图3－6所示。

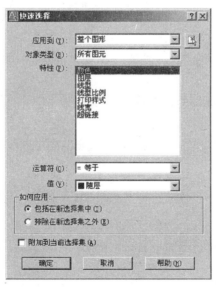

图3－6　"快速选择"对话框

在弹出的"快速选择"对话框中可以按对象属性设置选择过滤条件，如图3－6所示，对话框选项说明如下：

（1）"应用到"下拉列表框：制定过滤标准的应用范围，如整个图形或某选择集。

（2）"对象类型"下拉列表框：在应用范围中指定对象类型，如"圆"、"多段线"等。

（3）"特性"下拉列表框：对象的属性，如"颜色"、"图层"、"线型"等。

（4）"运算符"下拉列表框：取决于所选的特性，如"等于"、"大于"、"小于"等。

（5）"值"下拉列表框：指定特性过滤值，例如对于"半径"，是具体数值；对于"颜色"是具体的色彩等。

（6）"如何应用"：指过滤条件的用法。有"包括在新选择集中"和"排除在新选择集之外"两种方式。

（7）"附加到当前选择集"：如勾选此项，由快速选择过滤的对象加到当前选择集中，否则将取代当前选择集。设置完成后，单击"确定"，即可把符合过滤条件的对象选择出来。

3.1.4　应用实例

【例 3 - 2】　使用快速选择将整张图中处于第 2 层的直径大于 50 的圆添加到当前选择集中。

操作步骤：

（1）用任何方法激活"快速选择"命令，在弹出的"快速选择"对话框中进行以下设置：

①在"应用到"列表中选择"整个图形"。

②在"对象类型"中选择"圆"。

③在"特性"中选择"直径"。

④在"运算符"中选择"＞大于"。

⑤在"值"中输入"50"。

（2）再次在"特性"栏中选择"层"，在运算符中选择"＝等于"，并在"值"中选择"图层 2"。

（3）确认"如何应用"选择的是"包括在新选择集中"。

（4）勾选"附加到当前选择集"。

过滤条件设置完成，单击"确定"后，就能把符合条件的图形选择出来。

3.2　特征点编辑

在 AutoCAD 中，用户可以使用夹点对图形进行简单编辑，或综合使用"修改"菜单和"修改"工具栏中的多种编辑命令对图形进行较为复杂的编辑。

3.2.1　夹点的设置

1. 夹点的概念

如果在未启动任何命令的情况下，先选择要编辑的实体目标，那么被选取的图形实体上将出现若干个带颜色的小方框，如图 3 - 7 所示。这些小方框是图形选择实体的特征点，称之为夹点。

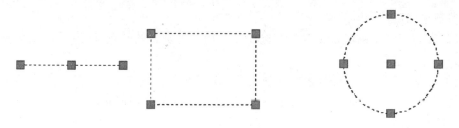

图 3 - 7 直线、矩形和圆的夹点

2.夹点的设置

选择菜单"工具"→"选项"命令或在命令行输入"OPTIONS"命令,在弹出的选项对话框中打开"选择"选项卡,如图 3 - 8 所示。对话框的右半边对夹点功能进行管理和设置。

图 3 - 8 设置夹点

(1)打开"启用夹点"复选框,夹点功能才能使用。

(2)在上方"夹点大小"栏可以通过移动滑块设置夹点标记的大小。

(3)在下方"夹点"栏可以设置夹点三点状态的颜色,系统默认的颜色为:未选中的夹点为蓝色;选定的夹点为红色;选择过程中悬停的夹点为绿色。用户可以自己进行颜色的设置。

3.2.2 使用夹点拉伸对象

在 AutoCAD 中,夹点是一种集成的编辑模式,提供了一种方便快捷的编辑操作途径。在不执行任何命令的情况下选择对象,显示其夹点,然后单击其中一个夹点作为拉伸的基点,命令行将显示如下提示信息。

"拉伸"指定拉伸点或[基点(B)/复制(C)/放弃(U)/退出(X)]:

各项解释如下:

(1)拉伸:确定基点拉伸后的新位置。用户可以直接用鼠标拖动或通过输入新点的坐标参数来确定其拉伸位置。

（2）基点（B）：确定新基点。该选项允许用户确定新的基点，而不是以原来所指定的热夹点作为基点。

（3）复制（C）：允许进行多次复制操作。如果带热夹点的实体不能被拉伸，AutoCAD将进行原样平移复制，即实体大小不变，但位置已改变。如果该实体可被拉伸，AutoCAD将进行拉伸复制。

（4）放弃（U）：取消上次的操作。

（5）退出（X）：退出编辑模式。

并非所有实体的夹点都能拉伸。当用户选择不支持拉伸操作的夹点（例如，直线的中点、圆心、文本插入点和图块插入点等）时，往往不是进行拉伸实体，而是移动实体。

3.2.3　使用夹点移动对象

移动对象仅仅是位置上的平移，对象的方向和大小并不会改变。要精确地移动对象，可使用捕捉模式、坐标、夹点和对象捕捉模式。在夹点编辑模式下确定基点后，在命令行提示下输入"MO"进入移动模式，命令行将显示如下提示信息。

"移动"指定移动点或［基点（B）/复制（C）/放弃（U）/退出（X）］：

通过输入点的坐标或拾取点的方式来确定平移对象的目的点后，即可以基点为平移的起点，以目的点为终点将所选对象平移到新位置。

下面举例说明利用夹点拉伸和移动实体的操作步骤：

（1）绘制如图 3 −9（a）所示的图形。

（2）单击 A 点处圆，再单击圆周上任一夹点，使其成为选中夹点。

（3）在"拉伸"指定拉伸点或［基点（B）/复制（C）/放弃（U）/退出（X）］："提示下，在圆外单击鼠标左键，得到如图 3 −9（b）所示的图形。

（4）单击圆心 A 点，使其成选中夹点。

（5）在"拉伸"指定拉伸点或［基点（B）/复制（C）/放弃（U）/退出（X）］："提示下，按空格键，切换到移动模式下，即出现"移动"指定移动点或［基点（B）/复制（C）/放弃（U）/退出（X）］："提示，捕捉 B 点，得到如图 3 −9（c）所示的图形。

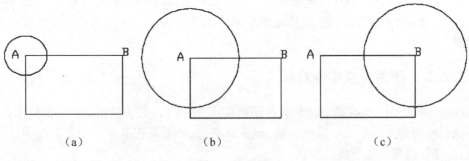

（a）　　　　　　　　　（b）　　　　　　　　　（c）

图 3 −9　图形

3.2.4 使用夹点旋转对象

在夹点编辑模式下,确定基点后,在命令行提示下输入"RO"进入旋转模式,命令行将显示如下提示信息。

"旋转"指定旋转角度或[基点(B)/复制(C)/放弃(U)/参照(R)/退出(X)]:

各项介绍如下:

(1)指定旋转角度:在此提示下,用户直接输入要旋转的角度值,也可采用拖动方式确定相对旋转角,然后将所选择的实体目标以热夹点为基点旋转相应的角度。

(2)基点:确定新基点。选择该选项后,AutoCAD允许用户指定任意点或别的冷夹点作为新的旋转基点。

(3)复制:允许多次旋转复制实体。

(4)放弃:取消上次的操作。

(5)参照:确定相对参考角度。该选项允许输入一个具体的角度值作为参考,也可选择某一实体上的两点,旋转所选择的实体,使其与参考实体相平齐。

(6)退出:退出夹点编辑模式。

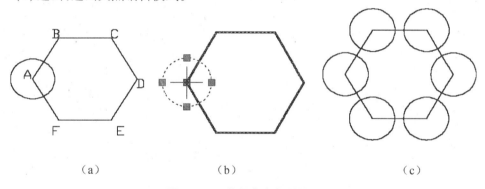

（a）　　　　　　　　（b）　　　　　　　　（c）

图3-10 使用夹点复制图形

3.2.5 使用夹点缩放对象

在夹点编辑模式下确定基点后,在命令行提示下输入"SC"进入缩放模式,命令行将显示如下提示信息。

"比例缩放"指定比例因子或[基点(B)/复制(C)/放弃(U)/参照(R)/退出(X)]:

默认情况下,当确定了缩放的比例因子后,AutoCAD将相对于基点进行缩放对象操作。当比例因子大于1时放大对象;当比例因子大于0而小于1时缩小对象。

3.2.6 使用夹点镜像对象

与"镜像"命令功能类似,镜像操作后将删除原对象。在夹点编辑模式下确定基点后,在命令行提示下输入"MI"进入镜像模式,命令行将显示如下提示信息。

"镜像"指定第二点或[基点(B)/复制(C)/放弃(U)/退出(X)]:

指定镜像线上的第2个点后,AutoCAD将以基点作为镜像线上的第1点,新指定的点为镜像线上的第 2 个点,将对象进行镜像操作并删除原对象。

(1)指定第二点:即确定镜像线另一端点。AutoCAD 将选中夹点作为镜像线的第一端点。可直接输入点的坐标参数,或以十字光标来确定镜像线的第二端点(即另一端点)。AutoCAD 将以这两端点所确定的直线为镜像线,镜像所选择的实体目标。

(2)基点:即确定新的第一端点。可用其他任意的未选中夹点或别的点作为镜像线上的第一端点。

下面以夹点操作进行镜像为例来说明夹点编辑。将如图 3 – 11 (a)中 A 点处圆复制至 B 、C 、D 各点。

①用交叉或窗口方式选中图 3 – 11(a)中直线 OP 左边的所有对象,再单击点 A ,使其成为选中夹点。

②连续按空格键,直到命令行出现"镜像"指定第二点或[基点(B)/复制(C)/放弃(U)/退出(X)]:提示,输入"B"并按 Enter 键,使用基点进行镜像。

③命令行提示"镜像(多重)"指定第二点或[基点(B)/复制(C)/放弃(U)/参照(R)/退出(X)]:这时输入"C"并按 Enter 键,表示复制源对象,再镜像。

④命令行提示"镜像(多重)"指定第二点或[基点(B)/复制(C)/放弃(U)/参照(R)/退出(X)]:此时单击点 P 作为第二点,表示以直线 OP 为对称线进行镜像。

⑤按 Enter 键结束夹点镜像操作。结果如图 3 – 11 (b)所示。

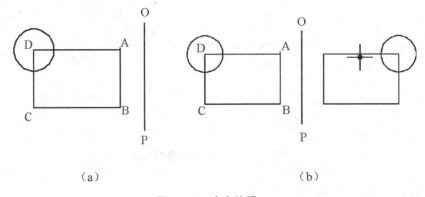

　　　　　　　　(a)　　　　　　　　　　　　　　　　　(b)

图 3 – 11　夹点编辑

3.3　特性编辑

3.3.1　对象特性

1. 功能

利用对象特性工具栏管理图层。

AutoCAD 提供了如图 3 – 12 所示的"特性"工具栏,利用它可以快速、方便地设置颜色、线型以及线宽。

图 3 – 12 "特性"工具栏

2. 工具栏说明

（1）"颜色控制"下拉列表框：设置绘图颜色。单击此列表框，AutoCAD 弹出如图 3 –13 所示的颜色列表，列出了"随层"、"随块"和 7 种标准颜色。该列表框打开时，可从中选择一种颜色作为当前实体的颜色。用户也可以选择表中的"选择颜色"选项，弹出如图 3 –13 所示的选择颜色列表框，供用户选择颜色用。

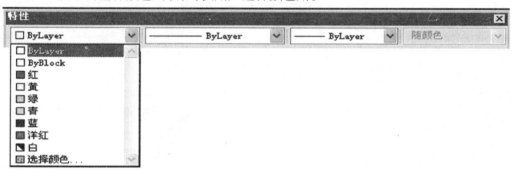

图 3 – 13 显示颜色控制列表

（2）"线型控制"下拉列表框：设置绘图线型。单击此列表框，AutoCAD 弹出下拉列表，如图 3 – 14 所示。线型列表框列出了"随层"、"随块"、"连续线"和已加载的线型。可通过该列表设置绘图线型（一般应选择"随层"）或修改当前图形的线型。修改图形对象线型的方法是：选择对应的图形，然后通过图 3 – 14 所示的线型控制列表选择对应的线型。但它不能改变该图层原来设置的线型。当单击"其他"项时，AutoCAD 弹出"线型管理器"对话框，供用户选择线型用。

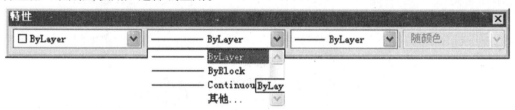

图 3 – 14 显示线型控制列表

（3）"线宽控制"列表框。线宽列表框列出了"随层"、"随块"、"默认"和所有可用的线宽。当该列表框打开时，可以选择其中一种线型作为当前实体的线宽，如图 3 – 15 所示，但它不能改变该图层原来设置的线宽。

3.3.2 特性匹配

在 AutoCAD 中可以采用对象特性匹配来修改对象特性。通过特性匹配工具可将一个对象的某些或所有特性复制到一个或多个对象上。

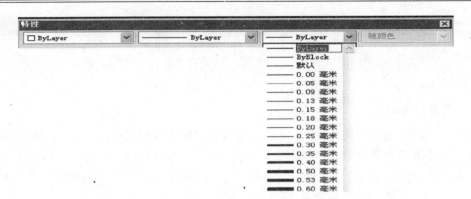

图 3 – 15　显示线宽控制列表

要使用特性匹配工具有以下几种方法：

（1）在"标准"工具栏中，单击"特性匹配"按钮 ，如图 3 – 16 所示。

（2）选择"修改"→"特性匹配"命令，如图 3 – 17 所示。

（3）在"命令："提示下，输入"Matchprop"（或 MA），按 Enter 键调用该命令。

图 3 – 16　特性匹配　　　　　　　　　　图 3 – 17　选择"特性匹配"命令

　　调用该命令后，出现"选择源对象："的提示，即选择要复制其特性的对象。选择了源对象后，在命令行显示"当前活动设置：颜色、图层、线型、线型比例、线宽厚度、打印样式、文字、标注、填充图案"和"选择目标对象或［设置（S）］；"，只需用任一种选择对象的方式选择目标对象，然后按 Enter 键，就可以将源对象的所有特性复制给目标对象。

　　如果只想复制选定的特性，在"选择目标对象或［设置（S）］："的提示后输入"S"，按 Enter 键显示"特性设置"对话框，如图 3 – 18 所示。如果只将源对象的线型复制到目标对象，选中"线型"复选框，并清除其他的选项设置。

图 3 – 18　"特性设置"对话框

3.3.3　应用实例

【例3-3】　用对象特性匹配来修改图3-19中的轮廓线B和轮廓线A的宽度。

操作步骤：

（1）选择"修改"→"特性匹配"命令。

（2）根据"选择源对象:"的提示，选择要复制其特性的对象，如图3-19所示选中轮廓线A上的一条直线。

（3）出现"选择目标对象或[设置(S)]:"的提示，依次选择轮廓线B的线段，如图3-20所示。

（4）选择完轮廓线B后，按Enter键，轮廓线B的宽度已经改变，如图3-21所示。

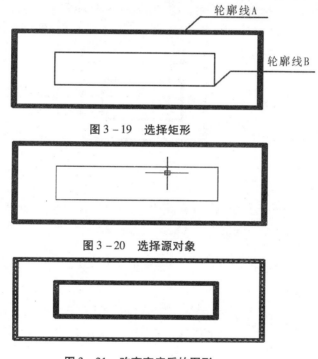

图3-19　选择矩形

图3-20　选择源对象

图3-21　改变宽度后的图形

3.4　典型图形绘制

【例3-4】　绘制简单的矩形、改变线宽、改变图层的名字。

操作步骤：

（1）绘制如图3-22所示的图形，将两个矩形绘制在新建的"轮廓线"图层上，将中心线绘制在新建的"中心线"图层上。

（2）选中外面的矩形。

（3）选中"对象特征"工具栏中的"线宽"控制项下较宽，外面的矩形的线宽就改变了,如图 3 – 23 所示。

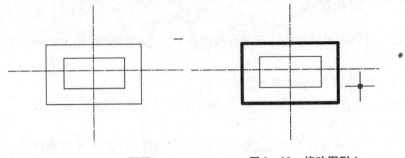

图 3 – 22　　原图　　　　　　　　图 3 – 23　　修改图形 1

(4)选择"修改"→"特性匹配"命令。

(5)根据命令栏"选择源对象:"的提示,选中轮外面的矩形。

(6)出现"选择目标对象或[设置(S)]:"的提示,选择里面的矩形,如图 3 – 24 所示。

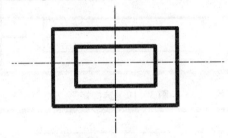

图 3 – 24　修改图形 2

(7)选择"格式"→"重命名"命令,弹出"重命名"对话框。如图 3 – 25 所示。

(8)在"重命名"对话框的"命名对象"列表框选择"图层",图层的名字出现在"项目"列表框。

(9)选择"项目"列表框中的"中心线",项目的名称"中心线",将出现在"旧名称"文本框。

(10)在"重命名为"文本框中输入新的名称"辅助线",单击"重命名为"按钮。

(11)单击"重命名"对话框的"确定"按钮,"重命名"对话框消失,发现"中心线"图层已经改为"辅助线"图层。

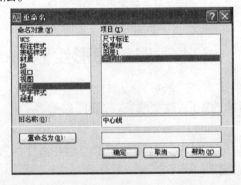

图 3 – 25　"重命名"对话框

3.5　上机绘图

【例3-5】　绘制一个夹板带小破门,改变线宽、改变图层的名字。

(1)建立一个新图,绘制如图3-26所示的夹板带小玻门,将轮廓线绘制在新建的轮廓线图层上,建立的图层如图3-27所示。

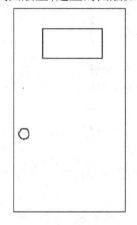

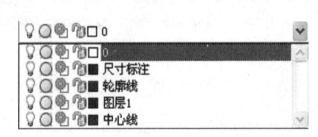

图3-26　矩形　　　　　　　　　　　图3-27　建立的图层

(2)选中外面的矩形,如图3-28所示。

(3)选中"对象特性"工具栏中"线宽"控制项下"0.70毫米"的线宽,如图3-29所示,外面的矩形的线宽就改变了,如图3-30所示。

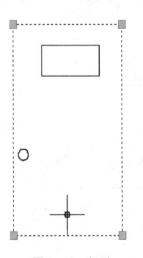

图3-28　矩形　　　　　　　　　　图3-29　"线宽"控制项

(4)如图3-31所示,选中矩形。

(5)选中"对象特征"工具栏中的"线宽"控制项下"0.30毫米"的线宽,矩形的线宽就改变了,如图3-32所示。

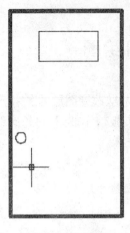
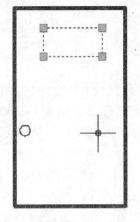

　　图 3 - 30　矩形 1　　　　　　图 3 - 31　矩形 2

　　(6)选择"格式"→"重命名"命名,弹出"重命名"对话框。

　　(7)在"重命名"对话框的"命名对象"列表框选择"图层",图层的名字出现在"项目"列表框。

　　(8)选择"项目"列表框中的"轮廓线",项目的名称"轮廓线"将出现在"旧名称"文本框中。

　　(9)在"重命名为"文本框中输入新的名称"边框",单击"重命名为"按钮,如图 3 - 33 所示。

　　(10)单击"重命名"对话框的"确定"按钮,"重命名"对话框消失,发现"中心线"图层已经改为"辅助线"图层。

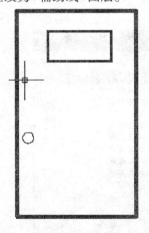
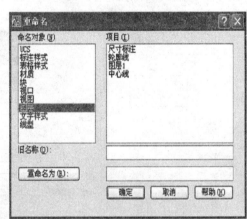

　　图 3 - 32　矩形 3　　　　　　　图 3 - 33　"重命名"对话框

项目4　建筑二维图形编辑

4.1　删除对象

4.1.1　命令使用

1. 命令调用方式

(1)下拉菜单:"修改"→"删除"。

(2)工具栏:"修改"→删除按钮 ✐ 。

(3)命令行:Erase,快捷形式:E。

2. 操作说明

(1)以上述三种方式中任一种方法执行删除命令后,十字光标会转变为矩形拾取框,选择对象后按回车键或空格键即可完成删除操作。

(2)选择对象时可以采用单击选择,单击选择可重复进行,从而达到选择多个对象的目的;也可以采用"W 窗口"与"C 交叉"模式选择对象,窗口选择,仅选择被矩形窗口完全包围的对象,交叉选择,则可以选中矩形边框接触的所有对象;或执行删除命令后直接输入"all"以选择所有对象。

(3)在未执行删除命令时,选择需要删除的对象后,按 Delete 键也可以直接删除对象。

(4)输入"oops"命令可以恢复最后一次删除的对象。

(5)当选择时多选了不该删除的对象时,可以按住"Shift"键,单击不想删除的对象,排除对其选择,再按 Enter 键或空格键完成删除操作。

(6)编辑对象时,可采用先调用命令后选择对象的方式,也可以采用先选择对象后触发命令的方式,两种方式均可等效进行编辑,读者可用删除对象为例自行练习。

4.1.2　应用实例

删除图2-16中双人沙发平面中左侧的扶手。

命令:E↙

选择对象:　　　　　　　　　　//采用窗口选择的方式,如图4-1(a)所示

指定对角点:　　　　　　　　　//单击左键完成选择,如图4-1(b)所示,按 Enter

键或空格键完成删除操作,如图 4 – 1(c)所示

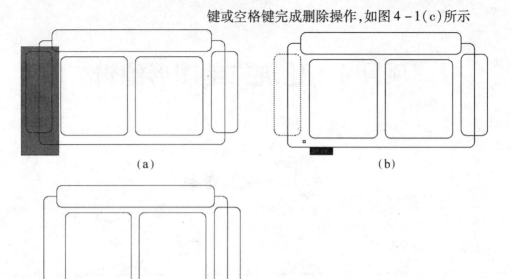

图 4 – 1　　删除对象的操作过程

4.2　复制对象

4.2.1　命令使用

1.命令调用方式

(1)下拉菜单:"修改"→"复制"。

(2)工具栏:"修改"→复制按钮 ⑧ 。

(3)命令行: Copy, 快捷形式:Co。

2.操作说明

当所需对象形状完全相同时,可以使用复制命令生成新的对象,新的对象与原对象具有相同的特性。

以上述三种方式中任一种方式触发复制命令后,系统提示选择复制对象,选择对象并按回车键或空格键后,系统提示"指定基点或[位移(D)]<位移>",其中:

(1) [ ]表达命令中可选项。

(2) ( )表达可选项的命令。

(3) < >表达默认值。

对于"指定基点或[位移(D)]<位移>"的提示信息中,"[位移(D)]"表示复制命令被触发后的可选项目,而"(D)"为位移方式的命令,在"文本窗口与命令行"中输入 D (d)即可触发位移方式。

使用基点复制对象时,基点的选择尤为重要,应尽量选择具有特征的点作为基点,比如圆心、圆的象限点、直线的中点、直线的端点等。复制对象时,可以开启"栅格"与"捕捉"并合理设置栅格间距与捕捉间距以提高绘图效率与精度。

4.2.2　应用实例

如图4-2所示的炉灶平面图,利用"复制"命令完成炉灶平面图的绘制。

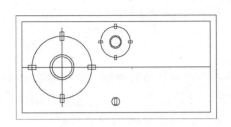 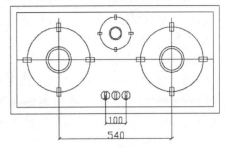

图4-2　炉灶平面图

命令:CO✓

选择对象:　　　　　　　　　//利用"窗口"选择左侧灶头图形

选择对象:✓

指定基点或[位移(D)]:　　　//捕捉左侧灶头的圆心

指定位移的第二点或<用第一点作位移>:@540,0✓✓

命令:CO✓

选择对象:　　　　　　　　　//利用"窗口"选择中间按钮图形

选择对象:✓

指定基点或[位移(D)]:　　　//捕捉中间按钮的圆心

指定位移的第二点或<用第一点作位移>:@50,0✓

指定第二个点或[退出(E)/放弃(U)]:@-50,0✓✓

复制对象时常用到指定具体位置复制,通过捕捉相对坐标原点,输入相对坐标将复制后的对象置于精确的位置。

在绘制建筑工程相关图形时,通过复制命令与"正交"与"极轴追踪"相结合的方式可以加快绘制速度,即在"正交"模式和"极轴追踪"打开的同时,通过移动光标指示方向然后,直接输入距离数值来指定点。

4.3　镜像对象

4.3.1　命令使用

1. 命令调用方式

(1)下拉菜单:"修改"→"镜像"。

（2）工具栏："修改"→镜像按钮 ⚌。

（3）命令行：Mirror，快捷形式：Mi。

2.操作说明

（1）镜像对象就好比人照镜子，也就是在操作过程中系统会要求您给出"镜像对象"与"镜子"，按照系统"文本窗口与命令行"的提示操作即可。

（2）镜像对象时"镜子"的给定很关键，尤其是第一点的选择更为重要，在给定第一点后，第二点可以通过输入相对坐标的方式给定，以获得最佳镜像效果。

（3）在使用镜像命令时可以利用开启"正交"模式，正交模式开启后，镜像轴第二点就可以直接通过点击获得。

（4）源对象的删除与否应根据具体需求来选择。

（5）在镜像文字时，可以通过系统变量"Mirrtext"的值来控制文字镜像后是否倒映，当系统变量"Mirrtext"的值为"0"时，镜像后的文字与源文字保持一致，即不发生倒映，如图 4 - 3(a)所示；当其值为"1"时，镜像后的文字则发生倒映，如图 4 - 3(b)所示。

建筑工程　　建筑工程　　　　建筑工程　跮工策퇲

　　　　　（a）　　　　　　　　　　　　　　　　（b）

图 4 - 3　系统变量对镜像对象的控制

4.3.2　应用实例

图 4 - 4 中某装饰木门已经绘制出一部分，利用"镜像"命令完成该木门的绘制。

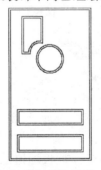　　　　　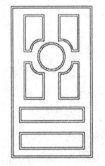

　　（a）复制前的图形　　　　　　　　　　（b）复制后的图形

图 4 - 4　木门立面图

单击修改工具栏的镜像按钮 ⚌：

选择对象：　　　　　　　　//利用"窗口"选择门左上方的装饰图形，如图 4 - 5

　　　　　　　　　　　　　（a）所示

指定镜像线的第一点：　　　//利用"捕捉"门上方的中点

指定镜像线的第二点：　　　//利用"捕捉"门下方的中点，如图 4 - 5(b)所示

要删除源对象吗？[是(Y)/否(N)] < N >：✓　　//保留源对象

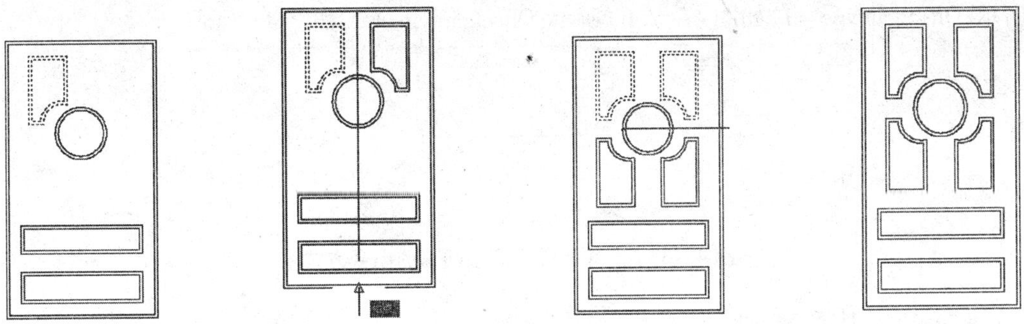

(a)　　(b)　　(c)　　(d)

图4－5　木门的绘制过程

同理以圆的左右象限点为轴向镜像点完成对门上方的装饰图形做上下镜像，如图4－5(c)所示，操作时不删除源对象，得到目标图形，如图4－5(d)所示。

4.4　偏移对象

4.4.1　命令使用

1. 命令调用方式

(1)下拉菜单："修改"→"偏移"。

(2)工具栏："修改"→偏移按钮。

(3)命令行：Offset，快捷形式：O。

2. 操作说明

偏移命令用于创建造型与选定对象造型平行的新对象。偏移圆或圆弧可以创建更大或更小的圆或圆弧，取决于向哪一侧偏移。偏移对象可以是直线、圆和圆弧、椭圆和椭圆弧、二维多段线、构造线(参照线)和射线、样条曲线。偏移命令是一个单对象编辑命令，只能以直接拾取方式选择对象。

在使用偏移对象命令时，有"指定偏移距离或［通过(T)/删除(E)/图层(L)］"可选项，其中：

(1)"偏移距离"是指在距现有对象指定的距离处创建对象。使用"偏移距离"选项时直接输入偏移距离后选择偏移对象并指定偏移方向即可完成操作。

(2)"通过"：指创建通过指定点的对象。

(3)"删除"：偏移源对象后将源对象删除(具体操作时系统给出是否删除提示)。

(4)"图层"：确定将偏移对象创建在当前图层上还是源对象所在的图层上。

采用偏移命令对多段线创建的闭合图形进行偏移时会导致线段间存在潜在的间隔。系统变量Offsetgaptype可控制这些潜在间隔的闭合方式，Offsetgaptype＝0，如图4－6(a)

所示;Offsetgaptype = 1,如图 4 - 6(b)所示;Offsetgaptype = 2,如图 4 - 6(c)所示。

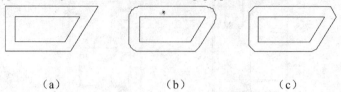

　　　　（a）　　　　　　　　　（b）　　　　　　　　（c）

图 4 - 6　偏移多段线潜在间隔的闭合方式

4.4.2　应用实例

完成图 4 - 7 所示的木门的绘制。

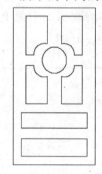　　　　　　　　　　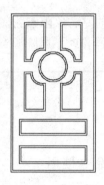

（a）复制前的图形　　　　　　　　　　（b）复制前的图形

图 4 - 7　木门立面图

说明:将图 4 - 7(a)中木门的外边框及木门上所有装饰图形均向内侧偏移 20 个单位。

单击修改工具栏的偏移按钮 :

指定偏移距离或［通过(T)/删除(E)/图层(L)］<通过>:20↙

选择要偏移的对象,或［退出(E)/放弃(U)］<退出>: //选择门边框

指定要偏移的那一侧上的点,或［退出(E)/多个(M)/放弃(U)］<退出>:

　　　　　　　　　　　　　　　　　　　　//指向门框内侧

同理,将门上的所有装饰图形均向内侧偏移 20 个单位,完成该木门的绘制。

4.5　延伸对象

1. 命令调用方式

(1)下拉菜单:"修改"→"延伸"。

(2)工具栏:"修改"→延伸按钮 。

(3)命令行:Extend, 快捷形式:Ex。

2. 操作说明

（1）延伸对象就是使它们精确地延伸至由其他对象定义的边界边。掌握延伸命令的关键在于对边界的认识，在执行延伸命令之后，第一次出现的"选择对象"指的是选择作为延伸边界的对象。

（2）圆弧、椭圆弧不能被延伸为完整的圆或椭圆。

（3）选择被延伸对象时，应在对象的被延伸侧拾取，否则无法完成延伸操作，如图4-8所示，在选择延伸对象时，选择要在直线中点右侧（B 侧）拾取，否则无法完成延伸。

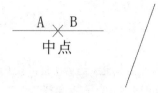

图4-8　选择延伸对象方法示意图

（4）使用延伸命令时，如果在按住"Shift"键的同时选择对象，则可以执行"修剪"命令，使用"修剪"命令时，在按住"Shift"键的同时选择对象，则可以执行"延伸命令"；使用时在按住"Shift"键后第一次选择的对象都是"边界"，第二次选择的对象则作为被修剪（延伸）对象。

（5）延伸边界和被延伸对象可用窗交选择方式多个选择。

4.6　修剪对象

4.6.1　命令使用

1. 命令调用方式

（1）下拉菜单："修改"→"修剪"。

（2）工具栏："修改"→修剪按钮 ✻。

（3）命令行：Trim，快捷形式：Tr。

2. 操作说明

修剪对象就是使对象精确地终止于由其他对象定义的边界，所以掌握修剪命令的关键在于对边界的认识。在触发修剪命令后，出现的"选择对象"指的是选择作为修剪边界的对象，如果有可以直接利用的边界，则称之为有天然边界。另外，被选择作为边界的对象也可以被修剪。实际应用过程中可以作为修剪的对象有直线、圆弧、圆、椭圆或椭圆弧、多段线、样条曲线、构造线、射线以及图案填充对象。

（1）"投影（P）"选项：可以指定执行修剪的空间，主要应用于三维空间中的两个对象的修剪，可将对象投影到某一平面上执行修剪操作。

（2）"边（E）"选项：选择该选项时，命令行显示"输入隐含边延伸模式 ［延伸（E）/不延伸（N）］"提示信息。如果选择"延伸（E）"选项，则当剪切边（边界）太短而且没有与被修剪对象相交时,可延伸修剪边(边界),然后进行修剪,在实际操作中修剪边(边界)并不实际显示延伸;如果选择"不延伸(N)"选项,只有当剪切边(边界)与被修剪对象真正相交时,才能进行修剪。

(3)在使用修剪命令时一般按以下步骤进行操作:

①选择剪切边(边界)。选择剪切边(边界)时可以使用"窗交"、"全选"与"鼠标单击"三种选择方式。

②选择被修剪对象。选择被修剪对象时同选择修剪切边边界的方式一样,也有"窗交"、"全选"与"鼠标单击"三种选择方式。

(4)在有天然边界的情况下,若被修剪的对象为两个内切的圆或圆弧,此时最好选择边界后再执行修剪命令。

(5)在被修剪对象较多时,选择剪切边(边界)通常使用"全选"方式。

(6)要选择包含块的剪切边或边界边,只能选择"窗交"、"栏选"和"全部选择"选项中的一个。

4.6.2　应用实例

图4 -9(a)为待完善的图形,图4 -9(b)为茶几示意图,用"修剪"命令和"延伸"命令完成茶几的绘制。

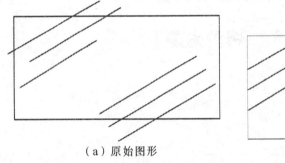
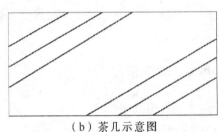

（a）原始图形　　　　　　　　　　　　（b）茶几示意图

图4 -9　茶几实例

单击修改工具栏的修剪按钮:

命令: _trim

当前设置:投影 = UCS,边 = 无

选择剪切边…

选择对象或 < 全部选择 >:　　　　　　　　　　　//单击选择外部矩形,按
Enter 键结束

选择要修剪的对象,或按住 Shift 键选择要延伸的对象,或[栏选(F)/窗交(C)/投影
(P)/边(E)/删除(R)/放弃(U)]:　　　　　　　//将"口"型光标置于待修
　　　　　　　　　　　　　　　　　　　　　　　剪的线段上,单击执行修
　　　　　　　　　　　　　　　　　　　　　　　剪,如图4 -10(a)所示,再
　　　　　　　　　　　　　　　　　　　　　　　将"口"型光标置于其他待

选择要修剪的对象,或按住 Shift 键选择要延伸的对象,或[栏选(F)/窗交(C)/投影(P)/边(E)/删除(R)/放弃(U)]：　　　　　修剪的线段上,单击执行修剪//按住 Shift 键,将"口"型光标置于待延长的线段上,如图4-10(b),所示单击执行延伸,按住 Shift 键不放,再将"口"型光标置于其他待延长的线段上,单击执行延伸

待需要修剪和延伸的线段全部操作完成后,按 Enter 键结束,得到如图4-9(b)所示的目标图形。

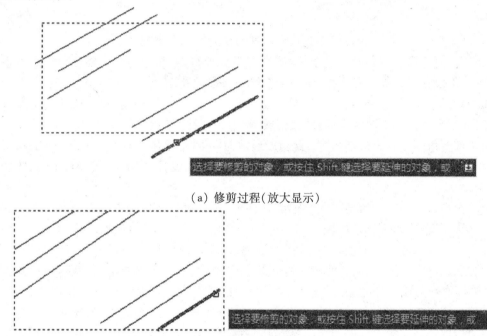

（a）修剪过程(放大显示)

（b）延伸过程(放大显示)

图4-10　操作过程

4.7　阵列对象

4.7.1　命令使用

1.命令调用方式

(1)下拉菜单:"修改"→"阵列"。

（2）工具栏："修改"→阵列按钮▦。

（3）命令行：Array，快捷形式：Ar。

阵列命令有"矩形阵列"与"环形阵列"两种阵列对象方式。

2. 操作说明

（1）矩形阵列。

①"行"：指定阵列中的行数。如果只指定了一行,则必须指定多列。默认情况下,在一个命令中可以生成的阵列元素最大数目为 100000,该限值由注册表中的 Maxarray 设置设置。例如,要将上限重设为 200000,可在命令行提示下输入（setenv "Maxarray" "200000"）。

②"列"：指定阵列中的列数。如果只指定了一列,则必须指定多行,默认情况下,在一个命令中可以生成的阵列元素最大数目为 100000,该限值由注册表中的 Maxarray 设置设置。例如,要将上限重设为 200000,可在命令行提示下输入（setenv "Maxarray" "200000"）。

③"偏移距离和方向"：可以在此指定阵列偏移的距离和方向。

a."行偏移"：指定行间距（按单位）。要向下添加行,则指定负值。要使用定点设备指定行间距,则用"拾取两者偏移"按钮或"拾取行偏移"按钮。

b."列偏移"：指定列间距（按单位）。要向左边添加列,则指定负值。要使用定点设备指定列间距,则用"拾取两者偏移"按钮或"拾取列偏移"按钮。

c."阵列角度"：指定旋转角度。此角度通常为 0,因此行和列与当前 UCS 的 X 和 Y 图形坐标轴正交,使用 Units 可以更改测量单位。阵列角度受 Angbase 和 Angdir 系统变量影响。

d."拾取两个偏移"：临时关闭"阵列"对话框,这样可以使用定点设备指定矩形的两个斜角,从而设置行间距和列间距。

e."拾取行偏移"：临时关闭"阵列"对话框,这样可以使用定点设备来指定行间距。Array 提示用户指定两个点,并使用这两个点之间的距离和方向来指定"行偏移"中的值。

f."拾取列偏移"：临时关闭"阵列"对话框,这样可以使用定点设备来指定列间距。Array 提示用户指定两个点,并使用这两个点之间的距离和方向来指定"列偏移"中的值。

g."拾取阵列的角度"：临时关闭"阵列"对话框,这样可以输入值或使用定点设备指定两个点,从而指定旋转角度。阵列角度受 Angbase 和 Angdir 系统变量影响。

（2）创建矩形阵列的步骤：

①按上述方法调用阵列命令并选择矩形阵列。

②单击"选择对象"。"阵列"对话框将关闭,程序将提示选择对象。

③选择要添加到阵列中的对象并按 Enter 键。

④在"行"和"列"框中,输入阵列中的行数和列数。

⑤使用以下方法之一指定对象间水平和垂直间距（偏移）：

a.在"行偏移"和"列偏移"框中,输入行间距和列间距。添加加号（+）或减号（-）确定方向。

b.单击"拾取行列偏移"按钮,使用定点设备指定阵列中某个单元的相对角点。此单元决定行和列的水平和垂直间距。

　　c.单击"拾取行偏移"或"拾取列偏移"按钮,使用定点设备指定水平和垂直间距。

　　⑥要修改阵列的旋转角度,请在"阵列角度"旁边输入新角度;默认角度 0 方向设置可以在 Units 命令中更改;

　　⑦单击"确定"创建阵列。

　　(3)环形阵列。

　　①"中心点":指定环形阵列的中心点。输入 X 和 Y 坐标值,或选择"拾取中心点"以使用定点设备指定中心点。

　　②"拾取中心点":将临时关闭"阵列"对话框,以便用户使用定点设备在绘图区域中指定中心点。

　　③"方法和值":指定用于定位环形阵列中的对象的方法和值。

　　a.项目总数。设置在结果阵列中显示的对象数目,默认值为 4。

　　b.填充角度。通过定义阵列中第一个和最后一个元素的基点之间的包含角来设置阵列大小。正值指定逆时针旋转,负值指定顺时针旋转,默认值为 360,不允许值为 0。

　　c.项目间角度。设置阵列对象的基点和阵列中心之间的包含角。输入一个正值。默认方向值为 90。

　　d.拾取要填充的角度。临时关闭"阵列"对话框,这样可以定义阵列中第一个元素和最后一个元素的基点之间的包含角。

　　e.拾取项目间角度。临时关闭"阵列"对话框,这样可以定义阵列对象的基点和阵列中心之间的包含角。

　　f.复制时旋转项目。如预览区域所示旋转阵列中的项目。

　　g.详细/简略。打开和关闭"阵列"对话框中的附加选项的显示。

　　h.对象基点。相对于选定对象指定新的参照(基准)点,给对象指定阵列操作时,这些选定对象将与阵列中心点保持不变的距离。要构造环形阵列,Array 将确定从阵列中心点到最后选定对象上的参照点(基点)之间的距离。所使用的点取决于对象类型,如表 4 -1所示。

表 4 -1　对象类型与默认基点对应表

对象类型	默认基点
圆弧、圆、椭圆	圆心
多边形、矩形	第一个角点
圆环、直线、多段线、三维多段线、射线、样条曲线	起点
块、段落文字、单行文字	插入点
构造线	中点
面域	栅格点

　　(4)创建环形阵列的步骤:

　　①按上述方法调用阵列命令并选择环形阵列。

②在"阵列"对话框中选择"环形阵列"。

③指定中点后,执行以下操作之一:

a. 输入环形阵列中点的 X 坐标值和 Y 坐标值。

b. 单击"拾取中心点"按钮。"阵列"对话框将关闭,程序将提示选择对象。

④使用定点设备指定环形阵列的圆心。

⑤单击"选择对象"。"阵列"对话框将关闭,程序将提示选择对象。

⑥选择要创建阵列的对象。

⑦在"方法"框中,选择以下方法之一:

a. 项目总数和填充角度。

b. 项目总数和项目间的角度。

c. 填充角度和项目间的角度。

⑧输入项目数目(包括原对象),如果可用,使用以下方法之一:

a. 输入填充角度和项目间角度。如果可用,"填充角度"指定了围绕阵列圆周要填充的距离,"项目间角度"指定每个项目之间的距离。

b. 单击"拾取要填充的角度"按钮和"拾取项目间角度"按钮,然后使用定点设备。

⑨指定要填充的角度和项目间角度。

⑩设置以下选项之一:

a. 要沿阵列方向旋转对象,请选择"复制时旋转项目"。

b. 要指定 X 和 Y 基点,应选择"其他"选项,取消选中"设为对象的默认值"选项并在 X 和 Y 框中输入值,或者单击"拾取基点"按钮并使用定点设备指定点。

注意:

(1)矩形阵列对象时,行偏移与列偏移指的是图形中相同点至相同点之间的距离。

(2)单行(列)多列(行)阵列对象时,行(列)偏移为 0 且不可忽略。

(3)环形阵列对象时,项目总数包括原对象在内。

4.7.2　应用实例

1. 带图案的门立面图绘制

绘制如图 4 - 11 所示的带图案的门立面图。

单击修改工具栏的阵列按钮▦,弹出"阵列"对话框,选择"矩形阵列";因需要绘制的矩形图案为 4 行 2 列,在"行"和"列"所对应的文本框中分别输入"4";在"行偏移"文本框中输入"422",注意方向,在"列偏移"文本框中输入"-359";"阵列角度"用默认的"0",设置如图 4 - 12 所示。

单击"选择对象"按钮,切换回绘图界面,用窗口选择矩形花纹图案,按 Enter 键结束选择,重新返回如图 4 - 12 所示对话框,单击"确定"按钮阵列结束,得到如图 4 - 11(b)所示的矩形阵列图形。

2. 绘制餐坐椅平面图

绘制如图 4 - 13 所示的餐坐椅平面图。

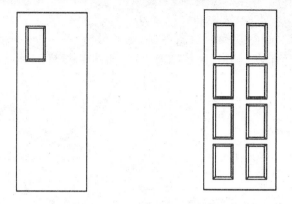

（a）阵列前的图形　　　　　　　（b）阵列后的图形

图 4 – 11　带图案的门立面图

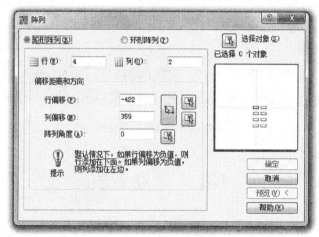

图 4 – 12　矩形阵列设置

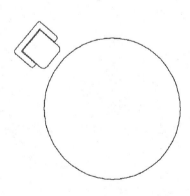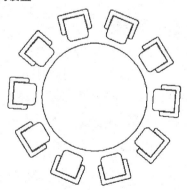

（a）阵列前的图像　　　　　　　（b）阵列后的图像

图 4 – 13　餐坐椅平面图

单击修改工具栏的阵列按钮，弹出"阵列"对话框，选择"环形阵列"；单击"中心点"按钮，切换回绘图界面，选择圆桌的圆心，重新返回阵列对话框；座椅总数为 10，故"项目总数"为10;填充角度为360,如图4-14所示。

单击"选择对象"按钮,切换回绘图界面,选择坐椅,按 Enter 键结束选择,重新返回图4-14所示对话框,单击"确定"阵列结束,得到如图4-13(b)所示的餐坐椅环形阵列图形。

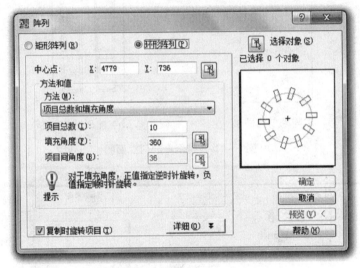

图4-14　环形阵列设置

4.8　移动对象

4.8.1　命令使用

1.命令调用方式

(1)下拉菜单:"修改"→"移动"。

(2)工具栏:"修改"→移动按钮。

(3)命令行:Move,快捷形式:M。

2.操作说明

(1)使用两点指定距离移动对象。使用由基点和指定第二点的距离和方向移动对象,具体操作步骤为:

①触发"移动"命令。

②选择要移动的对象。

③指定移动基点。

④指定第二点,按空格键或回车键完成移动操作。

(2)使用相对坐标指定距离。可以通过输入第一点的坐标值并按 Enter 键输入第二'点的坐标值,来使用相对距离移动对象,坐标值将用作相对位移,而不是基点位置;也可以使用相对极坐标移动对象。

（3）除使用"移动"对象命令完成移动操作外，还可以使用夹点来快速移动和对象，选择对象夹点并将它们拖放到新位置；在拖动期间按住 Ctrl 键即进行复制对象。

（4）使用坐标、栅格捕捉、对象捕捉和其他工具可以精确移动对象。

（5）要按指定距离移动对象，还可以在"正交"模式和极轴追踪打开的同时使用直接距离输入。

（6）在指定基点时，最好指定有意义的特征点，如圆心、端点、中点、交点、象限点等。

（7）如果使用两点移动对象时，第二点的拾取也应选择有意义的特征点。

（8）如果对象的所有端点都在选择窗口内部，还可以使用 Stretch 命令移动对象。

4.8.2 应用实例

以 2.11.4 应用实例中图 2-24 浴室平面图中洗手盆的移动为例，介绍将其移动到精确位置的操作过程。

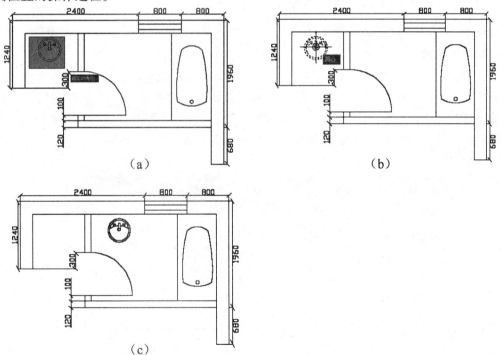

图 4-15 洗手盆的移动过程

命令:M↙

选择对象: //"窗口选择图 4-15(a)中的洗手盆

选择对象:指定对角点:找到 1 个

选择对象:↙ //按 Enter 键,选择对象结束

指定基点或［位移(D)］＜位移＞://指定洗手盆的中心,即内部小圆的圆心,如图
4-15(b)所示

指定基点或［位移(D)］＜位移＞:指定第二个点或 ＜使用第一个点作为位移＞:

@1200,0

精确移动洗手盆到目标点,如图 4 – 15(c)所示。

将对象精确地移动到目标位置,常用到"捕捉自"命令、极轴、正交等命令。这些命令是完成精确绘图的辅助手段。

4.9　旋转对象

4.9.1　命令使用

1. 命令调用方式

(1)下拉菜单:"修改"→"旋转"。

(2)工具栏:"修改"→旋转按钮 。

(3)命令行:Rotate,快捷形式:Ro。

2. 操作步骤

(1)按指定角度旋转对象。选择旋转对象并指定基点后直接输入角度值完成操作,输入角度值为 0 ~ 360°,还可以按弧度、百分度或勘测方向输入值。一般情况下输入正角度值按逆时针旋转对象,输入负角度值按顺时针旋转对象,另外可以通过"图形单位"对话框中的"方向控制"进行设置,如图 4 – 16 所示。调用方法为:选择"格式"→"单位"→"方向"按钮。

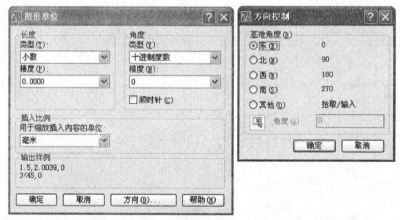

图 4 – 16　方向控制设置

(2)通过拖动旋转对象。选择对象并指定基点后,用鼠标拖动对象来指定第二点完成旋转操作。为了更加精确完成旋转,可配合使用"正交"、"极轴追踪"或"对象捕捉"模式。

(3)旋转对象到绝对角度。使用"参照"选项,可以旋转对象,使其与绝对角度对齐。

4.9.2　应用实例

绘制图4-17所示的灯光符号。

图4-17　灯光符号示意图

命令:C ✓　　　　　　　　　　//绘制直径分别为20,174,270的3个同心圆,
　　　　　　　　　　　　　　　　如图4-18(a)所示

命令:Pl ✓　　　　　　　　　　//通过捕捉内部2个圆的象限点绘制出如
　　　　　　　　　　　　　　　　图4-18(b)所示的中间图形

命令:Ro ✓

Ucs当前的正角方向:Angdir=逆时针 Angbase=0

选择对象:　　　　　　　　　　//选择图中所有直线,按Enter键选择对象
　　　　　　　　　　　　　　　　结束

指定基点:　　　　　　　　　　//指定圆心点

指定旋转角度,或[复制(C)/参照(R)]<0>:45 ✓

　　　　　　　　　　　　　　　　//得到旋转后的图形,如图4-17(c)所示

命令:Pl ✓　　　　　　　　　　//通过捕捉大圆和小圆2个圆的象限点绘制出
　　　　　　　　　　　　　　　　如图4-18(d)所示的中间图形

命令:Tr ✓　　　　　　　　　　//使用修剪命令修剪掉多余线段,得到如
　　　　　　　　　　　　　　　　图4-17所示的图形

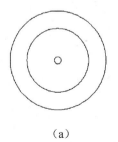
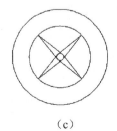

　　（a）　　　　　　　　（b）　　　　　　　　（c）　　　　　　　　（d）

图4-18　灯光符号绘制过程

4.10　缩放对象

4.10.1　命令使用

1. 命令调用方式

（1）下拉菜单："修改"→"缩放"。

（2）工具栏："修改"→缩放按钮 。

（3）命令行：Scale，快捷形式：Sc。

2. 操作说明

使用缩放命令可以将对象按统一比例放大或缩小，操作方法有两种。

（1）使用比例因子缩放对象。执行缩放命令后需要选定缩放对象并指定基点，根据当前图形单位，指定缩放的比例因子。比例因子大于 1 时将放大对象，比例因子介于 0 和 1 之间时将缩小对象。

（2）使用参照缩放对象。参照缩放是将缩放对象中的某一对象作为参考长度，通过指定新长度而进行的精确缩放。例如，如果对象的一边是 4.8 个单位长度，要将它扩张到 7.5 个单位长度，则用 4.8 作为参照长度。新长度可以是具体的数值也可以通过鼠标在对象上直接指定两点来确定。

缩放可以更改选定对象的所有标注尺寸，对象缩放后标注尺寸也随之更新；在缩放对象时可以结合"正交"与"栅格捕捉"进行精确操作。

4.10.2　应用实例

1. 通过比例因子缩放对象

将图 4 – 19（a）所示的窗户缩放到原来的一半，如图 4 – 19（b）所示。

（a）　　　　　　　　（b）

图 4 – 19　指定比例因子缩放对象

单击修改工具栏的缩放按钮 :

命令：_scale

选择对象：　　　　　　　　　　　　　　　//选择图 4 - 19(a)所示的整个窗户

选择对象：✓　　　　　　　　　　　　　　//按 Enter 键选择对象结束

指定基点：　　　　　　　　　　　　　　//在绘图区域指定一点

指定比例因子或 ［复制(C)/参照(R)］：C ✓ //选择"复制"，创建选择对象的缩放
　　　　　　　　　　　　　　　　　　　副本

指定比例因子：0. 5 ✓　　　　　　　　　 //创建一个缩小一倍的窗户，如
　　　　　　　　　　　　　　　　　　　图 4 - 19(b)所示

　　缩放对象除采用指定比例因子外，还常采用通过参照长度来缩放对象。因为在我们缩放对象时，有时无法准确地知道缩放比例，但知道缩放后的尺寸，这时就可以使用参照长度的方法缩放对象，而不要求指定具体的比例因子。

2. 通过参照长度缩放对象

将图 4 - 20(a)所示的窗户缩放到指定高度，如图 4 - 20(b)所示。

单击修改工具栏的缩放按钮 :

命令：_scale

选择对象：　　　　　　　　　　　　　　//选择图 4 - 20(a)所示的整个窗户

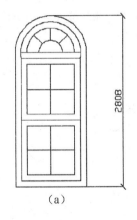

(a)　　　　　　　　　　　　　　(b)

图 4 - 20　　指定参照长度缩放对象

选择对象：✓　　　　　　　　　　　　　　//按 Enter 键选择对象结束

指定基点：　　　　　　　　　　　　　　//在绘图区域指定一点

指定比例因子或 ［复制(C)/参照(R)］：C ✓ //选择"复制"，创建选择对象的缩放
　　　　　　　　　　　　　　　　　　　副本

指定比例因子或 ［复制(C)/参照(R)］：R ✓ //选择"参照"

指定参照长度：< 2808. 2907 > 2808 ✓　　 //输入窗户的高度，如果不知道选择
　　　　　　　　　　　　　　　　　　　对象的长度，可以通过"对象捕捉"，
　　　　　　　　　　　　　　　　　　　捕捉选定对象的起始端点和结束端
　　　　　　　　　　　　　　　　　　　点，即可确定参照长度

指定新的长度或［点(P)］：500 ✓　　　　 //输入窗户的新高度，得到如图4 - 20

（b）所示的图形。也可输入"P"，通过在视图中确定两点位置，两点之间的距离就是选择对象缩放后的新高度

4.11 拉伸

4.11.1 命令使用

1.命令调用方式

（1）下拉菜单："修改"→"拉伸"。

（2）工具栏："修改"→拉伸按钮。

（3）命令行：Stretch，快捷形式：S。

2.操作说明

执行"拉伸"命令后，会出现"选择对象"提示信息，在选择对象时必须以"交叉"方式选择的方式来选择对象，才能完成"拉伸"图形，如果选择对象时以"窗口"方式选择或"单击拾取"方式选择对象，会执行"移动"命令。

使用"拉伸"命令，可以修改圆弧的包含角，修改直线、圆弧、开放的多段线、椭圆弧和开放的样条曲线的长度。

4.11.2 应用实例

以 2.4.2 应用实例中图 2-8 所示的浴缸平面图为例，完成图形的拉伸，得到如图 4-21所示的图形。

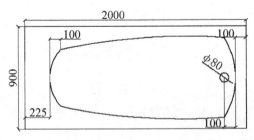

图 4-21   拉伸后的浴缸平面图

命令：S↙   //执行拉伸命令

选择对象：   //以交叉选择的方式选择被拉伸的图形，如图 4-22（a）所示

选择对象：↙

指定基点或［位移（D）］：   //在图形上选择一点，选择基点时可

以选择端点、中点、圆心、象限点等特征点

指定第二点或＜使用第一点作为位移＞:@ -400,0 ↙

命令:S ↙　　　　　　　　　　　　//执行拉伸命令

选择对象:　　　　　　　　　　　//以交叉选择的方式选择被拉伸的图形,如图 4-22(b)所示

选择对象:↙

指定基点或[位移(D)]:　　　　　//在图形上选择一点,选择基点时可以选择端点、中点、圆心、象限点等特征点

指定第二点或＜使用第一点作为位移＞:@ -125,0 ↙

　　　　　　　　　　　　　　　　//得到图 4-21 所示的图形

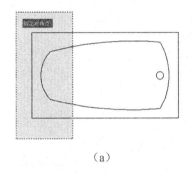
（a）

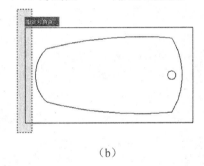
（b）

图 4-22　拉伸的绘制过程

4.12　倒角

4.12.1　命令使用

1.命令调用方式

(1)下拉菜单:"修改"→"倒角"。

(2)工具栏:"修改"→倒角按钮 。

(3)命令行:Chamfer,快捷形式:Cha。

2.操作说明

执行"倒角"命令后,会出现"选择第一条直线或[放弃(U)/多段线(P)/距离(D)/角度(A)/修剪(T)/方式(E)/多个(M)]"提示信息,各参数意义如下:

①"选择第一条直线":选择第一条直线时可以直接使用光标拾取对象,第一条直线选中后会提示选择第二条直线,按提示进行选择后即可完成操作。

②"多段线(P)":可对整个二维多段线倒角,如果多段线包含的线段过短以至于无

法容纳倒角距离,则无法对此线段倒角;如果选定对象是二维多段线的直线段,它们必须相邻或只能用一条线段分开;如果它们被另一条多段线分开,执行 Chamfer 将删除分开它们的线段并以倒角代之。

③"距离(D)":用于设置倒角选定边端点的距离。如果将两个距离都设置为"0",系统将延伸或修剪相应的两条线以使二者终止于同一点,不产生倒角;如果两条直线平行或发散,不能形成倒角;距离过大时倒角无效;若第一个倒角距离和第二个倒角距离设置的数值不同,在给对象倒角时,直线的选择顺序应与倒角距离的设置相同。

④"角度(A)":可用第一条线的倒角距离和角度设置倒角尺寸,角度过大时无效。

⑤"修剪(T)":设置倒角后是否保留原拐角边。

⑥"方式(E)":设置倒角的方法,是使用距离还是角度来创建倒角。

⑦"多个(M)":对多个对象修倒角。

(1)设置倒角距离的步骤如下:

①执行倒角命令。

②输入 d(距离)。

③输入第一个倒角距离。

④输入第二个倒角距离。

⑤选择倒角直线。

(2)通过指定长度和角度进行倒角的步骤如下:

①执行倒角命令。

②输入 a(角度)。

③从倒角角点输入沿第一直线的距离。

④输入倒角角度。

⑤选择第一条直线,然后选择第二直线。

(3)倒角而不修剪的步骤如下:

①执行倒角命令。

②输入 t(修剪控制)。

③输入 n(不修剪)。

④选择要倒角的对象。

(4)为整个多段线倒角的步骤如下:

①执行倒角命令。

②输入 p(多段线)。

③选择多段线,使用当前的倒角方法和默认的距离对多段线进行倒角。

4.12.2　应用实例

将如图 4-23(a)所示的图形,对其进行倒角处理,结果如图 4-23(c)所示。

命令: chamfer↙　　　　　　　　　　　　　//执行倒角命令

("不修剪"模式) 当前倒角距离 1 = 6.0000,距离 2 = 6.0000

　　　　　　　　　　　　　　　　　　　　　//当前默认设置

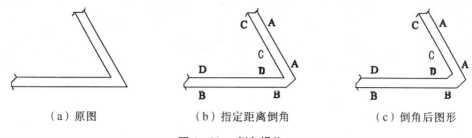

|（a）原图|（b）指定距离倒角|（c）倒角后图形|

图4-23　倒角操作

选择第一条直线或［放弃（U）/多段线（P）/距离（D）/角度（A）/修剪（T）/方式（E）/多个（M）］:d↙

　　　　　　　　　　　　　　　　　//输入倒角距离

指定第一个倒角距离 <6.0000>:10↙　　//输入第一个倒角距离

指定第二个倒角距离 <6.0000>:15↙　　//输入第二个倒角距离

选择第一条直线或［放弃（U）/多段线（P）/距离（D）/角度（A）/修剪（T）/方式（E）/多个（M）］:t↙

输入修剪模式选项［修剪（T）/不修剪（N）］<不修剪>:t↙　　//执行修剪

选择第一条直线或［放弃（U）/多段线（P）/距离（D）/角度（A）/修剪（T）/方式（E）/多个（M）］:　　　　　　　　　　　　　　//选择直线AA,如图4-23（b）所示

选择第二条直线,或按住 Shift 键选择要应用角点的直线:

　　　　　　　　　　　　　　　　//选择直线BB,如图4-23（b）所示

倒角操作结束,结果如图4-23（b）所示,同理执行图形内侧边CC、DD的倒角,内侧边的倒角距离要比外侧边小一些,指定CC的倒角距离为5,指定DD的倒角距离为8,倒角后结果如图4-23（c）所示。

对于该图形执行"倒角"的同时要执行"修剪",如果执行"不修剪"模式,结果如图4-24（c）所示。

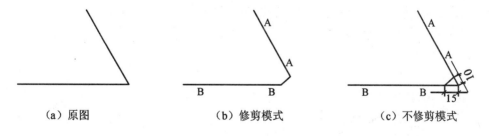

|（a）原图|（b）修剪模式|（c）不修剪模式|

图4-24　修剪模式与不修剪模式对比

4.13　圆角

4.13.1　命令使用

1. 命令调用方式

(1)下拉菜单:"修改"→"圆角"。

(2)工具栏:"修改"→圆角按钮 。

(3)命令行:Fillet，快捷形式:F 。

2. 操作步骤

圆角使用与对象相切并且具有指定半径的圆弧连接两个对象,内角点称为内圆角,外角点称为外圆角,这两种圆角均可使用 Fillet 命令创建。可以进行"圆角"操作的对象有圆弧、圆、椭圆、椭圆弧、直线、多段线、射线、样条曲线与构造线,使用单个命令便可以为多段线的所有角添加圆角。在执行"圆角"命令后,命令行出现"选择第一个对象或[放弃(U)/多段线(P)/半径(R)/修剪(T)/多个(M)]"选项提示,提示中的各参数含义如下:

①"选择第一个对象":可直接使用光标拾取对象,第一个对象选中后会提示选择第二个对象,按提示选择后完成圆角命令操作。

②"多段线(P)":可对整个二维多段线圆角。如果多段线包括的线段过短以至于无法容纳圆角距离,则无法对这些线段执行"圆角"操作。

③"半径(R)":用于设置用多大半径的圆弧为对象圆角。

④"修剪(T)":用于控制系统是否将选定边修剪到圆角线端点。

⑤"多个(M)":可给多个对象进行圆角。

(1)设置圆角半径的步骤如下:

①执行圆角命令。

②输入 r(半径)。

③输入圆角半径。

④选择要进行圆角的对象。

(2)为两条直线段圆角的步骤如下:

①执行圆角命令。

②选择第一条直线。

③选择第二条直线。

(3)圆角而不修剪的步骤如下:

①执行圆角命令。

②如有必要,则输入 t(修剪),输入 n(不修剪)。

③选择要进行圆角的对象。

（4）为整个多段线圆角的步骤如下：

①执行圆角命令。

②输入 p（多段线）。

③选择多段线。

（5）圆角多组对象的步骤如下：

①执行圆角命令，输入 m（多个）。

②系统将显示主要提示。

③选择第一条直线，或者输入选项并根据提示完成该选项，然后选择第一条直线。

④选择第二条直线。

⑤系统将再次显示主要提示。

⑥选择下一个圆角的第一条直线，或者按 Enter 键或 Esc 键结束命令。

3. 相关说明

（1）给通过直线段定义的图案填充边界进行圆角会删除图案填充的关联性，如果图案填充边界是通过多段线定义的，将保留关联性。

（2）如果要进行圆角的两个对象位于同一图层上，那么将在该图层创建圆角弧。否则，将在当前图层创建圆角弧，此图层影响对象的特性（包括颜色和线型）。

（3）使用"多个"选项可以圆角多组对象而无须结束命令。

（4）若"圆角"命令参数设置为 0 时，该命令相当于延伸命令。

4.13.2　应用实例

应用"圆角"命令，将图 4 - 25 所示的图形修改成如图 4 - 26 所示的图形。

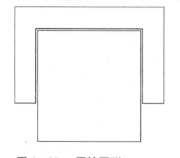
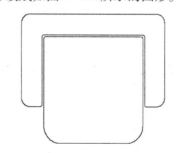

图 4 - 25　原始图形　　　　　　　图 4 - 26　圆角操作后的图形

命令：fillet↙　　　　　　　　　　　　　　　　　//执行圆角命令

当前设置：模式 = 不修剪，半径 = 0.0000

选择第一个对象或［放弃（U）/多段线（P）/半径（R）/修剪（T）/多个（M）]：R↙

指定圆角半径 <10.0000>：10↙　　　　　　　//指定圆角半径

选择第一个对象或［放弃（U）/多段线（P）/半径（R）/修剪（T）/多个（M）]：T↙

输入修剪模式选项［修剪（T）不修剪（N）] <不修剪>：T↙//执行修剪模式

选择第一个对象或［放弃（U）/多段线（P）/半径（R）/修剪（T）/多个（M）]：M↙

　　　　　　　　　　　　　　　　　　　　　//选择多个对象

选择第一个对象或［放弃(U)／多段线(P)／半径(R)／修剪(T)／多个(M)］：//选择直线 1

选择第二个对象或［放弃(U)／多段线(P)／半径(R)／修剪(T)／多个(M)］：//选择直线 2

选择第一个对象或［放弃(U)／多段线(P)／半径(R)／修剪(T)／多个(M)］：//选择直线 1

选择第二个对象或［放弃(U)／多段线(P)／半径(R)／修剪(T)／多个(M)］：//选择直线 8

选择第一个对象或［放弃(U)／多段线(P)／半径(R)／修剪(T)／多个(M)］：//选择直线 6

选择第二个对象或［放弃(U)／多段线(P)／半径(R)／修剪(T)／多个(M)］：//选择直线 7

选择第一个对象或［放弃(U)／多段线(P)／半径(R)／修剪(T)／多个(M)］：//选择直线 7

选择第二个对象或［放弃(U)／多段线(P)／半径(R)／修剪(T)／多个(M)］：//选择直线 8

选择第一个对象或［放弃(U)／多段线(P)／半径(R)／修剪(T)／多个(M)］：//选择直线 9

选择第二个对象或［放弃(U)／多段线(P)／半径(R)／修剪(T)／多个(M)］：//选择直线 10

选择第一个对象或［放弃(U)／多段线(P)／半径(R)／修剪(T)／多个(M)］：//选择直线 10

选择第二个对象或［放弃(U)／多段线(P)／半径(R)／修剪(T)／多个(M)］：//选择直线 11

结果如图 4 - 27(a)所示。

命令：F↙　　　　　　　　　　　　　　　　　　//执行圆角命令

当前设置：模式 = 修剪,半径 = 10.0000

选择第一个对象或［放弃(U)／多段线(P)／半径(R)／修剪(T)／多个(M)］：R↙

指定圆角半径 ＜10.0000＞：50↙　　　　　　　//指定圆角半径

选择第一个对象或［放弃(U)／多段线(P)／半径(R)／修剪(T)／多个(M)］:M↙

　　　　　　　　　　　　　　　　　　　　　　//选择多个对象

选择第一个对象或［放弃(U)／多段线(P)／半径(R)／修剪(T)／多个(M)］：//选择直线 2

选择第二个对象或［放弃(U)／多段线(P)／半径(R)／修剪(T)／多个(M)］：//选择直线 3

选择第一个对象或［放弃(U)／多段线(P)／半径(R)／修剪(T)／多个(M)］：//选择直线 3

选择第二个对象或［放弃(U)／多段线(P)／半径(R)／修剪(T)／多个(M)］：//选择

直线4

选择第一个对象或［放弃(U)/多段线(P)/半径(R)/修剪(T)/多个(M)］://选择
直线4

选择第二个对象或［放弃(U)/多段线(P)/半径(R)/修剪(T)/多个(M)］://选择
直线5

选择第一个对象或［放弃(U)/多段线(P)/半径(R)/修剪(T)/多个(M)］://选择
直线5

选择第二个对象或［放弃(U)/多段线(P)/半径(R)/修剪(T)/多个(M)］://选择
直线6

结果如图4-27(b)所示。

命令:F↙   //执行圆角命令

当前设置:模式 = 修剪,半径 = 50.0000

选择第一个对象或［放弃(U)/多段线(P)/半径(R)/修剪(T)/多个(M)］:R↙

指定圆角半径 <10.0000>:100↙   //指定圆角半径

选择第一个对象或［放弃(U)/多段线(P)/半径(R)/修剪(T)/多个(M)］:M↙

//选择多个对象

选择第一个对象或［放弃(U)/多段线(P)/半径(R)/修剪(T)/多个(M)］://选择
直线9

选择第二个对象或［放弃(U)/多段线(P)/半径(R)/修剪(T)/多个(M)］://选择
直线12

选择第一个对象或［放弃(U)/多段线(P)/半径(R)/修剪(T)/多个(M)］://选择
直线11

选择第二个对象或［放弃(U)/多段线(P)/半径(R)/修剪(T)/多个(M)］://选择
直线12

倒圆角操作结束,结果如图4-27(c)所示。

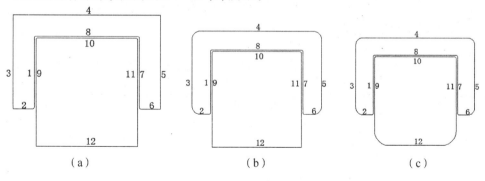

（a）   （b）   （c）

图4-27 圆角的操作过程

4.14　打断、打断于点

4.14.1　命令使用

1.命令调用方式

(1)下拉菜单:"修改"→"打断"。

(2)工具栏:"修改"→打断按钮 ▢/打断于点按钮 ▢。

(3)命令行:Break,快捷形式:Br。

2.操作步骤

打断命令可以将一个对象打断为两个对象,打断命令使用后两个指定点之间的对象部分将被删除,对象之间具有间隙,而打断于点是使完整对象变为两个对象,对象之间不具有间隙。要打断对象而不创建间隙,需在相同的位置指定两个打断点。完成此操作的最快方法是在提示输入第二点时输入 @0,0。可以在大多数几何对象上创建打断,但不包括以下对象:块、标注、多线、面域。

执行打断命令:

(1)选择要打断的对象,默认情况下,点击选择对象时点击的位置作为第一个打断点,如果需要重新指定第一个断点,则输入"f",然后按照系统提示"指定第一个打断点"。

(2)当按照系统提示"指定第二个打断点"后,两点间的部分被删除,点击它们,可以看到它们分别是独立的两部分。

(3)要打断对象而不创建间隙,请输入 @0,0 以指定下一点。

打断于点操作与打断操作基本相同。打断于点命令只能适用于"开口"对象,如直线、圆弧等,对封闭的圆或矩形等对象执行命令无效。

4.14.2　应用实例

对某等高线如图 4 – 28(a)所示,应用打断命令,绘制结果如图 4 – 28(b)所示。

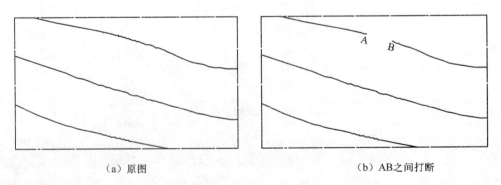

(a)原图　　　　　　　　　　　　　　　(b)AB 之间打断

图 4 – 28　局部等高线平面图

单击修改工具栏的打断按钮

命令：_break 选择对象：　　　　　　　　　　//选择 AB 所在的多段线

指定第二个打断点 或 [第一点(F)]:f↙

指定第一个打断点：　　　　　　　　　　//指定 A 点

指定第二个打断点：　　　　　　　　　　//指定 B 点,也可用相对坐标输入;AB
　　　　　　　　　　　　　　　　　　　　之间断开

打断、打断于点命令常与对象捕捉点结合使用。

4.15　分解对象

1.命令调用方式

(1)下拉菜单:"修改"→"分解"。

(2)工具栏:"修改"→分解按钮。

(3)命令行:Explode,快捷形式:X。

2.操作说明

任何分解对象的颜色、线型和线宽都可能会改变。其他结果将根据分解的合成对象类型的不同而有所不同,请参见以下可分解对象的分解结果。

(1)二维和优化多段线:放弃所有关联的宽度或切线信息,对于宽多段线,将沿多段线中心放置直线和圆弧。

(2)圆弧:如果位于非一致比例的块内,则分解为椭圆弧。

(3)块:一次删除一个编组级。如果一个块包含一个多段线或嵌套块,那么对该块的分解就首先显露出该多段线或嵌套块,然后再分别分解该块中的各个对象。具有相同 X、Y、Z 比例的块将分解成它们的部件对象。具有不同 X、Y、Z 比例的块(非一致比例块)可能分解成意外的对象。当按非统一比例缩放的块中包含无法分解的对象时,这些块将被收集到一个匿名块(名称以"＊E"为前缀中),并按非统一比例缩放进行参照。如果这种块中的所有对象都不可分解,则选定的块参照不能分解。非一致缩放的块中的体、三维实体和面域图元不能分解。分解一个包含属性的块将删除属性值并重显示属性定义。

(4)圆:如果位于非一致比例的块内,则分解为椭圆。

(5)多行文字:分解成文字对象。

(6)多线:分解成直线和圆弧。

(7)面域:分解成直线、圆弧或样条曲线。

分解命令多用于辅助定位,在绘制建筑二维图形时,使用分解命令分解标注对象后,可以编辑文字,调整标注文字的位置;有时也对插入的块作分解处理。

项目5 绘图工具与图层管理

5.1 光标捕捉

光标捕捉命令可强制性的控制十字光标,使其按照用户指定的X、Y间距作跳跃式移动,以精确捕捉目标点。通过光标捕捉模式的设置,可以很好地控制绘图精度,加快绘图速度。

5.1.1 光标捕捉的设置

(1)命令行:Snap, 快捷形式:SN。

执行 Snap 命令后,系统提示:[开(ON)/关(OFF)/纵横向间距(A)/样式(S)/类型(T)]

其中:

①"开(ON)/关(OFF)":打开/关闭光标捕捉模式。单击窗口下方状态栏上的"捕捉"按钮,按"F9"键也可打开/关闭光标捕捉模式。

②"纵横向间距(A)":设置光标捕捉的X、Y轴的间距。

③"样式(S)":设置光标捕捉的样式。

④"类型(T)":设置光标捕捉的类型。

(2)菜单:"工具"→"草图设置(F)"。

(3)右击状态栏上的"捕捉"按钮→"设置(S)"。

捕捉的设置也可通过草图设置对话框完成,如图5-1所示。

5.1.2 相关说明

(1)用户可将光标捕捉点视为一个无形的点阵,点阵的行距和列距为指定的X、Y方向间距,光标的移动将锁定在点阵的各个点位上,因而拾取的点也将锁定在这些点位上。

(2)设置光标的捕捉模式可以很好地控制绘图精度。例如:一幅图形的尺寸精度要精确到十位数。这时,用户就可将光标捕捉设置为沿X、Y方向间距为10,打开SNAP模式后,光标精确地移动10或10的整数倍距离,用户拾取的点也就精确地定位在光标捕捉点上。如果是建筑图纸,可设为500、1000或更大值。

(3)光标捕捉模式不能控制由键盘输入坐标来指定的点,它只能控制由鼠标拾取的点。

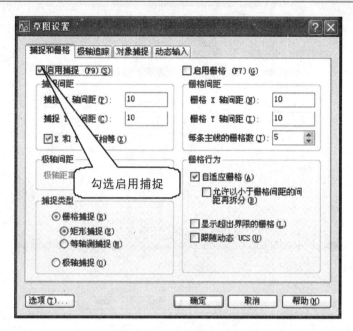

图 5-1　"草图设置"对话框

（4）在任何时候切换捕捉开关，可以单击状态条中的"捕捉"按钮或按 F9 键。

（5）栅格及捕捉设置是保证绘图准确的有效工具。栅格和捕捉是独立的，虽然将栅格尺寸和捕捉尺寸匹配很有帮助，但实际使用中设置并不总是匹配的。

5.2　目标捕捉

在用户绘图时，经常会遇到从直线的端点、交点等特征点开始绘图，单靠眼睛去捕捉这些点是不精确的，AutoCAD 提供了目标捕捉方式来提高精确性。绘图时可通过捕捉功能快速、准确定位。

5.2.1　目标捕捉的设置

1. 命令调用方式

（1）下拉菜单："工具"→"草图设置（F）"。

（2）状态栏："对象捕捉"→"设置（S）"直线按钮。

（3）命令行：Osnap。

2. 相关说明

执行 Osnap 命令后，系统会弹出如图 5-2 所示的对话框。

捕捉到点时，便会在捕捉点自动显示捕捉标记（一个有颜色的几何图标）。设置对象捕捉模式后，必须打开对象捕捉功能，才能在绘图过程中进行对象捕捉，可以通过下列方式打开或关闭目标捕捉：

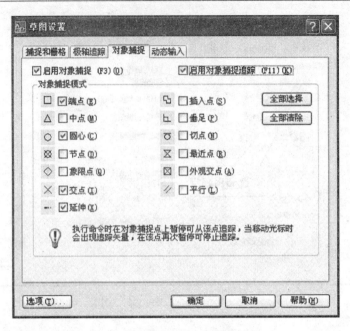

图 5-2　对象捕捉设置窗口

（1）单击状态栏中的"对象捕捉"按钮。

（2）右击"对象捕捉"按钮,在打开的快捷菜单中选择"开"或"关"按钮。

（3）在"对象捕捉"选项卡中使用"启用对象捕捉"复选框设置。

（4）通过功能键 F3 切换。

3. 操作实例

使用目标捕捉功能,用直线命令将圆的 4 个象限点连成四边形,如图 5-3 所示。

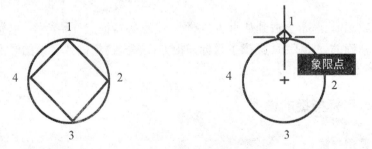

图 5-3　绘制四边形

操作步骤如下:

在对象捕捉按钮上单击鼠标右键,依次选择设置→对象捕捉→勾选象限点命令。

命令:_Line ↙　　　　　　　　　　　//执行 Line 命令

指定第一点:　　　　　　　　　　　//指定 1 点,如图 5-3 所示

指定下一点或[放弃(U)]:　　　　　//指定 2 点

指定下一点或[放弃(U)]:　　　　　//指定 3 点坐标

指定下一点或[闭合(C)/放弃(U)]:　//指定 4 点坐标

指定下一点或[闭合(C)/放弃(U)]:↙　//指定 1 点,按 Enter 键确认即可

5.2.2　对象捕捉工具条

对象捕捉工具条是临时运行捕捉模式,它只能执行一次。将光标放在任何工具条上点击右键可选择对象捕捉工具条,如图 5 - 4 所示。

图 5 - 4　对象捕捉工具栏

(1)╾╼临时追踪点:启用后,指定一个临时追踪点,其上将出现一个小的加号(+)。移动光标时,将相对于这个临时点显示自动追踪对齐路径,用户在路径上以相对于临时追踪点的相对坐标取点。

(2)⌐捕捉自:建立一个临时参照点作为偏移后续点的基点,输入自该基点的偏移位置作为相对坐标,或使用直接距离输入。

(3)↗捕捉到端点:捕捉其他对象的端点,这些对象可以是圆弧、直线、复合线、射线、平面或三维面,若对象有厚度,端点捕捉也可捕捉对象边界端点。

(4)↗捕捉到中点:捕捉另一对象的中间点,这些对象可以是圆弧、线段、复合线、平面或辅助线,当为辅助线时,中点捕捉第一个定义点,若对象有厚度也可捕捉对象边界的中间点。

(5)✕捕捉到交点:捕捉直线、圆弧、圆、多段线和另一直线、多段线、圆弧或圆的任何组合的最近的交点。如果第一次拾取时选择了一个对象,AutoCAD 提示输入第二个对象,捕捉的是两个对象真实的或延伸的交点。该捕捉模式不能和捕捉外观交点模式同时有效。

(6)✕捕捉到外观交点:选项与捕捉交点相同,只是它还可以捕捉 3D 空间中两个对象的视图交点(这两个对象实际上不一定相交,但看上去相交)。在 2D 空间中,捕捉外观交点和捕捉交点模式是等效的。

(7)┅捕捉到延长线:用于捕捉直线延长线上的点。即当光标移出对象的端点时,系统将显示沿对象轨迹延伸出来的虚拟点。

(8)◎捕捉到圆心:捕捉圆、圆弧、椭圆、椭圆弧的中心点。

(9)◇捕捉到象限点:捕捉圆、圆弧、椭圆、椭圆弧的最近四分圆点。

(10)○捕捉到切点:捕捉圆、椭圆或圆弧上的切点,该点和另一点的连线与捕捉对象相切。

(11)⊥捕捉到垂足:捕捉直线、圆弧、圆、椭圆或多段线上一点,用户已选定的点到该捕捉点的连线与所选择的实体垂直。

(12)∥捕捉到平行线:用于捕捉通过已知点与直线平行的直线的位置。

(13)⊟捕捉到插入点:利用插入点捕捉工具可捕捉外部引用的图块、文字的插入点。

（14）捕捉到节点：用于捕捉实体或节点以及尺寸线的定位点。

（15）捕捉到最近点：捕捉到对象实体上离靶区中心最近的点。一般是端点、垂直点或交点。

（16）无捕捉：利用清除对象捕捉工具，可关掉对象捕捉，而不论该对象捕捉是通过菜单、命令行、工具条或草图设置对话框设定的。

（17）对象捕捉设置：即打开对象捕捉命令的对话框。

5.3　查询

5.3.1　查询状态

利用状态查询命令，可以查询和显示当前图形中所有对象的统计信息、模式和范围、路径等。可以通过下列方式启动状态查询命令。

（1）下拉菜单："工具"→"查询"→"状态"。

（2）命　令　行：STATUS。

当执行查询状态命令后，系统将打开 AutoCAD 文本窗口，显示当前对象的有关特性参数，如图 5-5 所示。

图 5-5　状态查询结果

5.3.2　查询对象列表

利用查询对象列表命令，可以查询所选对象的数据库信息。比如对象类型、所属图层、空间等特性参数。可以通过下列方式启动对象列表查询命令。

1.命令调用方式

(1)下拉菜单:"工具"→"查询"→"列表显示"。

(2)工具栏:"查询"→查询按钮 　。

(3)命令行:List,快捷形式:LI 或 LS 。

2.相关说明

执行 LIST 命令后,系统提示:

命令:´list 命令:↙	//执行 list 命令
选择对象:	//选择目标对象
选择对象:	//继续选择目标对象,或按下 Enter 键结束命令

结束选择对象后,系统将打开 AutoCAD 文本窗口,显示当前对象的所有信息,如图 5 -6所示。

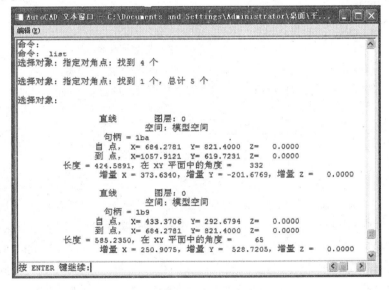

图 5 - 6　对象列表显示结果

5.3.3　查询图形信息

图形查询包括点坐标测量、距离测量、面积和周长测量等命令。下面分别对他们进行介绍。

1.查询点的坐标

利用点坐标的查询,可以获得图形中任一点的三维坐标。可以通过下列方式启动点坐标查询命令:

(1)下拉菜单:"工具"→"查询"→"点坐标"。

(2)工具栏:"查询"→定位点按钮 　。

（3）命令行：ID。

2. 查询距离

利用距离查询功能，可以获得图形中任意两点之间的空间距离，可以通过下列方式启动距离查询命令：

（1）命令调用方式。

①下拉菜单："工具"→"查询"→"距离"。

②工具栏："查询"→距离按钮 ▦▦▦▦。

③命令行：Dist 。

（2）相关说明。

执行 DIST 命令后，系统提示：

命令：'_dist 指定第一点：指定第二点

指定第一点：指定所测线段的起始点

指定第二点：指定所测线段的终点

（3）操作实例。

查询 AB 两点的距离，如图 5 – 7 所示。

命令：'_dist ↙　　　　　　　　　　　//执行 dist 命令

指定第一点：指定第二点：　　　　　　//单击 A 点和 B 点

距离 = 1000，XY 平面中的倾角 = 0，与 XY 平面的夹角 = 0

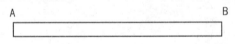

图 5 – 7　查询距离

3. 查询面积

"面积"命令用于测量对象及所定义区域的面积和周长。用户也可通过选择封闭对象（如圆、封闭多段线）或拾取点来测量面积，多点之间以直线（实际不一定存在）连接，且最后一点和第一点形成封闭区域。甚至还可以选取一条开放多段线，此时 Area 命令假定多段线之间有一条连线使之封闭。然后计算出相应的面积，而计算的周长则为多段线的真实长度。不过，所有点要在与当前 UCS 的 XY 坐标面相平行的平面内。

（1）命令调用方式。

①下拉菜单："工具"→"查询"→"面积"。

②工具栏："查询"→区域按钮 ▰▰。

③命令行：Area。

（2）相关说明。启动 Area 命令后，系统提示：

指定第一个角点或［对象（O）/加（A）/减（S）］：（指定第一个角点或选择其中的选项）

其中：

①"指定第一个角点"：可以查询由所有角点围成的多边形的面积和周长。

②"对象（O）"：可以查询圆、椭圆、多段线、多边形、面域和三维实体的表面积和

周长。

③"加(A)":是指通过指定点或选择对象测量多个面积之和(总面积)。

④"减(S)":是指从已经计算的组合面积中减去一个或多个面积。

(3)操作实例。查询如图5-8所示图形的面积。

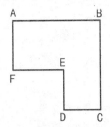

图5-8 查询面积

命令：_area✓　　　　　　　　　　　　　　//执行 area 命令

指定第一个角点或［对象(O)/加(A)/减(S)］://单击 A 点

指定下一个角点或按 Enter 键全选：　　　//单击 B 点

指定下一个角点或按 Enter 键全选：　　　//单击 C 点

指定下一个角点或按 Enter 键全选：　　　//单击 D 点

指定下一个角点或按 Enter 键全选：　　　//单击 E 点

指定下一个角点或按 Enter 键全选：　　　//单击 F 点

指定下一个角点或按 Enter 键全选：　　　//单击 A 点

指定下一个角点或按 Enter 键全选：✓

5.3.4　其他查询操作

1.查询时间

利用时间查询命令,可以查询当前图形的日期和时间统计信息、图形的编辑时间和最后一次修改时间等信息。

(1)命令调用方式:

①下拉菜单:"工具"→"查询"→"时间"。

②命令行:Time。

(2)相关说明。当执行查询时间命令后,系统将打开 AutoCAD 文本窗口。在该窗口中显示了当前时间、创建时间、上次更新时间、累计编辑时间、消耗时间计时器和下次自动保存时间等信息,如图5-9所示。

2.查询质量特性

利用质量特性查询命令可以查询所选对象(实体或面域)的质量特性,包括质量、体积、边界框、惯性矩、惯性积和旋转半径等信息,并询问是否将分析结果写入文件。但是该命令只适用于三维对象或面域。

命令调用方式:

(1)下拉菜单:"工具"→"查询"→"质量特性"。

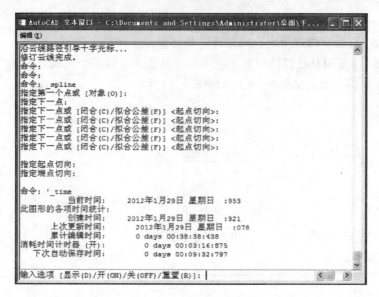

图 5 - 9　时间查询结果

（2）工具栏："查询"→面域/质量特性按钮 。

（3）命令行：Massprop。

执行质量特性命令后，命令行将提示"选择对象："，用户选择对象后，系统将打开 CAD 文本窗口，显示当前那种对象的质量特性信息，如图 5 - 10 所示。

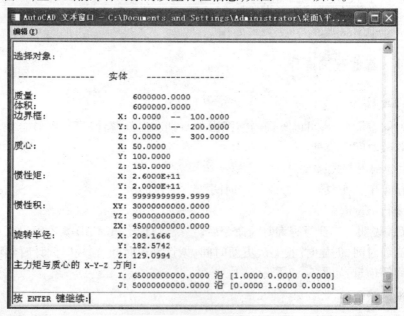

图 5 - 10　质量特性查询结果

5.4　草图设置

　　草图设置中提供的是绘图辅助工具,通过这些设置可以提高绘图的速度,更方便使用。为了更好地应用草图设置,下面介绍"草图"选项卡的主要功能,如图 5-11 所示。

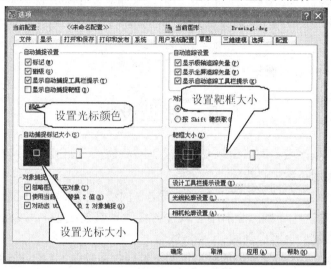

图 5-11　"草图"选项卡对话框

1. 自动捕捉设置

　　此复选框控制使用对象捕捉时显示的形象化辅助工具的相关设置。其中,"标记"复选框用于控制是否显示自动捕捉标记。该标记是当十字光标移到捕捉点附近时显示的几何符号。"磁吸"复选框用于打开或关闭自动捕捉磁吸。磁吸是指十字光标自动移动并锁定到最近的捕捉点上。"显示自动捕捉工具栏提示"用于控制当 AutoCAD 捕捉到对应的点时,是否通过浮出的小标签给出对应的提示。"显示自动捕捉靶框"用于控制是否显示自动捕捉靶框。靶框是捕捉对象时出现在十字光标内部的方框。"自动捕捉标记颜色"用于设置自动捕捉标记的颜色,如图 5-11 所示。

2. 自动捕捉标记大小

　　通过水平滑块可设置自动捕捉标记的显示尺寸。

3. 对象捕捉选项

　　此选项组确定对象捕捉时是否忽略填充的图案。

4. 自动追踪设置

　　此选项组控制极轴追踪和对象捕捉追踪时相关的设置。如选定"显示极轴追踪矢量"复选框,则当启用极轴追踪时,AutoCAD 会沿指定的角度显示一个矢量。利用极轴追踪,可以使用户方便地沿角度方向绘直线。"显示全屏追踪矢量"复选框控制追踪矢量的显示。追踪矢量是辅助用户按特定角度或与其他对象特定关系绘制对象的构造线。如果选择此选项,AutoCAD 将以无限长直线显示追踪矢量。"显示自动追踪工具栏提示"复选框控制是否显示自动追踪工具栏提示。工具栏提示是一个标签,可用其显示追踪坐标。

5. 对齐点获取

此选项组控制在图形中显示对齐矢量的方法。其中,"自动"单选按钮表示当靶框移到对象捕捉点上时,AutoCAD 会自动显示出追踪矢量。"用 Shift 键获取"单选按钮表示当按 Shift 键并将靶框移到对象捕捉点上时,AutoCAD 会显示出追踪矢量。

6. 靶框大小

通过水平滑块可设置靶框的显示尺寸。

5.5　线型设置

在绘图中,可以使用不同的线型表示特定类型的信息。如通常使用粗实线表示物体的轮廓,点划线表示对称中心线等。

在每个图形中,默认状态下至少有 3 种预定义的线型:连续线、随层和随块。系统不允许重命名和删除这些线型。图形中可以包含任意种其他线型。可以从系统提供的线型库文件中加载线型,也可以创建、保存新线型。

可以通过"对象特性"选项组的线型控制下拉列表框中选择"其他"选项(见图 5 – 12),或选择"格式"→"线型"命令即可打开线型管理器(见图 5 – 13)。

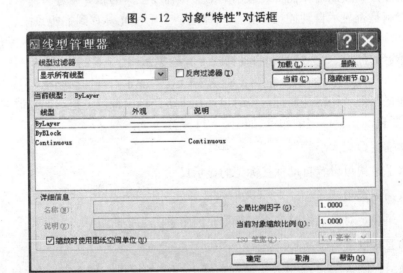

图 5 – 12　对象"特性"对话框

图 5 – 13　"线型管理器"对话框

在"线型管理器"对话框中可以控制有关线型的设置,如组成线型的点、短线和空格的长度及相互之间的比例因子等。用户可以选中某一线型,然后单击该对话框中的"显示细节"按钮,即可对其参数进行修改,如全局比例因子、当前对象缩放比例以及线型的名称和描述等。

用户可以对线型的比例因子进行修改。所谓比例因子,是指每图形单位线型中短线和空格的相对长度。只有当线型比例因子为1时,才与定义的线型显示相同的相对长度,用户可以修改该因子,以得到想要的显示效果。

5.5.1　加载附加线型

可以从"线型管理器"对话框中单击"加载"按钮,及可从系统默认的文件中加载预定义的线型。若要从非默认文件中加载线型,其步骤如下:

(1)在"加载或重载线型"对话框中单击"文件"按钮,在"选择线型文件"对话框中选择要加载的线型库文件,然后单击"打开"按钮。

(2)在显示的有效线型中选择所需线型,单击"确定"按钮,如图5-14(a)、图5-14(b)所示。

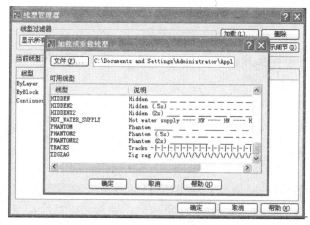

(a)

(b)

图5-14　从非默认文件中加载线型

5.5.2 创建新的线型

用户除了从线型库文件中加载预定义的线型外,还可以创建新线型并保存到一个线型库文件中。

1. 创建新的线型命令调用方式

(1)在命令行创建。

(2)使用一个文本编辑器。

(3)使用新线型制作快捷工具。

线型可以分为"简单线型"和"复杂线型"。简单线型由直线段、点和空白段组成,这种线型可以理解为画线中的抬笔/落笔方式。而复杂线型除此以外还包括文本或图形定义等嵌入的对象。复杂线型常用来绘制地图、地形线、工具、仪器控制图中描述型图形。"复杂线型"只能使用文本编辑器或新线型制作快捷工具来编辑创建。

文件中的每个线型定义都由两行组成。第一行必须以" * "打头,然后是线型名和可选的说明文字,格式如下:

　　*线型名,说明文字

第二行是对齐方式及用相应的代码描述线型的定义,其中对齐方式只能输入字母"A",格式如下:

　　对齐方式,线型定义,…

例如由一段短线和两个点定义的线型,名为 DDD,可写成如下的格式:

　　*DDD,____ .. ____ .. ____ .. ____ .. ____

A,.75, -.5,0, -.5,0, -.5

DDD 是线型的名称,后面是由下划线、空格和点组成的图案描述。短划线的长度为.75(正数表示落笔),空格的长度为 -.5(负数表示抬笔),0 表示点,对齐方式为"A",表示以划线开始并以划线结束(除了全部由点构成的线型)。

2. 应用实例

下面通过一个例子来说明创建简单线型的步骤:

(1)选择"开始"→"程序"→"附件"→"写字板"命令,打开 Windows 写字板。

(2)选择"文件"→"打开"命令,在文件类型中输入" * . lin",单击"确定"按钮,如图 5 -15 所示。

(3)在写字板中输入线型定义的两行,如图 5 -16 所示。

(4)单击"保存"按钮即可。

这样就创建了一个新线型 DDD,按照前面所讲方法加载该线型到图形文件中,即可为某一图层指定该线型。如图 5 -17 所示,可在"加载或重载线型"对话框中看到刚才定义的线型"DDD",单击"确定"按钮即可加载该线型。

图 5 – 15 从写字板中打开 ∗.lin 文件

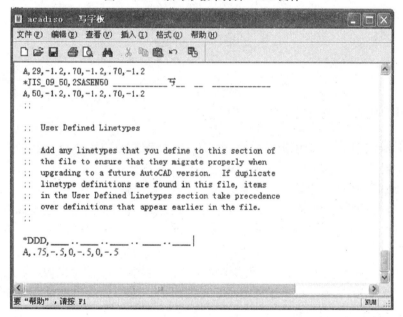

图 5 – 16 打开"acadiso.lin"文件

　　复杂线型定义的线型描述还包含对嵌入型对象的描述,该描述包括形名、形文件名和可选的变换位置的定义。格式如下:
　　[形名,形文件名,变换描述]
　　复杂线型的具体定义请参考相关工具书。

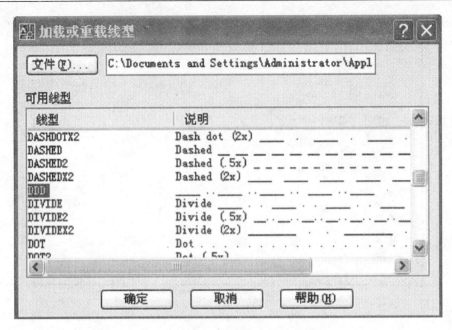

图 5 – 17 加载自定义线型"DDD"

5.6 图层

5.6.1 图层的概念

在工程绘图中,许多的图形是叠放在一起的,如建筑施工图、电路布线图和管道布线图等。如果把这些图绘制在一起,显然很难分清各种图形,而在 CAD 中引入了图层的概念。很好地解决了这一问题。

用户可以将图层想象成一叠没有厚度的透明纸,将具有不同特性的实体分别置于不同的图层,然后将这些图层按同一基准点对齐,就可得到一幅完整的图形。通过图层作图,可将复杂的图形分解为几个简单的部分,分别对每一层上的实体进行绘制、修改、编辑,再将它们合在一起,这样复杂的图形绘制起来就变得简单、清晰、容易管理。实际上,使用 Auto CAD2007 绘图,图形总是绘在某一图层上。这个图层可能是由系统生成的缺省图层,可能是由用户自己创建的图层。

每个图层均具有线型、颜色和状态等属性。当实体的颜色、线型都设置为 BYLAYER 时,实体的特性就由图层的特性来控制。这样,既可以在保存实体时减少实体数据,节省存储空间;同时也便于绘图、显示和图形输出的控制。例如,在绘制工程图形时,可以创建一个中心线图层,将中心线特有的颜色、线型等属性赋予这个图层。每当需要绘制中心线时,用户只需切换到中心线图层上,而不必在每次画中心线时都必须为中心线对象设置中心线的线型、颜色。这样,不同类型的中心线、粗实线、细实线分别放在不同的图层上,在使用绘图机输出图形时,只需将不同图层的实体定义给不同的绘图笔,不同类型的实体输出变得十分方便。如果不想显示或输出某一图层,用户可以关闭这一图层。

在 AutoCAD 2007 中,系统对图层数虽没有限制,对每一图层上的实体数量也没有任何限制,但每一图层都应有一个唯一的名字。当开始绘制一幅新图时,系统自动生成层名为"0"的缺省图层,并将这个缺省图层设置为当前图层。除图层名称外,图层还具有可见性、颜色、线型、冻结状态、打开状态等特性。"0"图层既不能被删除也不能重命名。除层名为"0"的缺省图层外,其他图层都是由用户根据自己的需要创建并命名。

5.6.2　图层的设置与管理

在绘图过程中,用户可根据需要建立新的图层。默认情况下,新建的图层将继承上一图层的特性。也可以为不同实体赋予多种特性,以限定和管理相应图素,实体的特性主要有:图层、线型、颜色、基面标高、拉伸厚度。其中图层、线型和颜色是最基本的特性,基面标高、拉伸厚度等特性多用于三维空间绘图。每个实体可以分别赋予不同特性,但同一实体不能具有两种相同类别的属性。

图层的设置与管理都需要在"图层特性管理器"对话框中进行。

1. 调用方式

(1)下拉菜单:"格式"→"图层"。

(2)工具栏:创建新图层图标 ▧ 。

(3)命令行:LAYER,快捷形式:LA。

执行 LA 命令后,系统将弹出如图 5-18 所示的对话框。

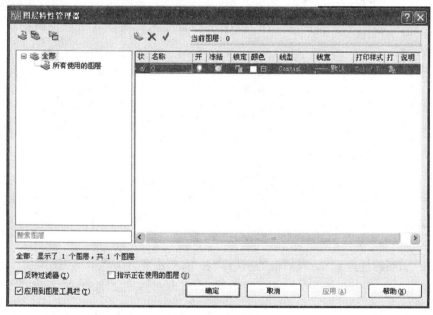

图 5-18　"图层管理器"对话框

2. 相关说明

(1)创建新图层和重命名图层: ▧ 图标用于创建新图层。单击该图标,在图层列表框中将出现一个新图层,系统将它定名为"图层 1"。图层创建后可在任何时候更改图层的名称(0 层和外部参照依赖图层除外)。选取某一图层,再单击该图层名,图层名被执行为输入状态后,用户输入新层名,再按 Ener 键,便完成了图层的更名操作。

(2)控制图层状态:图层状态包括图层的开、关、冻结、解冻、锁定和解锁等状态。图层中各状态的表现形式如图 5 – 18 所示。熟练掌握图层状态的控制也是提高作图效率的因素之一。

①打开或关闭图层:设置图层的开/关状态有利于绘制一些较复杂的图层,当图层被关闭后,该图层上的对象将不会显示在绘图区中,在出图时,也不会打印到图纸上,但可随图形重新生成。即在关闭一图层时,该图层上绘制的实体就看不到,而当再开启该图层时,其上的实体就又可显示出来。例如,你正在绘制一个楼层平面,可以将灯具配置画在一个图层上,而配管线位置画在另一图层上。选取图层开或关,以从同一图形文件中打印出电工图与管路图。

在"图层特性管理器"对话框中,默认状态下图层开/关状态的图标是 💡,该图标表示图层处于打开状态。单击该图标,当 💡 图标变为 💡 状态时,该图层即被关闭,再次单击该图标,则恢复图层开启状态。

②冻结或解冻图层:冻结图层有利于减少系统重生成图形的时间,冻结的图层不参与重生成计算,且不显示在屏幕中,不能打印,用户不能对其进行编辑。若用户绘制的建筑图形较大,且需要重生成图形时即可使用图层的冻结功能将不需要重生成的图层进行冻结,完成重生成后,可使用解冻功能将其解冻,即恢复为原来的状态。

在默认状态下控制图层冻结/解冻状态的图标是 ◯,该图标表示图层处于解冻状态。单击该图标,当 ◯ 图标变为 ❄ 状态时,该图层即被冻结。用户应注意当前图层不能被冻结。

③锁定与解锁图层:当用户在编辑特定的图形对象时,若需要参照某些对象,但又担心会因为误操作删除了某个对象,这时即可使用图层的锁定功能,锁定图层后,该层上的对象不可编辑,此时即可方便地编辑其他图层上的对象。

在默认状态下控制图层锁定/解锁状态的图标是 🔓,该图标表示图层处于解锁状态。单击该图标,当 🔓 图标变为 🔒 状态时,该层即被锁定。

(3)设置当前图层:当前图层就是当前绘图层,用户只能在当前图层上绘制图形,并且所绘制的实体将继承当前图层的属性。当前图层的状态信息都显示在"图层对象特性"工具栏中,AutoCAD 默认当前图层是图层 0。可通过如下几种方法来设置当前绘图图层:

①在"图层特性管理器"对话框的图层列表中,双击要置为当前的图层。

②在图层列表中选中要置为当前的图层后,单击对话框顶端的 ✔(置为当前)按钮,所选图层的图层状态图标成为 ✔ 样式,最后单击"应用"按钮即可。

③在"图层"工具栏的图层下拉列表中直接选择要置为当前图层的图层。

(4)删除多余的图层:若要删除某个图层,则可通过如下方法来完成:

①打开"图层特性管理器"对话框,选中需要删除的图层,单击顶端的 ✖(删除图层)

按钮。

②所选图层的图层状态图标将成为 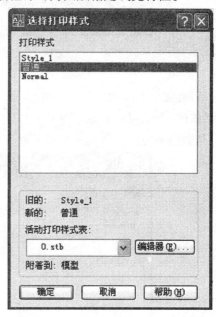样式，单击"应用"按钮，即可删除选择的图层。

（5）设置图层颜色：为选定图层设置颜色。单击选定图层颜色的选项，在弹出的颜色对话框中选择一种颜色并单击确认按钮返回，就可将选定图层设置为指定颜色。颜色的选择应该根据打印时线宽的粗细来选择。打印时，线形设置越宽的，该图层就应该选用越亮的颜色；反之，如果打印时，该线的宽度仅为 0.09mm，那么该图层的颜色就应该选用8 号或类似的颜色。

（6）设置图层线型：为选定图层设置线型。单击选定图层线型项的线型名称，在弹出的线型对话框中，选择需要的线型，然后单击"确定"按钮返回主对话框，所选线型被设置为该图层的线型。

（7）设置图层线宽：为选定图层设置线宽。单击选定图层线宽的选项，在弹出的线宽对话框中指定相应的线宽值后，然后单击"确定"按钮即可为图层指定线宽特性。

（8）设置图层打印样式：通过设置图层打印样式，可改变图层上的实体在出图时的相应特性，如线宽、线型等，但其在绘图区中的实际特性不会改变。

在"图层特性管理器"对话框中单击"打印样式"特性图标，打开"选择打印样式"对话框，在该对话框的"打印样式"区域中选择图层所需的打印样式即可。

AutoCAD 默认情况下，用户不能在"图层特性管理器"对话框中对打印样式进行设置，但若使用命名打印样式出图时，则可以对打印样式进行设置，如图 5－19 所示。

（9）输出和调用图层状态：在绘制较复杂的建筑图形时，常常需要创建多个图层，并为其设置相应的图层特性，若每次绘制新的图形时都要创建这些图层，则会大大降低工作效率。因此，

图 5－19 "选择打印样式"对话框

AutoCAD 为用户提供了保存及调用图层特性功能，即用户可将创建好的图层以文件的形式保存起来，在绘制其他图形时，用户还可将其调用到当前图形中。

①输出图层状态：在"图层特性管理器"对话框左上方单击 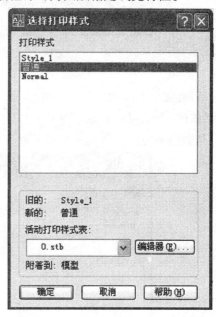（图层状态管理器）按钮，打开"图层状态管理器"对话框，图层特性的保存及调用都可在该对话框完成，如图 5－20 所示。

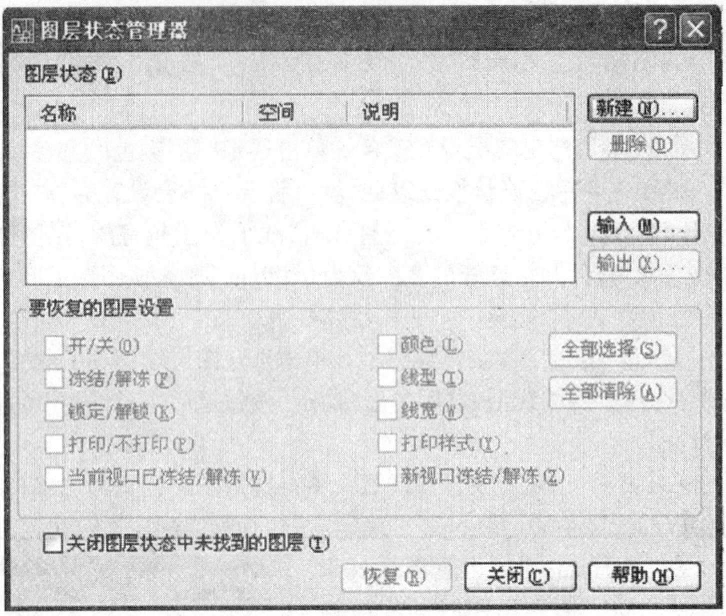

图 5 - 20　　"图层状态管理器"对话框

　　若要保存当前图层特性及状态,单击"新建"按钮,在打开的"要保存的新图层状态"对话框的"新图层状态名"下拉列表框中输入当前图层特性所要保存的名称,也可在"说明"列表框中为图层特性文件制定相应的说明信息,如图 5 -21 所示。

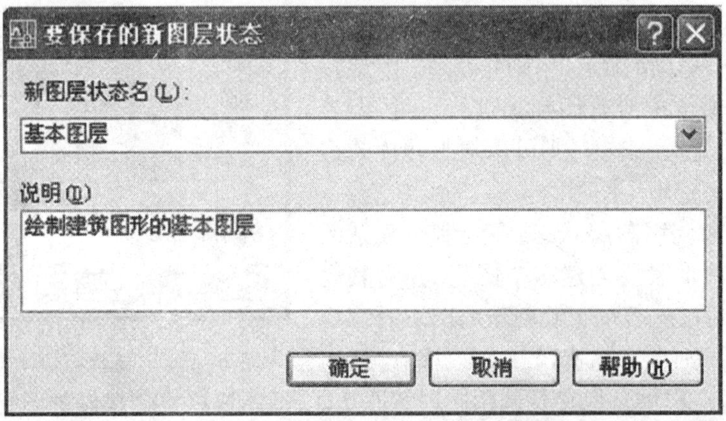

图 5 - 21　　"要保存的新图层状态"对话框

　　完成设置后,单击"确定"按钮,返回"图层状态管理器"对话框,此时该对话框中的"要恢复的图层设置"栏及右侧按钮均变为可用。在"要恢复的图层设置"栏中选中相应的复选框,即表示保存图层相应的特性及状态。完成设置后单击"输出"按钮,在打开的对话框中指定图层特性要保存的文件名及位置即可,其文件的后缀名为. las。此时即最终完成图层特性的保存操作,如图 5 -22、图 5 -23 所示。

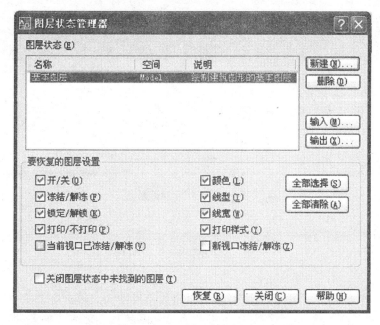

图 5－22 设定后的"图层状态管理器"对话框

图 5－23 "输出图层状态"对话框

②调用图层状态：调用已有的图层特性文件，也是在"图层状态管理器"对话框中完成的。

在"图层特性管理器"对话框左上方单击 (图层状态管理器)按钮，打开"图层状态管理器"对话框，在该对话框中单击"输入"按钮，打开"出入图层状态"对话框，在该对话框中选择需调用的图形特性文件，然后单击"打开"按钮，返回"图层状态管理器"对话框。

AutoCAD 会打开如图 5－24 所示的对话框提示用户是否立即将所调用的图层状态应用到当前图形中，若需要调用，则单击"是"按钮；若暂时不调用，可单击"否"按钮。在需要调用的时候，在"图层状态管理器"对话框中的"图层状态"列表框中选中调用图层特性文件名称,然后单击"恢复"按钮即可。

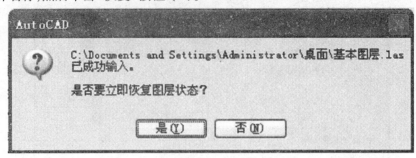

图 5-24　提示对话框

5.7　图层显示控制

计算机屏幕尺寸是有限的,而图形通常要比屏幕尺寸大。因此屏幕只是图形的一个显示窗口,它可以缩小显示整幅图,也可以放大显示图的某一部分。形象的比喻就是:视窗的缩放,就像人的身体在移动,而视点不断变化,巨大的物体需远望方能观其貌,而极小的物体需近看才能看得清楚。对 AutoCAD 绘图来说,实现屏幕缩放的目的就是"整体看布局,放大画细节"。为了观察和操作方便,绘图时常常需要改变图纸在屏幕上的显示位置和大小,控制图形显示相当于移动显示窗口或图纸,并不改变图形的实际尺寸和相对位置。

5.7.1　重画与重生成图形

绘图工作进行一段时间后,屏幕上留下许多标志。这些标志有助于绘图定位,但标志过多则使画面显得混乱。为了消除这些标志,不影响图形的正常观察,可以执行重画。

重生成同样可以刷新视口,但和重画的区别在于刷新的速度不同。重生成是 Auto-CAD 重新计算数据后在屏幕上显示结果,所以速度较慢。

1. 重画

重画是重新显示当前窗口中的图形。

(1)命令调用方式:

①下拉菜单:"视图"→"重画"。

②命令行:Redraw,快捷形式:R。

(2)相关说明。重画一般情况下是自动执行的。重画是利用最后一次重生成或最后一次计算的图形数据重新绘制图形,所以速度较快。

2. 重生/全部重生

重生是重新生成图形并刷新显示当前窗口。全部重生成是重新生成图形并刷新显示窗口。

命令调用方式:

①下拉菜单:"视图"→"重生成"/"全部重生成"。

②命令行:Regen / Regen All,快捷形式:Re / Rea。

5.7.2　缩放视图

按一定比例、观察位置和角度显示的图形称为视图。在 AutoCAD 中,可以通过缩放视图来观察图形对象。缩放视图可以增加或减少图形对象的屏幕显示尺寸,但对象的真实尺寸保持不变。通过改变显示区域和图形对象的大小更准确、更详细地绘图。

在 AutoCAD 2007 中,选择"视图"→"缩放"命令(ZOOM)中的子命令或使用"缩放"工具栏,可以缩放视图。常用的缩放命令或工具有"实时"、"窗口"、"动态"和"中心点",如图 5 - 25、图 5 - 26 所示。

图 5 - 25　"缩放"子菜单　　　　　图 5 - 26　"缩放"工具栏

1.实时缩放

使用缩放视图可以增加或减少图形对象的屏幕显示尺寸,但对象的真实尺寸保持不变。使用缩放命令时的默认方式是使用实时缩放特性。

(1)命令调用方式:

①下拉菜单:"视图"→"缩放"→"实时"。

②工具栏:"标准"→实时缩放按钮 🔍。

③命令行:Zoom ↙ R ↙,快捷形式:Z ↙ R ↙。

(2)相关说明。执行命令后,光标变为放大镜符号。此时按住鼠标左键向前推则图形变大;向后拉则图形变小。

移动放大镜时,如果移动的距离是从屏幕的底部到屏幕顶部距离的一半,则相当于将图形放大两倍。如果移动的距离是从屏幕的顶部到屏幕底部距离的一半,则相当于将图形缩小一半。

如果达到 AutoCAD 放大图形的极限,那么状态栏中出现如下信息:已无法进一步放大。与之相似,如果达到 AutoCAD 缩小图形的极限,那么状态栏中出现如下信息:已无法进一步缩小。

提示:按住鼠标的中轴,上下滚动鼠标的中轴则执行实时缩放。

2. 窗口缩放

可直接用窗口方式选择下一视图区域。当选择框的宽高比与绘图区的宽高比不同时,AutoCAD 将使用选择框的宽与高中相对当前视图放大倍数较小者,以确保所选区域都能显示在视图中。事实上,选择框的高宽比几乎都不同于绘图区,因此选择框外附件的图形实体也可能出现在下一视图中,而所选定的窗口将会在下一视图中居中显示,如图 5 - 27 所示。

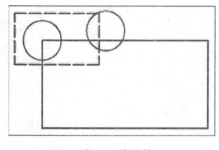　　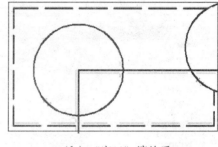

（a）"窗口"缩放前　　　　　　　　（b）"窗口"缩放后

图 5 - 27　使用缩放窗口

命令调用方式:

①下拉菜单:"视图"→"缩放"→"窗口"。

②工具栏:"缩放"→窗口缩放按钮 🔍。

③命令行:Zoom ✓ W ✓, 快捷形式:Z ✓ W ✓。

3. 动态缩放

动态缩放可以先临时将图形全部显示出来,同时自动构造一个可移动的视图框(该视图框通过切换后可以成为可缩放的视图框),用此视图框来选择图形的某一部分作为下一屏幕上的视图。

(1)命令调用方式:

①下拉菜单:"视图"→"缩放"→"动态"。

②工具栏:"缩放"→动态缩放按钮 🔍。

③命令行:Zoom ✓ D ✓, 快捷形式:Z ✓ D ✓。

(2)相关说明。当进入动态缩放模式时,在屏幕中将显示一个带" ×"的矩形方框。单击鼠标左键,此时选择窗口中心的" ×"消失,显示一个位于右边框的方向箭头,拖动鼠标可改变选择窗口的大小,以确定选择区域大小, 最后按下 Enter 键,即可缩放图形。

（3）操作步骤。动态缩放"住宅平面图"文件。操作步骤如下：

①打开"住宅平面图"文件。

②在命令行输入"Z"后按 Enter 键；然后输入"D"；在屏幕中将显示一个带"×"的视图控制框，在屏幕上移动光标，黑色的视图框会随着光标的移动而移动。如图 5 - 28 所示，视图中显示蓝线虚线框的是图形的范围，绿色虚线框是当前视图所占的区域。实线黑框是视图控制框，可通过改变视图控制框的大小和位置来实现移动和缩放图形。

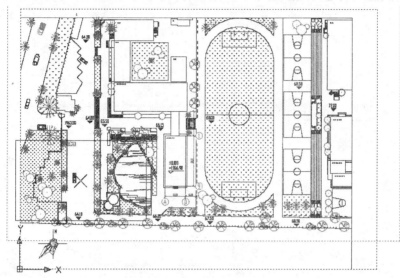

图 5 - 28　动态缩放窗口

③单击鼠标左键，此时选择窗口中心的"×"消失，显示一个位于右边框的方向箭头，如图 5 - 29 所示。

拖动鼠标可以调整视图框的大小，将其放大要观察的区域，按 Enter 键，则视图框所框定的区域占满整个屏幕，结果如图 5 - 30 所示。

4. 比例缩放

以一定的比例来缩放视图。它要求用户输入一个数字作为缩放的比例因子，该比例因子适用整个图形。当输入的数字大于 1 时放大视图，等于 1 时显示整个视图，小于 1（必须大于 0）时缩小视图。

（1）命令调用方式：

①下拉菜单："视图"→"缩放"→"比例"。

②工具栏："缩放"→比例缩放按钮 。

③命令行：Zoom ↙ S ↙，快捷形式：Z ↙ S ↙。

（2）相关说明。执行该命令后命令行显示如下信息。

命令：_ZOOM ↙

［全部（A）/中心（C）/动态（D）/范围（E）/上一个（P）/比例（S）/窗口（W）/对象（O）］＜实时＞:S ↙

输入比例因子（nX 或 nXP）

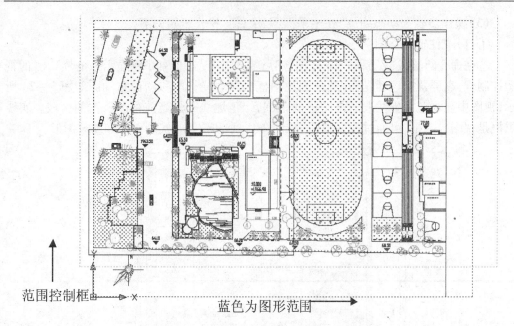

范围控制框

蓝色为图形范围

图 5 - 29　改变视图窗的大小

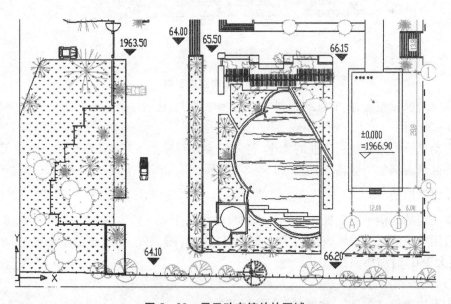

图 5 - 30　显示动态缩放的区域

在该命令行的提示下,可以通过以下方法来指定缩放比例。

①相对图形界限。

直接输入一个不带任何"0"后缀的比例值作为缩放的比例因子,该比例因子适用于整个图形。输入 1 时可以在绘图区域中以上一个视图的中点为中心点来显示尽可能大的图形界限。要放大和缩小,只需输入一个大一点或小一点的数字。输入 2 表示以完全尺寸的两倍显示图形,输入 0.5 表示以完全尺寸的一半显示图形。

②相对当前图形。

要相对当前视图按比例缩放视图,只需在输入的比值后加 X,例如,输入 2X,则以两倍的尺寸显示当前视图;输入 0.5X,则以一半的尺寸显示当前的视图;而输入 1X 则没有变化。

相对于图纸空间单位:当工作在布局中时,要相对图纸空间单位按比例缩放视图,只需在输入的比例值后面加上 XP。它指定了相对当前图纸空间按比例缩放视图,并且它可以用来在打印前缩放视图。

5. 中心点缩放

在改变缩放比例因子时,位于当前视口中心点的部分图形,在改变放大率后仍然位于中心点。可以用"中心点"选项,在改变图形放大率时,指定一点使之成为视图的中心点。在使用改选项时,AutoCAD 首先提示指定缩放后图形区域的中心点,然后指定相对于图形界限、当前视图或是图纸空间的放大率。

(1)命令调用方式:

①下拉菜单:"视图"→"缩放"→"中心点"。

②工具栏:"缩放"→中心缩放按钮 。

③命令行:Zoom ✓ C ✓,快捷形式:Z ✓ C ✓。

(2)相关说明。当执行该命令后,在"指定中心点:"的提示下,选择一点,该点即为新视图中心点的位置。在"输入比例或高度 < 默认 > :"提示下,输入相对于图形界限、当前视图或图纸空间的比例因子值,并按 Enter 键。如果直接按 Enter 键 AutoCAD 指定点移动视图的中心位置,但不改变图形的显示比例;如果输入的数值比默认值小,则会增大图像;如果输入的数值比默认值大,则会缩小图像。

6. 全部缩放

使用全部缩放就是显示整个图形中的所有对象。在平面视图中,它以图形界限或当前图形范围为显示边界,在具体情况下,哪个范围更大就将其作为显示边界。如果图形延伸到图形界限之外,则仍将显示图形中的所有对象,此时的显示边界是图形范围。

命令调用方式:

①下拉菜单:"视图"→"缩放"→"全部"。

②工具栏:"缩放"→中心缩放按钮 。

③命令行:Zoom ✓ A ✓,快捷形式:Z ✓ A ✓。

7. 范围缩放

使用范围缩放就是将图形文件中所有的图形居中并占满整个屏幕。与全部缩放模式不同的是,范围缩放使用的显示边界只是图形范围而不是图形界限。

命令调用方式:

①下拉菜单:"视图"→"缩放"→"范围"。

②工具栏:"缩放"→中心缩放按钮 。

③命令行:Zoom ✓ E ✓,快捷形式:Z ✓ E ✓。

8. 其他的缩放方式

(1)上一个。在图形中进行布局特写时,可能经常需要将图形缩小以观察总体布局,然后又重新显示前面的视图。这时就可以选择"视图"→"缩放"→"上一个"菜单命令，使用系统提供的显示上一个视图的功能，快速回到上一个视图，最多可以恢复此前的 10 个视图。

（2）对象缩放。选择该模式，系统将显示已经选择的所有对象。并使这些对象布满绘图区域。

（3）放大。选择该模式一次，系统将整个视图放大 1 倍，即默认比例因子为 2。

（4）缩小。选择该模式一次，系统将整个视图缩小 1 倍，即默认比例因子为 0.5。

5.7.3　平移视图

使用平移命令可以平移视口，以便观察当前视口中图形的其他组成部分。在绘图过程中，由于某些组成较大的图形实体并不能以实际比例完全显示在屏幕中，因此要观察这些图形实体就需要使用平移命令平移视图。平移操作不会改变绘图空间上图纸的实际位置和尺寸大小，也不会改变绘图界限。移命令相当于用手将桌子上的图纸上下左右来回移动。在 AutoCAD 中，"平移"功能通常又称为摇镜，它相当于将一个镜头对准视图，当镜头移动时，视口中的图形也跟着移动。

使用平移命令平移视图时，除了可以上、下、左、右平移视图外，还可以使用"实时"和"定点"命令平移视图，如图 5 - 31 所示。

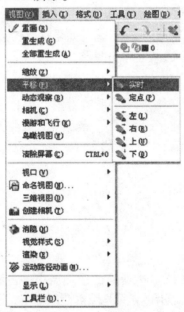

图 5 - 31　平移子菜单

1. 实时平移

（1）命令调用方式：

①下拉菜单："视图"→"平移"→"实时"。

②工具栏："标准"→实时平移按钮。

③命令行:Pan 快捷形式:P。

(2)相关说明。执行该命令后光标指针变成一只小手,按住鼠标左键拖动,窗口内的图形就可按光标移动的方向移动。释放鼠标,可返回到平移等待状态。按 Esc 键或 Enter 键退出实时平移模式。按住鼠标的中轴也可实现平移。

2.定点平移

选择"视图"→"平移"→"定点"命令,可以通过指定基点和位移值来平移视图。

5.7.4　使用命名视图

在绘制一个图形时,可能需要经常在图形的不同部分中进行转换。例如,如果绘制一间房屋的平面图,有时需要将房屋中的特定房间进行放大,然后,缩小图形以显示整个房屋。尽管可以使用平移和缩放命令或是鸟瞰视图做到这些。但是将图形的不同视图保存成命名视图,将会使上述操作更容易,可以在这些命名视图中快速转换。

在保存一个视图时,AutoCAD 保存该视图的中心、查看方向、缩放比例、透视设置以及视图创建在模型空间还是布局中。还可以将当前的 UCS 保存在视图中,以便在恢复视图的同时,也可以恢复 UCS。

1.命名视图

(1)命令调用方式:

①下拉菜单:"视图"→"命名视图"。

②工具栏:"视图"→命名视图按钮。

③命令行:VIEW,快捷形式:V。

(2)相关说明。执行此命令系统将打开"视图管理器"对话框,如图 5 – 32 所示。在

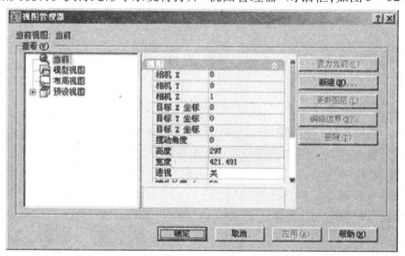

图 5 – 32　"视图管理器"对话框

该对话框中,用户可以创建、设置、重命名以及删除命名视图。其中,"当前视图"选项后显示了当前视图的名称;"查看"选项组的列表框中列出了已命名的视图和可作为当前视图的类别。在"视图管理器"对话框中单击新建按钮,将显示新建视图对话框,如图 5 – 33

所示。

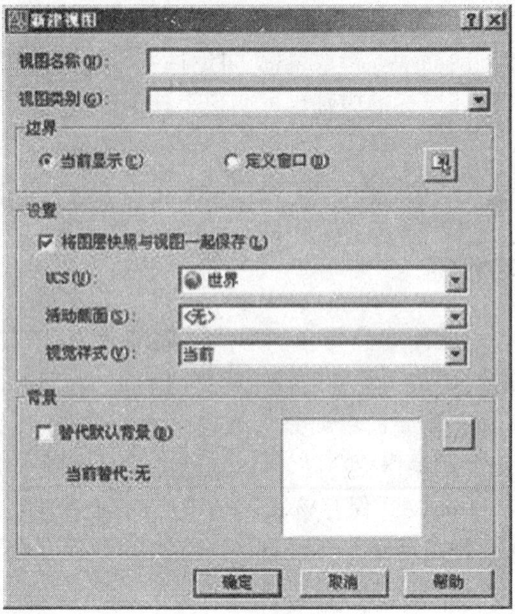

图 5－33　"新建视图"对话框

2. 恢复命名视图

在 AutoCAD 中,可以一次命名多个视图,当需要重新使用一个已命名视图时,只需将该视图恢复到当前视口即可。如果绘图窗口中包含多个视口,用户也可以将视图恢复到活动视口中,或将不同的视图恢复到不同的视口中,以同时显示模型的多个视图。

恢复视图时可以恢复视口的中点、查看方向、缩放比例因子和透视图(镜头长度)等设置,如果在命名视图时将当前的 UCS 随视图一起保存起来,当恢复视图时也可以恢复 UCS。

5.7.5　使用鸟瞰视图

"鸟瞰视图"属于定位工具,它提供了一种可视化平移和缩放视图的方法。可以在另外一个独立的窗口中显示整个图形视图以便快速移动到目的区域。在绘图时,如果鸟瞰视图保持打开状态,则可以直接缩放和平移,无须选择菜单选项或输入命令。

(1)命令调用方式:

①下拉菜单:"视图"→"鸟瞰视图"。

②命令行:DSVIEWER,快捷形式:AV。

(2)相关说明。执行此命令后,系统会弹出"鸟瞰视图"窗口,如图 5－34、图 5－35 所示,可以使用其中的矩形框来设置图形观察范围。例如,要放大图形,可缩小矩形框;要缩小图形,可放大矩形框。

使用鸟瞰视图观测图形的方法与使用动态视图缩放图形的方法相似,但使用鸟瞰视图观察图形是一个独立的窗口中进行的,其结果反映在绘图窗口的当前视口中。

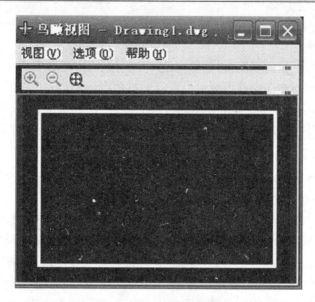

图5-34 "鸟瞰视图"窗口

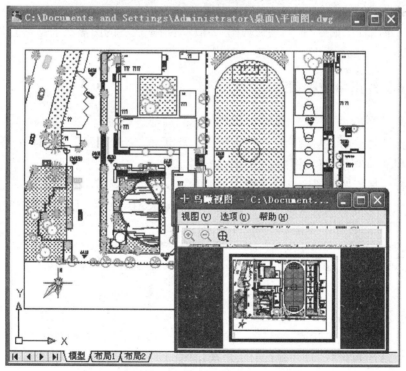

图5-35 利用鸟瞰视图观察图形

1. 改变鸟瞰视图中的图像大小

在鸟瞰视图中,可使用"视图"菜单中的命令或单击工具栏中的相应工具按钮,显示整个图形或递增调整图像大小来改变鸟瞰视图中图像的大小,但这些改变并不会影响到绘图区域中的视图,其功能如下:

（1）"放大"命令：拉近视图，将鸟瞰视图放大一倍，可以更清楚地观察对象的局部细节。

（2）"缩小"命令：拉远视图，将鸟瞰视图缩小一倍，可以观察到更大的视图区域。

（3）"全局"命令：在鸟瞰视图窗口中观察到整个图形。

此外，当"鸟瞰视图"窗口显示整幅图形时，"缩放"命令无效；当前视图快要填满"鸟瞰视图"窗口时，"放大"命令无效；当显示图形范围时，这两个命令可能同时无效。

2. 改变鸟瞰视图中的更新状态

默认状态下，AutoCAD 自动更新鸟瞰视图窗口以反映在图形中所做的修改。当绘制复杂的图形时，关闭动态更新功能可以提高程序的性能。

在"鸟瞰视图"窗口中，使用"选项"菜单中的命令，可以改变鸟瞰视图的更新状态，包括以下选项：

（1）"自动视口"命令：自动的显示模型空间的当前有效视口，不被选中时，鸟瞰视图就不会随着有效视口的变化而变化。

（2）"动态更新"命令：控制鸟瞰视图的内容是否随绘图区中图形的改变而改变，被选中时，绘图区中的图形可以随鸟瞰视图动态更新。

（3）"实时缩放"命令：控制鸟瞰视图中缩放时绘图区中的图形显示是否适时变化，被选中时，绘图区中的图形显示可以随鸟瞰视图适时变化。

5.7.6　使用平铺视口

在绘图时，为了方便编辑，常常需要将图形的局部进行放大，以显示细节。当需要观察图形的整体效果时，仅使用单一的绘图视口已无法满足需要了。此时，可使用 Auto-CAD 的平铺视口功能，将绘图窗口划分为若干视口。

平铺视口是指把绘图窗口分成多个矩形区域，从而创建多个不同的绘图区域，其中每一个区域都可用来查看图形的不同部分。在 AutoCAD 中，可以同时打开多达 32 000 个视口，屏幕上还可保留菜单栏和命令提示窗口。

在 AutoCAD 2007 中，使用"视图"→"视口"子菜单中的命令（见图 5 – 36）或"视口"工具栏（见图 5 – 37），可以在模型空间创建和管理平铺视口。

1. 创建平铺视口

（1）命令调用方式：

①下拉菜单："视图"→"视口"→"新建视口"。

②工具栏："视口"→显示视口对话框按钮🔲。

（2）相关说明。使用"新建视口"选项卡可以显示标准视口配置列表和创建并设置新平铺视口，如图 5 – 38、图 5 – 39 所示。

例如，在创建多个平铺视口时，需要在"新名称"文本框中输入新建的平铺视口的名称，在"标准视口"列表框中选择可用的标准的视口配置，此时"预览"区中将显示所选视口配置以及已赋给每个视口的默认视图的预览图像。

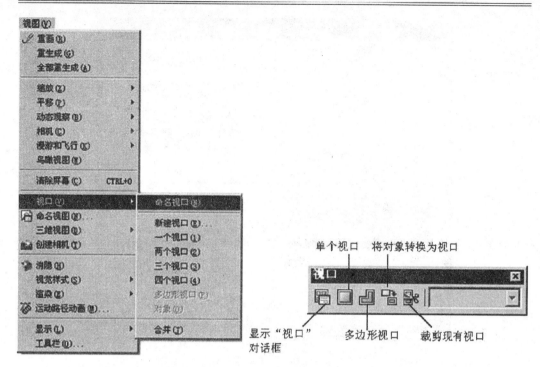

图5-36　视口子菜单　　　　　　　　图5-37　视口工具栏

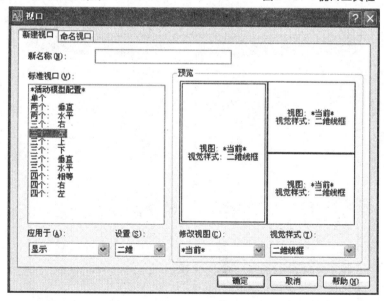

图5-38　"新建视口"选项卡

2. 分割与合并视口

在 AutoCAD 2007 中,选择"视图"→"视口"子菜单中的命令,可以在不改变视口显示的情况下,分割或合并当前视口。例如,选择"视图"→"视口"→"一个视口"命令,可以将当前视口扩大到充满整个绘图窗口;选择"两个视口"、"三个视口"或"四个视口"命令,可以将当前视口分割为 2 个、3 个或 4 个视口。例如绘图窗口分隔为 3 个视口。

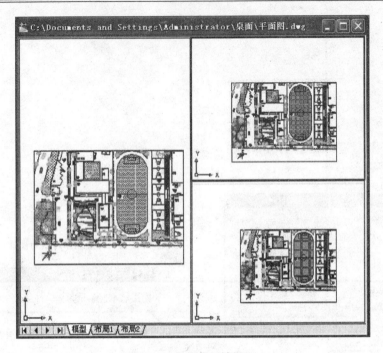

图 5 - 39　创建平铺视口

　　选择"视图"→"视口"→"合并"命令,系统要求选定一个视口作为主视口,然后选择一个相邻视口,并将该视口与主视口合并,如可将图 5 - 39 合并后形成图 5 - 40。

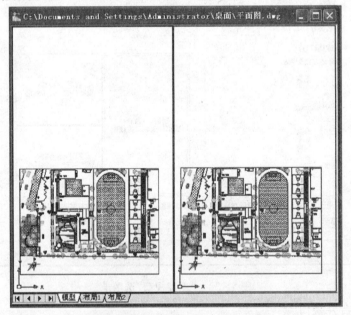

图 5 - 40　三视口合并成两视口

5.7.7　控制可见元素的显示

　　在 AutoCAD 中,图形的复杂程度会直接影响系统刷新屏幕或处理命令的速度。为了提高程序的性能,可以关闭文字、线宽或填充显示。

1. 控制填充显示

使用 FILL 变量可以打开或关闭宽线、宽多段线和实体填充。当关闭填充时,可以提高 AutoCAD 的显示处理速度。

当实体填充模式关闭时,填充不可打印。但是,改变填充模式的设置并不影响显示具有线宽的对象。当修改了实体填充模式后,使用"视图"→"重生成"命令可以查看效果且新对象将自动反映新的设置,如图 5 - 41 所示。

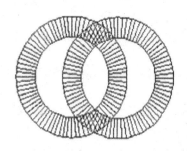

图 5 - 41　填充模式的开、关效果

2. 控制线宽显示

当在模型空间或图纸空间中工作时,为了提高 AutoCAD 的显示处理速度,可以关闭线宽显示。单击状态栏上的"线宽"按钮或使用"线宽设置"对话框,可以切换线宽显示的开和关。线宽以实际尺寸打印,但在模型选项卡中与像素成比例显示,任何线宽的宽度如果超过了一个像素就有可能降低 AutoCAD 的显示处理速度。如果要使 AutoCAD 的显示性能最优,则在图形中工作时应该把线宽显示关闭,如图 5 - 42 所示。

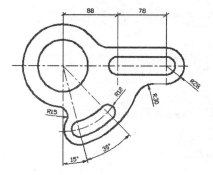
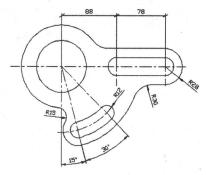

图 5 - 42　线宽显示的开、关效果图

3. 控制文字快速显示

在 AutoCAD 中,可以通过设置系统变量 QTEXT 打开"快速文字"模式或关闭文字的显示。快速文字模式打开时,只显示定义文字的框架 。

与填充模式一样,关闭文字显示可以提高 AutoCAD 的显示处理速度。打印快速文字时,则只打印文字框而不打印文字。无论何时修改了快速文字模式,都可以选择"视图"→"重生成"命令查看现有文字上的改动效果,且新的文字自动反映新的设置,如图 5 - 43 所示。

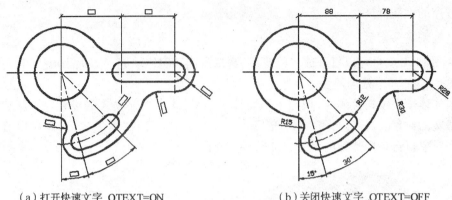

（a）打开快速文字　QTEXT=ON　　　　　（b）关闭快速文字　QTEXT=OFF

图 5－43　快速文字模式开、关效果

5.8　上机操作

1. 创建图层

（1）创建承重墙层。单击"图层"工具栏中"图层特性管理器"按钮，打开"图层特性管理器"对话框。单击"新建"按钮，在"名称"栏下处于重命名状态的"图层1"输入新名称"support"。在"颜色"栏下单击默认颜色"白色"，弹出"选择颜色"对话框，在标准颜色栏区选择青色，如图5－44所示，单击"确定"按钮即可。单击"线宽"栏下默认，打开"线宽"对话框，选择0.6mm线宽，如图5－45所示。其余选择默认设置即可。

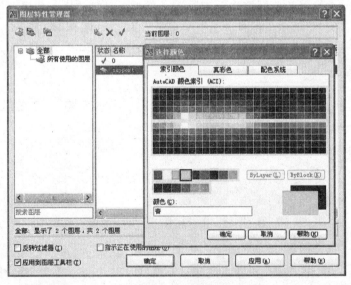

图 5－44　选择颜色

图 5-45　选择线宽

（2）创建分割墙层。单击"新建"按钮，在"名称"栏下处于重命名状态的"图层 1"中输入新名称"divide"，在"颜色"栏下单击默认颜色"白色"，弹出"选择颜色"对话框，在标准颜色栏区选择黄色，单击"确定"按钮即可。单击"线宽"栏下默认，打开"线宽"对话框，选择 0.4mm 线宽，其余选择默认设置即可。

（3）创建门层。单击"新建"按钮，在名称栏下处于重命名状态的"图层 1"中输入新名称"door"，在"颜色"栏下单击默认颜色"白色"，弹出"选择颜色"对话框，在标准颜色栏区选择蓝色，单击"确定"按钮即可，单击"线宽"栏下默认，打开"线宽"对话框，选择 0.3mm 线宽，其余选择默认设置即可。

（4）单击"确定"按钮，结束图层创建。

（5）单击状态栏中"线宽"按钮，打开线宽显示，使其随层显示线宽。其余细线采用默认 0 层绘制即可。设置好各线层的"图层特性管理器"对话框，如图 5-46 所示。

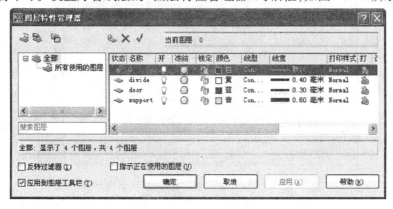

图 5-46　"图层特性管理器"对话框

2. 创建图层

（1）创建新图层 center，颜色为红色，线型为点划线，线宽为默认细线，状态为开，解锁和解冻，打印样式为颜色相关模式。

命令行输入"O"并按 Enter 键，弹出"图层特性管理器"对话框，单击"新建"按钮，将"名称"栏下处于重命名状态的"图层 1"替换为"center"。在"颜色"栏下单击鼠标左键，在弹出"选择颜色"对话框中"标准颜色"栏中选择红色。在"线型"栏下单击鼠标左键，弹出的"选择线型"对话框，如图 5 - 47 所示，单击"加载"按钮，在弹出的"加载或重载线型"对话框中选择 ACD_IS004W100 线型，如图 5 - 48 所示，单击的"确定"按钮返回到"选择线型"对话框，选中 ACD_IS004W100 线型并单击"确定"按钮。其余采用默认设置即可。创建后"图层特性管理器"对话框，如图 5 - 49 所示。

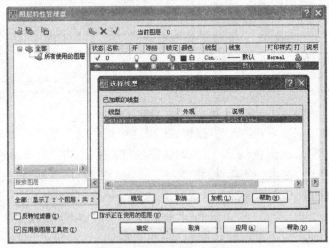

图 5 - 47　"选择线型"对话框

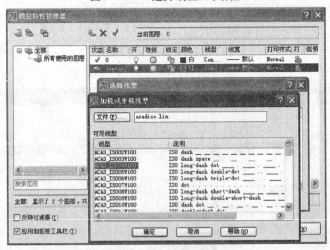

图 5 - 48　"加载或重载线型"对话框

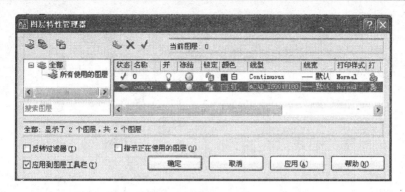

图5－49　创建完成 center 图层

（2）创建新图层 hidden，颜色为蓝色，线型为 HIDDEN，线宽为默认细线，状态关闭，处于解冻、解锁状态，打印样式为颜色相关模式。

在命令行中输入"Layer"并按 Enter 键，弹出"图层特性管理器"对话框，单击"新建"按钮，将"名称"栏下处于重命名状态的"图层1"替换为"hidden"。在"颜色"栏下单击左键，在弹出"选择颜色"对话框的"标准颜色"栏中选择颜色。在"线型"栏下单击左键，在弹出的"选择线型"对话框中单击"加载"按钮，在弹出的"加载或重载线型"对话框中选择 HIDDEN 线型并单击"确定"按钮。在"开"栏下单击灯泡符号，将其变为暗显。其余均采用默认设置即可。创建后"图层特性管理器"对话框，如图5－50所示。

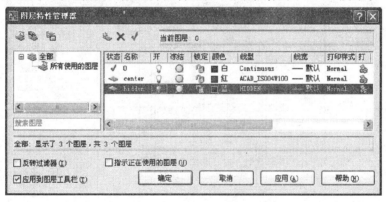

图5－50　创建完成 hidden 图层

3. 利用缩放浏览图形

（1）打开"5－50. dwg"文件，如图5－51所示。

（2）单击"缩放"工具栏中的"窗口缩放"按钮，然后用鼠标圈住左下角的图形，如图5－52所示。

（3）单击"缩放"工具栏中的"放大"按钮，如图5－53所示。

（4）单击"缩放"工具栏中的"全部缩放"按钮。

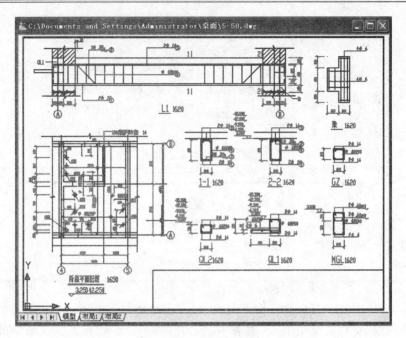

图 5-51　图形

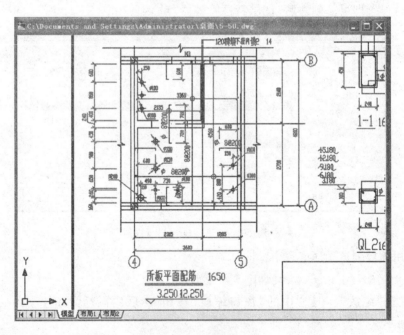

图 5-52　圈选图形

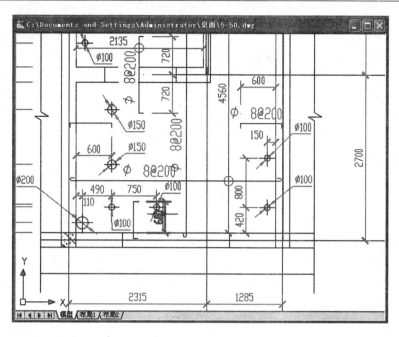

图 5 - 53　放大图形

4. 使用鸟瞰视图浏览图形

（1）在打开的视图"5 - 50"中，选择"视图"菜单中的"鸟瞰视图"命令，AutoCAD 将出现"鸟瞰视图"窗口，如图 5 - 54 所示。

（2）在"鸟瞰视图"窗口内单击鼠标，将小黑框缩放到如图 5 - 55 所示的位置，单击右键，AutoCAD 的文档视图窗口将变成如图 5 - 56 所示的样子。

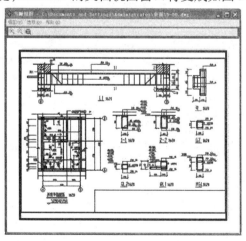

图 5 - 54　鸟瞰视图

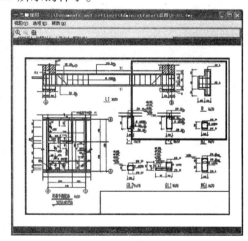

图 5 - 55　缩小黑框

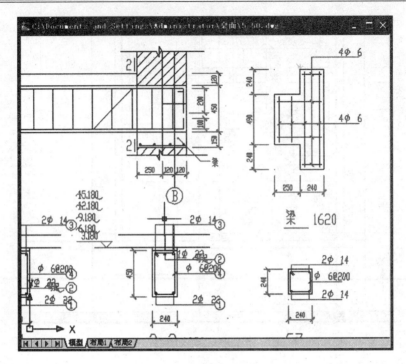

图 5 – 56   放大黑框中的图层

项目6　面域与图案填充

6.1　创建面域

面域是由封闭的边界构成的二维闭合区域,在其内部可以含有孔、岛的具有边界的平面。AutoCAD 把一些围成的封闭区域创建为面域,这些封闭区域可以是圆、椭圆、封闭的二维多段线和封闭的样条曲线等对象,也可以是由圆弧、直线、二维多段线、椭圆弧、样条曲线等对象构成的封闭区域。

6.1.1　命令格式

(1)菜单:绘图(D)→面域(N)。
(2)命令行:REGION。
执行该命令,AutoCAD 提示:
选择对象:(选择欲建立成面域的对象)
选择对象:(按 Enter 键结束选择,即建立了面域)

6.1.2　使用"边界"命令创建面域

使用"边界"命令既可以从任意闭合的区域创建一个或多段线的边界,也可以创建一个面域。与"面域"命令不同,使用"边界"命令时,不需考虑对象是共享一个端点,还是出现了自相交。在使用"边界"命令时,AutoCAD 将分析由对象组成的"边界集"。再单击"拾取点"按钮后,AutoCAD 将提示选择图形中的一点。它决定了由已存在的对象形成的一个封闭区域的边界。图 6 - 1 所示为由边界形成的封闭区域构成的面域。

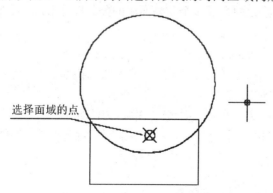

图 6 - 1　面域和拾取点的关系

要用"边界"命令创建一个面域,方法如下:

(1)从"绘图"菜单中,选择"边界"命令,AutoCAD 将显示"边界创建"对话框,如图 6-2 所示。

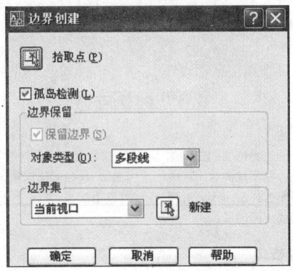

图 6-2　"边界创建"对话框

(2)从"边界创建"对话框中的"对象类型"下拉列表中选择"面域"选项。

(3)单击"拾取点"按钮,对话框将暂时关闭,在"选择内部点 *"的提示下,在封闭区域的内部拾取一点,AutoCAD 将分析边界集。

(4)按 Enter 键,结束该命令。

6.1.3　了解布尔运算

可以通过结合、减去或查找面域的交点创建组合面域,从而形成更复杂的面域。面域的布尔运算的概念和逻辑运算里的概念是一样的。

①"并集"命令是将两个和多个面域合并为一个由组合的区域形成的一个单一面域。并且这两个面域不一定相交,如图 6-3 所示。

②"差集"命令是从一个面域中移去一个或多个面域,如图 6-4 所示。

③"交集"命令是将由两个或多个重叠面域的公共部分形成一个新组合面域,如图 6-5 所示。

(1)要使用"并集"方式创建一个组合面域,方法如下:

①从"修改"菜单中,选择"实体编辑"→"并集"命令。

②选择要合并的对象,然后按 Enter 键。

(2)要使用"差集"方式创建一个组合面域,方法如下:

①从"修改"菜单中,选择"实体编辑"→"差集"命令。

②选择要从中减掉的面域,然后按 Enter 键。

③选择要减去的面域。

(3)要使用"交集"方式创建一个组合面域,方法如下:

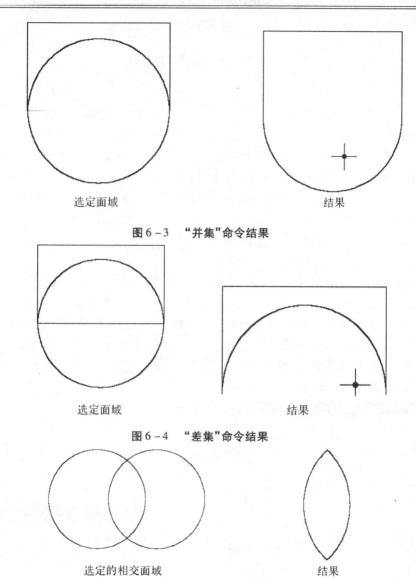

选定面域　　　　　　　　　　　　　结果

图6-3　"并集"命令结果

选定面域　　　　　　　　　　　　　结果

图6-4　"差集"命令结果

选定的相交面域　　　　　　　　　　结果

图6-5　"交集"命令结果

①从"修改"菜单中,选择"实体编辑"→"交集"命令。

②选择要求做交集的对象,然后按 Enter 键。

6.1.4　说明

面域是以框的形式显示的,可以对面域进行填充和着色处理,也可以将面域拉伸或旋转成三维实体。将矩形和多边形建立成面域,如图6-6所示。

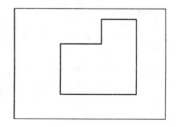

图6-6　矩形和多边形建立成面域

6.2　图案充填

　　填充是用某种图案充满图形中的指定区域。AutoCAD 提供了两种填充指定区域的方法：使用 Bhatch 命令和 Hatch 命令填充封闭的区域或指定的边界。

　　Bhatch 命令创建关联或者非关联的图案填充。关联图案是指填充图案和它们的边界相关联，当修改边界时填充区域将自动更新。

　　Hatch 命令只创建非关联的图案填充，它对于填充非封闭区域非常有用。

　　要填充图案，可以使用以下任何一种方法：

　　（1）从"绘图"工具栏中单击"图案填充"按钮。

　　（2）选择"绘图"→"图案填充"命令。

　　（3）在"命令："提示下，输入"Bhatch "（或 BH 或 H ），然后按 Enter 键。

　　调用 Bhatch 命令后，显示"图案填充和渐变色"对话框，如图 6 - 7 所示。对话框中的控制项用于选择要使用的填充图案的类型，以及图案的比例和对齐方式，然后选择要应用填充图案的区域。由于填充对象可向图形中添加许多线条，因此，一旦选择了边界后，在将图案应用到图形中之前，可以单击"预览"按钮查看图形的填充效果。如果对填充效果比较满意，则可以将其应用到图形中。

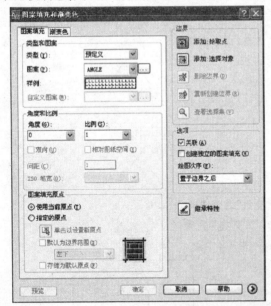

图 6 - 7　"图案填充和渐变色"与"边界创建"对话框

　　要使用填充图案,首先要确定要使用的填充图案的类型。单击"图案填充和渐变色"对话框上的"类型"下拉列表框,如图6-8所示。可以使用预定义的图案、用户定义的图案或自定义的填充图案。也可以使一个新的填充图案与一个图形中已存在的填充图案匹配。

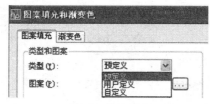

图6-8　选择图案类型

1. 预定义填充图案

　　要选择任一种预定义的填充图案,从"类型"下拉列表中选择"预定义"选项,就可以从"图案"下拉列表中选择一个样式名,如图6-9所示。也可以单击相邻的按钮▫▫▫,显示如图6-10所示的"填充图案选项板"对话框。

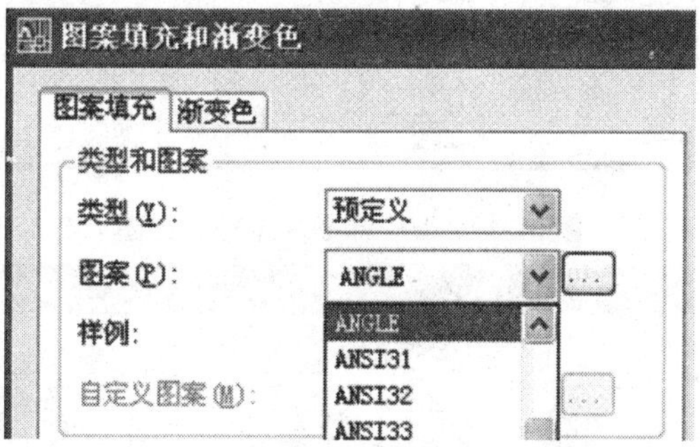

图6-9　选择一个样式名图

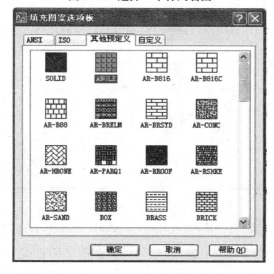

图6-10　"填充图案选项板"对话框

　　预定义的填充图案分别放置在 4 个不同的选项卡中。ANSI 和 ISO 选项卡包含了所有 ANSI 和 ISO 标准的填充图案。"其他预定义"的选项卡包含所有由其他应用程序提供的填充图案。"自定义"选项卡显示所有添加的自定义填充图案文件定义的图案样式。ISO 选项卡和"其他预定义"选项卡的填充图案如图 6 – 11、图 6 – 12 所示。

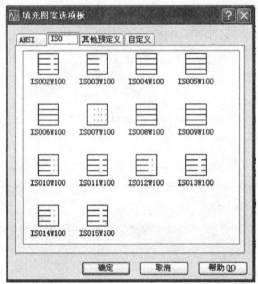

图 6 – 11　ISO 标准的填充图案图

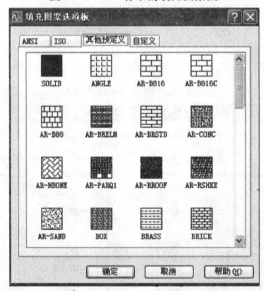

图 6 – 12　其他预定义的图案

　　要选择一个样式,既可以双击"填充图案选项板"对话框中的图案,也可以选中图案后单击"确定"按钮。选择了一个填充图案后,图案的图像将出现在"图案填充和渐变色"对话框的"样例"文本框中,然后就可以使用"角度"和"比例"下拉列表框控制图案的尺寸和角度。

2. 角度和比例

用于指定填充图案中的线条与当前 UCS 的 X 坐标的角和比例。

（1）"角度"组合框。用于指定填充图案时的图案旋转角度,用户可以直接输入角度值,也可以从对应的下拉列表中选择。图 6 – 13 为不同角度时的绘制效果。

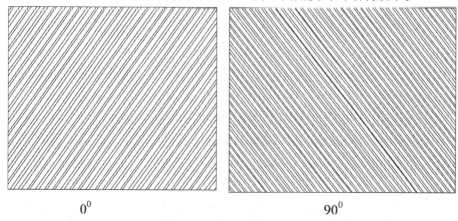

0⁰　　　　　　　　　　　　　　　90⁰

图 6 – 13　不同角度时的绘制效果

（2）"比例"组合框。用于指定填充图案的比例系数,即放大或缩小预定义或自定义的图案。用户可直接输入比例值,也可以从对应的下拉列表中选择。图案选择的比例系数不同,使图案稀疏或紧密也不同,用户可根据审美要求试着调整比例系数。不同比例的效果如图 6 – 14 所示。

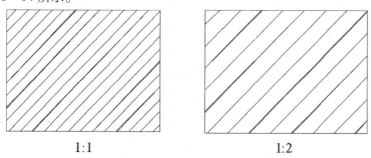

1:1　　　　　　　　　　　　1:2

图 6 – 14　不同比例时的绘制效果

（3）"间距"文本框、"双向"复选框。当图案填充类型采用"用户自定义"时,可通过"间距"文本框指定用户定义图案中各线条间的间距;通过"双向"复选框确定填充线是一组平行线,还是相互垂直的两组平行线。

（4）"ISO 笔宽"下拉列表框:用于设置"ISO"预定义图案的笔宽。

（5）"图案填充原点"选项组。用于确定生成图案填充时的起始位置。因为某些图案填充(如砖块图案)需要与图案填充边界上的一点对齐。在默认情况下所有图案填充的原点都应对应于当前的"UCS"。

6.3　设置边界和孤岛

6.3.1　边界

"边界"对话框说明,如图 6 – 7 所示。

(1)"添加:拾取点"按钮。根据围绕指定点所构成封闭区域的现有对象来确定边界。

(2)"添加:选择对象'按钮。根据构成封闭区域的选定对象来确定边界。

(3)"删除边界"按钮。从已确定的填充边界中删除某些编辑对象。

(4)"重新创建边界"按钮。围绕选定的填充图案对象创建多段线或面域,并使其与填充的图案对象关联(可选)。

6.3.2　孤岛

"孤岛"对话框说明,如图 6 – 7 所示。

当存在"孤岛"时确定图案的填充方式。将位于填充区域内的封闭区域称为"孤岛"。当以拾取点的方式确定填充边界后,AutoCAD 会自动确定出包围该点的封闭填充边界,同时还会自动确定出对应的孤岛边界,如图 6 – 15 所示。

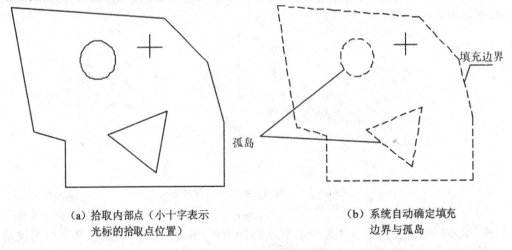

（a）拾取内部点（小十字表示
光标的拾取点位置）

（b）系统自动确定填充
边界与孤岛

图 6 – 15　封闭边界与孤岛

在"孤岛"选项组中,"孤岛检测"复选框用于确定是否进行孤岛检测以及孤岛检测的方式,选中该复选框表示要进行孤岛检测。该组件包括"普通(N)"、"外部(O)"、"忽略(D)"3 种样式填充,效果分别如图 6 – 16 所示。

"普通(N)"、"外部(O)"、"忽略(I)"3 种方式的填充过程:

(1)"普通(N)"填充方式的填充过程为:从最外面向内填充,遇到与之相交内部边界时打断填充线,再遇到下一个内部边界时继续填充。

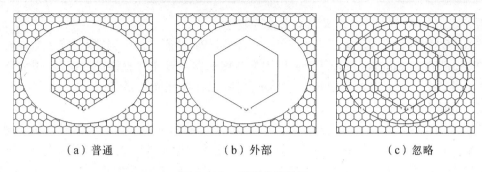

（a）普通　　　　　　　　（b）外部　　　　　　　　（c）忽略

图6-16　孤岛检测效果

（2）"外部（O）"填充方式的填充过程为：从最外部边界向内填充，遇到与之相交内部边界时打断填充线，不再继续填充。

（3）"忽略（I）"填充方式的填充过程为：忽略边界内的对象，所有内部结构均要被填充图案覆盖。

6.3.3　边界保留

"边界保留"对话框说明，如图6-7所示。

用于指定是否将填充边界保留为对象。

6.3.4　边界集

"边界集"对话框说明，如图6-7所示。

当以拾取点的方式确定填充边界时，该选项组用于定义使 AutoCAD 确定填充边界的对象集，即 AutoCAD 将根据哪些对象来确定填充边界。

6.4　编辑图案填充

6.4.1　命令格式

（1）菜单：修改（M）→对象（O）→图案填充（H）。

（2）命令行：HATCHEDIT。

执行该命令，AutoCAD 提示：

选择关联填充对象：（选择一各关联的填充对象）

弹出"图案填充编辑"对话框，如图6-7所示。在"图案填充编辑"对话框中进行必要的修改后，单击"确定"按钮完成修改操作。

6.4.2　创建自定义的填充图案

AutoCAD 自带的图案库虽然内容丰富，但有时仍然不能满足需要，这时可以从第三方购买填充图案,也可以自定义图案来进行填充。

　　AutoCAD 的填充图案都保存在一个名为 acad. Pat 的库文件中,其默认路径为安装目录的\Acad2007 \Support 目录下。可以用文本编辑器对该文件直接进行编辑,添加自定义图案的语句。也可以自己创建一个. pat 文件,保存在相同目录下,新的图案将出现在预定义的填充图案列表中。

　　填充图案在一个简单的 ASCⅡ 文件中定义,可以使用任一个文本编辑器创建新的填充图案。学习创建填充图案的最好方法是在填充图案库文件中查看实际的填充图案定义。使用一个简单的文本编辑器,如 Windows 的记事本,就可以打开一个这样的文件。为了确保不会意外地破坏附带在 AutoCAD 中的填充图案库文件,自己创建一个. pat 文件,保存在相同目录下。

　　填充图案库文件的标准格式为:

pattern – name [,descriPtion]

angle , x – origin , y – origin , delta – x , delta – y [,dash – l , dash – 2 ,⋯]

　　第一行为标题行。星号后面紧跟的是图案名称,执行 Hatch 命令选择图案时,将显示该名称。方括号内是图案的可选说明。如果省略说明,则图案名称后不能有逗号。

　　第二行为图案的描述行。可以有一行或多行。其含义分别为:直线绘制的角度,填充直线族中的一条直线所经过的点的 X 、Y 轴坐标,两填充直线间的位移量,两填充直线的垂直间距,dash – n 为一条直线的长度参数,可取正负值或为零,取正值表示该长度段为实线,取负值表示该段为留空,取零则画点。

　　新创建一个菱形花纹钢板图案库文件的步骤如下:

　　(1)在 AutoCAD 中按图标作出菱形花纹图案,并标注各部分尺寸,如图 6 – 17 所示。

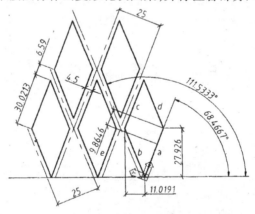

图 6 –17　　菱形花纹图案

　　(2)选择“开始”→“程序” →“附件” →“记事本”命令,在记事本中输入如图 6 – 18 所示的内容。

　　(3)将文件保存到\Acad2007 \Support 目录下,取名 myhatch. Pat ,文件名必须与图案名相同。

　　Myhatch. pat 文件的四行图案描叙行分别对应图 6 – 17 中的线段 a 、b 、c、d 。对照图文,各项取值很容易理解。下面讲叙 delta – x 与 delta – y 的取值规则,为方便理解,如

图6-18 填充图案库文件

图6-17所示,设置UCS坐标系,确定原点与X轴正方向。线段 a 、e 在 Y 轴上的垂直间距 25 构成 delta-y 。如果线段 e 是由线段 a 经偏移而来,这时线段 e 同时还相对于线段 a 沿 X 轴负方向移动了9.8646,这段位移也就是 delta -x 。

下面就可以使用菱形花纹钢板图案进行填充了。使用菱形花纹钢板图案进行填充的步骤如下:

(1)绘制一矩形,在"命令:"提示下命令输入"H"。

(2)在"边界图案填充"对话框的"图案填充"选项卡中,从"类型"下拉列表中选择"自定义",如图6-19所示。

(3)单击与"自定义图案"下拉列表框相邻的按钮…,在"填充图案选项板"对话框的"自定义"选项卡的自定义填充图案列表中,选择 C : \programfiles \AutoCAD 2007 \suP-Port \myhatch. pat。一个图案的图像将显示在相邻的图像区中,如图6-20所示,然后单击"确定"按钮。

(4)在"边界图案填充"对话框中单击"拾取点"按钮,单击矩形边界的内部的任一点。

(5)按 Enter 键返回到"边界图案填充"对话框,然后单击"确定"按钮。用菱形花纹钢板图案填充的矩形就显示在图形区,如图6-21所示。

图6-19 选择自定义图案

图 6 - 20　　菱形花纹钢板图案

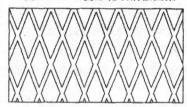

图 6 - 21　　用菱形花纹钢板图案填充的矩形

6.4.3　修改填充对象

填充了图案的对象还可以进行修改,如对填充的边界进行重新修改,对填充的图案进行修改等。

使用 Hatchedit 命令,可以修改已有的填充对象。调用 Hatchedit 命令,可以使用以下几种方法:

①从"修改"工具栏中,单击"编辑图案填充"按钮,如图 6 - 22 所示。

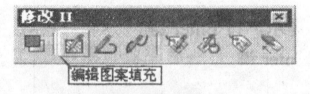

图 6 - 22　　使用"修改"工具栏

②选择"修改"→"对象"→"图案填充"命令,如图 6 - 23 所示。

③在"命令:"提示下,输入 Hatchedit ,然后按 Enter 键。

④选中要编辑的填充图案,单击右键,选择"编辑图案填充"命令,如图 6 - 24 所示。

⑤双击要编辑的填充图案。

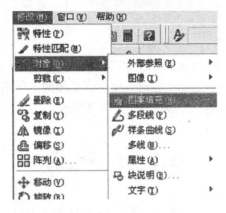

图 6 - 23　使用"修改"菜单

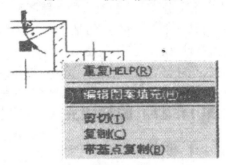

图 6 - 24　使用快捷菜单

调用 Hatchedit 命令,将显示"图案填充编辑"对话框,如图 6 - 25 所示。此对话框与"边界图案填充"对话框的区别仅仅是定义填充边界的控制项不起作用。

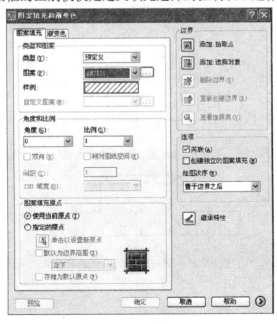

图 6 - 25　"图案填充编辑"对话框

6.4.4　说明

对话框中只有以正常颜色显示的项才可以被用户操作。该对话框的含义与图 6 – 7 所示的"图案填充和渐变色"对话框各对应项的含义相同。利用此对话框,对已填充的图案进行诸如更改填充图案、填充比例、旋转角度等操作。

6.5　分解图案

图案是一种特殊的块,称为"匿名"块,无论形状多么复杂,它都是一个单独的对象。可以使用"修改"→"分解"命令来分解一个已存在的关联图案。

图案被分解后,它将不再是一个单一对象,而是一组组成图案的线条。同时,分解后的图案也失去了与图形的关联性,因此,将无法使用"修改"→"对象"→"图案填充"命令来编辑。选择"修改"→"分解"命令,或者在"命令:"提示下输入"Explode",然后按Enter 键,就可以调用 Explode 命令删除填充边界的关联性,并将填充的对象转换为单独的直线条,失去了原来作为一个整体的优越性。这些单独的线条仍保留在原来创建填充图案对象的图层上,并且保留原来指定给填充对象的线型和颜色设置。

分解填充图案对象的步骤如下:

(1)选中要分解的填充图案对象,可以看出,填充图案对象现在是一个整体,如图 6 – 26所示。

(2)选择"修改"→"分解"命令。

(3)再选中填充图案对象,如图 6 – 27 所示,可以看出,填充图案对象已经转换为单独的直线条。

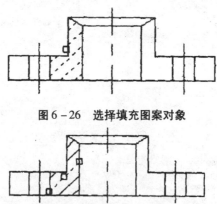

图 6 – 26　选择填充图案对象

图 6 – 27　选择分解的填充图案对象

6.6　典型图形绘制

【例6-1】　绘制图6-28所示的图形并进行图案填充。

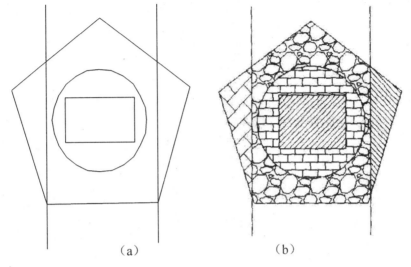

（a）　　　　　　　　　　　　（b）

图6-28　例6-1图形

操作步骤：

（1）绘制出如图6-28（a）所示的图形。

（2）使用"Bhatch"命令，打开"图案填充和渐变色"对话框，选择"图案填充"选项卡。

（3）在"图案"下拉列表中定义填充图案为："ANSI31"。

（4）单击"添加:拾取点"按钮，返回绘图屏幕，在绘图屏幕中的矩形内点击，单击右键，"确定"后返回对话框。

（5）单击"预览"按钮，预显示填充效果，拾取或按Esc键返回到对话框或单击右键接受图案填充。

（6）如返回到对话框，则单击"确定"按钮，完成填充。

（7）右击鼠标并执行"重复图案填充"命令，再次启动该命令。

（8）重复以上操作，分别将填充图案选择为：BRICK，AR-HBONE（此时将比例定义为0.1）、GRAVEL（此时要将"图案填充和渐变色"右下角的"更多选项"按钮打开），得到如图6-7所示的扩展对话框，在孤岛区内选择"外部"，如图6-7所示的ANSI31（此时将角度定义为90）。将图6-28（a）中各个区域按规定的图案填充后，结果如图6-28（b）所示。

【例6-2】　用"用户定义"填充，如图6-29所示。

（1）绘制出如图6-29所示的三角形，并将三角形三等分。

（2）打开"图案填充和渐变色"对话框，类型选择"用户定义"。

（3）设置:角度为"0度"，间距为"6"。

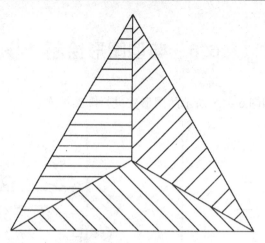

图 6 - 29　　例 6 - 2 图形

（4）单击"添加:拾取点"按钮,在三角形左部点击。

（5）用例 6 - 1 的方法完成后几步。

（6）三角形右部是将角度设置为"45 度"。

（7）三角形下部是勾选"双向"复选框。

项目 7　精确绘制图形

7.1　使用坐标系

在绘图过程中要精确定位某个对象时,必须以某个坐标系作为参照,以便精确拾取点的位置。通过 AutoCAD 的坐标系可以提供精确绘制图形的方法,可以按照非常高的精度标准,准确地设计并绘制图形。AutoCAD 提供了两种坐标系:直角坐标(笛卡尔坐标)系和极坐标系,一般使用笛卡尔坐标系,但在以一定的角度绘制对象时,使用极坐标系会更加方便。

7.1.1　认识世界坐标系与用户坐标系

坐标(x,y)是表示点的最基本的方法。在 AutoCAD 中,坐标系分为世界坐标系(WCS)和用户坐标系(UCS)。两种坐标系下都可以通过坐标(x,y)来精确定位点。

默认情况下,在开始绘制新图形时,当前坐标系为世界坐标系即 WCS,它包括 X 轴和 Y 轴(如果在三维空间工作,还有一个 Z 轴)。WCS 坐标轴的交汇处显示"口"形标记,但坐标原点并不在坐标系的交汇点,而位于图形窗口的左下角,所有的位移都是相对于原点计算的,并且沿 X 轴正向及 Y 轴正向的位移规定为正方向 。

在 AutoCAD 中,为了能够更好地辅助绘图,经常需要修改坐标系的原点和方向,这时世界坐标系将变为用户坐标系即 UCS。UCS 的原点以及 X 轴、Y 轴、Z 轴方向都可以移动及旋转,甚至可以依赖于图形中某个特定的对象。尽管用户坐标系中 3 个轴之间仍然互相垂直,但是在方向及位置上却都更灵活。另外,UCS 没有"口"形标记。

7.1.2　坐标的表示方法

在 AutoCAD 2007 中,点的坐标可以使用绝对直角坐标、绝对极坐标、相对直角坐标和相对极坐标4 种方法表示,它们的特点如下。

1.直角坐标

直角坐标系使用3 个互相垂直的坐标轴:X 轴、Y 轴和 Z 轴,从而在三维空间中指定点的位置。图形中的每个位置都可以用一个相对于(0 ,0 ,0)坐标的点来表示,(0 ,0 ,0)坐标点指的是坐标原点。在创建二维对象时,需要指定沿 X 轴方向的水平坐标和沿 Y 轴方向的竖直坐标。因此,平面上的每个点可以用一对坐标值来表示,这一对坐标值由 X 坐标和 Y 坐标组成。图 7 - 1 所示为一个典型的二维直角坐标系统。

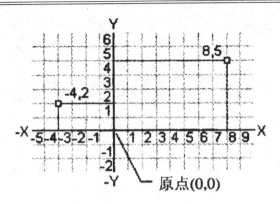

图 7 - 1　二维直角坐标系

在二维环境下工作时,只需输入 X 坐标和 Y 坐标,AutoCAD 总是把当前的标高作为 Z 坐标值,在默认情况下,该值为 0。但在三维环境工作时,需要指定 Z 坐标值。在观察图形的平面视图(从上向下观察的视图)时,Z 轴与 X - Y 平面成 90°夹角并指向屏幕外。正坐标表示点位于 X - Y 平面之上,负坐标表示点位于平面以下。图 7 - 2 所示为三维坐标系统。

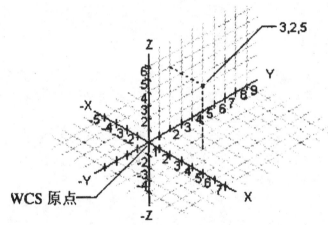

图 7 - 2　三维坐标系统

每一个 AutoCAD 图形都使用一个固定的坐标系统,这个坐标系指的是世界坐标系(WCS),图形中的任一点对应于世界坐标系中的一个 X、Y 和 Z 坐标。此外,还可以在三维空间的任意位置、沿任意方向定义坐标系,这种类型的坐标系指的就是用户坐标系(UCS)。在 AutoCAD 中,可以创建任意数量的用户坐标系,保存或移动这些坐标系,从而帮助构造三维对象。通过在世界坐标系中定义用户坐标系,可以将多数的三维对象的创建简化为二维对象的组合。

(1)输入绝对直角坐标。要使用坐标值指定点,输入用逗号隔开的 X 表示的正的或负的距离。Y 值是沿垂直轴以单位表示的正的或负的距离。绝对坐标值是基于原点(0,0)的,在原点 X 轴和 Y 轴相交。已知点坐标的精确的 X 值和 Y 值时使用绝对坐标。例如,坐标(3,4)指定一点,此点在 X 轴方向距离原点 3 个单位、在 Y 轴方向距离原点 4 个单位。例如,要绘制一条起点为(2,1)、端点为(3,4)的直线,如图 7 - 3 所示。

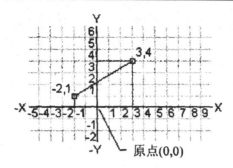

图7－3　　使用绝对直角坐标绘制一条线段

在命令行中输入：

命令：line

指定第一点：－2，1

指定下一点或［放弃（U）］：3,4

在使用绝对直角坐标时，需要知道要绘制的任何对象上的每个点的确切位置。例如，要绘制一个边长为7.5个单位的正方形，其左下角点坐标为(3,2)，则左上角点坐标为(－3,9.5)，右上角点坐标为(4.5,9.5)，右下角点坐标为(4.5,2)。

（2）输入相对直角坐标。使用相对的直角坐标，通常比使用绝对的直角坐标容易。在使用相对坐标时，通过指定某点相对于前一点的坐标的位置来确定图形中点的位置。要使用相对的直角坐标，在命令行输入坐标值，并在输入的值前添加"@"符号。因此，跟在"@"符号后的一对坐标表示下一点相对于上一点沿X轴方向和沿Y轴方向的距离。

例如：要绘制一条直线，该直线相对于绝对坐标为(2，1)的起点，其端点沿X方向5个单位、沿Y方向0个单位，如图7－4所示。

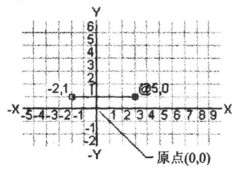

图7－4　　使用相对直角坐标绘制一条直线

在命令行中输入：

命令：line

指定第一点：－2,1

指定下一点或［放弃（U）］：@5，0

指定下一点或［放弃（U）］：按 Enter 键结束命令

2.极坐标

AutoCAD 还提供了极坐标，方便用户直接输入需要用角度进行定位的坐标。极坐标是指定点与固定点之间的距离和角度。在 AutoCAD 中,通过指定距基准点的距离及指定从零角度开始测量的角度来确定极坐标值。在 AutoCAD 中,测量角度值的默认方向是逆时针方向。

是从点(0,0)或(0,0,0)出发的位移,但给定的是距离和角度,其中距离和角度用"<"分开,且规定 X 轴正向为 0°,Y 轴正向为 90°,例如点(4 < 135)、(3 < 270)等。如图7 - 5 所示。

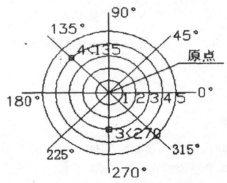

图 7 - 5　极坐标

在以一定的角度绘制对象时,使用直角坐标往往比较复杂。例如,要绘制一个倾斜300 的正方形,使用直角坐标需要进行坐标计算,需要输入多位小数才能保证精度,非常麻烦。而使用极坐标可以简化带角度图形的绘制。使用极坐标可以用一个距离和一个角度确定点的位置。要输入极坐标,需要输入距离和角度,并用尖括号(<)隔开。例如,要指定相对于原点距离为 10 个单位、角度为 1550 的点,需输入"10 < 155"。默认情况下,角度按逆时针方向增大而按顺时针方向减小。要按顺时针方向移动,可以输入负的角度值。例如,输入 10 < 215 和输入 10 < - 145 效果相同。

(1)绝对极坐标。和直角坐标一样,极坐标可以是绝对的(从原点测量),也可以相对于上一点。

(2)相对极坐标。相对坐标是指相对于某一点的 X 轴和 Y 轴位移,或距离和角度。它的表示方法是在绝对坐标表达方式前加上"@"号,如(@ - 13,8)和(@11 < 24)。其中,相对极坐标中的角度是新点和上一点连线与 X 轴的夹角。

7.1.3　控制坐标的显示

在移动十字光标时,AutoCAD 会将当前光标的位置在状态栏中显示为 X 、Y 和 Z 坐标。默认状态下,坐标值的显示随着光标的移动自动更新,AutOCAD 在其窗口底部的状态栏中以坐标显示当前光标所在位置,在绘图窗口中移动光标的十字指针时,状态栏上将动态地显示当前指针的坐标。坐标显示取决于所选择的模式和程序中运行的命令,共有 3 种方式。

(1)模式 0—"关":显示上一个拾取点的绝对坐标。此时,指针坐标将不能动态更新,只有在拾取一个新点时,显示才会更新。但是,从键盘输入一个新坐标时,不会改变该显示方式。

（2）模式 1—"绝对"：显示光标的绝对坐标，该值是动态更新的，默认情况下，显示方式是打开的。

（3）模式 2—"相对"：显示一个相对极坐标。当选择该方式时，如果当前处在拾取点状态，系统将显示光标所在位置相对于上一个点的距离和角度。当离开拾取点状态时，系统将恢复到模式 1。

7.1.4　使用正交用户坐标系

选择"工具"→"命名 UCS"命令，打开"UCS"对话框，如图 7 - 6 所示，在"正交 UCS"选项卡中的"当前 UCS"列表中选择需要使用的正交坐标系，如俯视、仰视、左视、右视、主视和后视等。

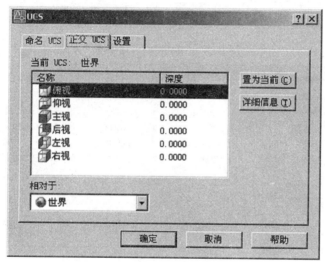

图 7 - 6　"正交 UCS"选项卡

1. 设置当前视口中的 UCS

在绘制三维图形或一幅较大图形时，为了能够从多个角度观察图形的不同侧面或不同部分，可以将当前绘图窗口切分为几个小窗口（即视口）。在这些视口中，为了便于对象编辑，还可以为它们分别定义不同的 UCS。当视口被设置为当前视口时，可以使用该视口上一次处于当前状态时所设置的 UCS 进行绘图。

2. 命名用户坐标系

选择"工具"→"命名 UCS"命令，打开"UCS"对话框，单击"命名 UCS"标签打开其选项卡（见图 7 - 7），并在"当前 UCS"列表中选中"世界"、"上一个"或某个 UCS，然后单击"置为当前"按钮，可将其置为当前坐标系，这时在该 UCS 前面将显示"未命名"标记。也可以单击"详细信息"按钮，在"UCS 详细信息"对话框（见图 7 - 8）中查看坐标系的详细信息 。

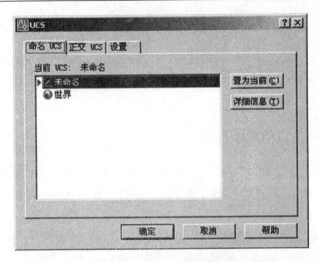

图 7－7　"命名 UCS"选项卡

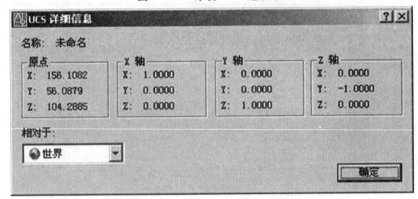

图 7－8　"UCS 详细信息"选项卡

3. 设置 UCS 的其他选项

在 AutoCAD 2007 中,可以通过选择"视图"→"显示"→"UCS 图标"子菜单中的命令,控制坐标系图标的可见性及显示方式。

(1)"开"命令:选择该命令可以在当前视口中打开 UCS 图符显示;取消该命令则可在当前视口中关闭 UCS 图符显示。

(2)"原点"命令:选择该命令可以在当前坐标系的原点处显示 UCS 图符;取消该命令则可以在视口的左下角显示 UCS 图符,而不考虑当前坐标系的原点。

(3)"特性"命令:选择该命令可打开"UCS 图标"对话框,可以设置 UCS 图标样式、大小、颜色及布局选项卡中的图标颜色。

(4)此外,在 AutoCAD 中,还可以使用 UCS 对话框中的"设置"选项卡,对 UCS 图标或 UCS 进行设置。

7.2 设置捕捉和栅格

在绘制图形时,尽管可以通过移动光标来指定点的位置,但却很难精确指定点的某一位置。在 AutoCAD 中,使用"捕捉"和"栅格"功能,可以用来精确定位点,提高绘图效率。栅格是点的矩形图案,延伸到图形界限的整个区域。

使用栅格类似于在图形下放置一张坐标纸。利用栅格可以对齐对象并直观显示对象之间的距离,但 AutoCAD 不会打印栅格。如果放大或缩小图形,需要调整栅格间距,使其更适合新的放大比例。

捕捉模式用于限制十字光标的移动位置,使其按照用户定义的间距移动。当"捕捉"模式打开时,光标好像附着或捕捉到不可见的栅格。捕捉模式有助于使用鼠标来精确地定位点,当要输入的点的坐标多为某个数的整数倍时,使用捕捉将非常方便。如图 7 - 9 所示。

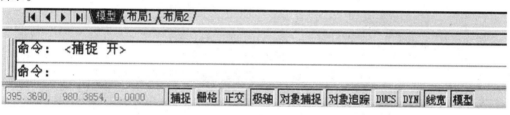

图 7 - 9 "捕捉"模式

7.2.1 栅格捕捉

"捕捉"用于设定鼠标光标移动的间距。"栅格"是一些标定位置的小点,起坐标纸的作用,可以提供直观的距离和位置参照。要打开或关闭"捕捉"和"栅格"功能,可以选择以下几种方法。

(1)在 AutoCAD 程序窗口的状态栏中,单击"捕捉"和"栅格"按钮。

(2)按 F7 键打开或关闭栅格,按 F9 键打开或关闭捕捉。

(3)选择"工具"→"草图设置"命令,打开"草图设置"对话框,在"捕捉和栅格"选项卡中选中或取消"启用捕捉"和"启用栅格"复选框。

7.2.2 设置栅格

1. 设置栅格

AutoCAD 的栅格由有规则的点的图案组成。使用栅格与在坐标纸上绘图十分相似。虽然栅格在屏幕上是可见的,但它不会被打印出来,也不会影响在何处绘图。参照栅格仅在图形界限内显示,以帮助看清图形的边界、对齐对象和看清两对象之间的距离。可以根据需要打开或关闭栅格显示,还可以随时修改栅格的间距。利用"草图设置"对话框中的"捕捉和栅格"选项卡,可以设置捕捉和栅格的相关参数,如图 7 - 10 所示,各选项的功能如下。

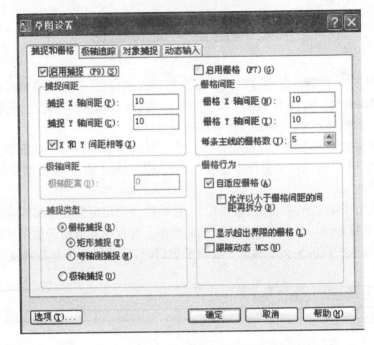

图 7 - 10 "草图设置"对话框中的"捕捉和栅格"选项卡

（1）"启用捕捉"复选框：打开或关闭捕捉方式。选中该复选框，可以启用捕捉。

（2）"捕捉"选项组：设置捕捉间距、捕捉角度以及捕捉基点坐标。

（3）"启用栅格"复选框：打开或关闭栅格的显示。选中该复选框，可以启用栅格。

（4）"栅格"选项组：设置栅格间距。如果栅格的 X 轴和 Y 轴间距值为 0，则栅格采用捕捉 X 轴和 Y 轴间距的值。

（5）"捕捉类型和样式"选项组：可以设置捕捉类型和样式，包括"栅格捕捉"和"极轴捕捉"两种。

（6）"栅格行为"选项组：用于设置"视觉样式"下栅格线的显示样式（三维线框除外）。

设置栅格的步骤如下。

（1）从"工具"菜单中，选择"草图设置"命令，或在命令提示下，输入"DSETTINGS"（或 Ds，RM，SE 或 DDRMODES），然后按 Enter 键，或在状态栏中的"捕捉"和"栅格"按钮处单击右键，然后从快捷菜单中选择"设置"命令。AutoCAD 将显示"草图设置"对话框，打开"捕捉和栅格"选项卡，如图 7 - 10 所示。

（2）要显示栅格，选中"启用栅格"复选框。

（3）在"栅格 X 轴间距"文本框中，输入栅格点之间的水平距离。

（4）用鼠标单击"栅格 Y 轴间距"文本框，AutoCAD 将垂直间距设置与水平间距相同。如果不希望这两个间距相同，在"栅格 Y 轴间距"文本框中输入栅格点之间的垂直距离。

（5）单击"确定"按钮。

2. 设置捕捉

"捕捉"命令在图形区域内提供了不可见的参考栅格。当"捕捉"命令设置为"开"时,通过捕捉特性,可将光标锁定在距光标最近的捕捉栅格点上。通过使用"捕捉"命令可以快速地指定点,以便精确地设置点的位置。当使用键盘输入点的绝对坐标或相对坐标时,AutoCAD 将忽略捕捉间距的设置。当捕捉模式设置为"关"时,捕捉模式对光标不再起任何作用。当捕捉模式设置为"开"时,不能把光标放在没有指定的捕捉设置的点上。要启用捕捉并设置捕捉间距,方法如下:

(1)从"工具"菜单中,选择"草图设置"命令;或在命令提示下,输入"DSETTINGS"(或 DS , RM , SE 或 DDRMODES),然后按 Enter 键;或在状态栏中的"捕捉"和"栅格"按钮处单击右键,然后从快捷菜单中选择"设置"命令。AutoCAD 将显示"草图设置"对话框,打开"捕捉和栅格"选项卡,如图 7 – 10 所示。

(2)要启用捕捉,选中"启用捕捉"复选框。

(3)在"捕捉 X 轴间距"文本框中,输入捕捉点之间的水平距离。

(4)用鼠标单击"捕捉 Y 轴间距"文本框,AutoCAD 将垂直间距设置与水平间距相同。如果不希望这两个间距相同,在"捕捉 Y 轴间距"文本框中输入栅格点之间的垂直距离。

(5)单击"确定"按钮。

捕捉和栅格通常是以绘图原点作为基准,在世界坐标系(WCS)中是(0,0)点。可以重新定位捕捉和栅格的原点,以便在不同的位置绘制对象。例如将捕捉基点设为(0.2,0.4),捕捉间距均设为2,则 AutoCAD 将捕捉(2.2,0.4)、(2.2,2.4)、(4.2,0.4)、(4.2,2.4)这样的点。

如果经常要输入倾斜的线,可以将栅格旋转不同的角度。

要修改捕捉基准点和角度,可按下列步骤进行:

(1)打开"草图设置"对话框中的"捕捉和栅格"选项卡。

(2)在"X 基点"和"Y 基点"文本框中,相应地输入 X、Y 坐标。

(3)在"捕捉"选项组中的"角度"文本框中,可以输入所要求的捕捉旋转角度。

(4)单击"确定"按钮。

7.2.3 使用等轴测捕捉和栅格

使用等轴测捕捉和栅格选项可以创建二维等轴测图形。等轴测图形从特殊视点模拟三维对象,通过沿 3 个主轴对齐,可以在二维平面中绘制一个模拟的三维视图并打印在同一张纸上。但等轴测图形并不是三维图形,如果要创建三维图形,应在三维空间中创建。

等轴测选项总是使用三个事先调整好的平面,它们分别表示"等轴测平面左"、"等轴测平面右"和"等轴测平面上"。用户不能改变这三个平面的排列。如果捕捉角度是 0 ,那么等轴测平面的轴是30°、90°或150°"。如果将捕捉样式设置为"等轴测",就可以在三个平面中的任一个上工作,每个平面都有一对关联轴,如图 7 – 11 所示。

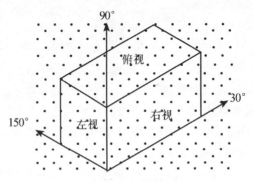

图 7 – 11　　等轴测图形平面

①左:捕捉和栅格沿 90°和 150°轴对齐。

②上:捕捉和栅格沿 30°和 150°轴对齐。

③右:捕捉和栅格沿 30°和 90°轴对齐。

在启用等轴测捕捉和栅格并选择了一个等轴测平面后,捕捉间距、栅格和十字光标都将与当前平面对齐。用等轴测和 Y 轴计算栅格间距时,栅格总是呈显示状态。

要启用等轴测捕捉和栅格选项,方法如下:

(1)打开"草图设置"对话框中的"捕捉和栅格"选项卡。

(2)选中"启用栅格"复选框。

(3)在"捕捉类型和样式"选项组,选中"等轴测捕捉"单选按钮。

(4)单击"确定"按钮。

如果要改变为不同的等轴测平面,只需按 F5 键或 Ctrl + E 键,AutoCAD 将遍历"等轴测平面上"、"等轴测平面右"和"等轴测平面左"设置。

7.3　使用 GRID 与 SNAP 命令

不仅可以通过"草图设置"对话框设置栅格和捕捉参数,还可以通过 GRID 与 SNAP 命令来设置。

(1)执行 GRID 命令时,其命令行显示如下提示信息。

指定栅格间距(X)或[开(ON)/关(OFF)/捕捉(S)/主(M)/自适应(D)/跟随(F)/纵横向间距(A)] <10.0000>:

默认情况下,需要设置栅格间距值。该间距不能设置太小,否则将导致图形模糊及屏幕重画太慢,甚至无法显示栅格 。

(2)执行 SNAP 命令时,其命令行显示如下提示信息。

指定捕捉间距或 [开(ON)/关(OFF)/纵横向间距(A)/样式(S)/类型(T)] <10.0000>:

默认情况下,需要指定捕捉间距,并使用"开(ON)"选项,以当前栅格的分辨率和样式激活捕捉模式;使用"关(OFF)"选项,关闭捕捉模式,但保留当前设置。

7.4　使用正交模式

AuotCAD 提供的正交模式也可以用来精确定位点,它将定点设备的输入限制为水平或垂直。使用 ORTHO 命令,可以打开正交模式,用于控制是否以正交方式绘图。在正交模式下,可以方便地绘出与当前 X 轴或 Y 轴平行的线段。在 AutoCAD 程序窗口的状态栏中单击"正交"按钮,或按 F8 键,可以打开或关闭正交方式。

打开正交功能后,输入的第 1 点是任意的,但当移动光标准备指定第 2 点时,引出的橡皮筋线已不再是这两点之间的连线,而是起点到光标十字线的垂直线中较长的那段线,此时单击,橡皮筋线就变成所绘直线。

AutoCAD 提供了与绘图人员的丁字尺类似的绘图和编辑工具。创建或移动对象时,使用正交模式将光标限制在水平或垂直轴上。正交对齐取决于当前的捕捉角度、UCS 或等轴测栅格和捕捉设置。在绘图和编辑过程中,可随时打开或关闭"正交"。使用"正交"不仅可以建立垂直和水平对齐,还可以增强平行性或创建自现有对象的常规偏移。

通过施加正交约束,可以提高绘图速度。例如,通过在开始前打开"正交"模式,可以创建一系列垂足线。因为直线被约束为与水平和垂直轴平行,所以直线是垂足线。在激活"正交"模式时,用户只能在水平或垂直方向上绘制直线,并指定点的位置,而不用考虑屏幕上光标的位置。绘图的方向由当前光标在 X 向的距离值与 Y 向的距离值相比来确定的,如果 X 向距离大于 Y 向距离,AutoCAD 将绘制水平线。相反,如果 Y 向距离大于 X 向距离,那么只能绘制竖直的线。

"正交"模式并不影响从键盘上输入点。如果在命令行输入坐标值、使用透视图或指定对象捕捉时,AutoCAD 将替代"正交"模式。

要打开或关闭正交模式,有以下 3 种方法:

(1)单击工具栏中的"正交"按钮。

(2)按 Ctrl + L 键。

(3)按 F8 键。

7.5　打开对象捕捉功能

在绘图的过程中,经常要指定一些对象上已有的点,例如端点、圆心和两个对象的交点等。如果只凭观察来拾取,不可能非常准确地找到这些点。在 AutoCAD 中,可以通过"对象捕捉"工具栏和"草图设置"对话框等方式调用对象捕捉功能,迅速、准确地捕捉到某些特殊点,从而精确地绘制图形。对象捕捉将指定点限制在现有对象的确切位置上,例如中点或交点。使用对象捕捉可以迅速定位对象上精确的位置,而不必知道坐标或绘制构造线。例如,如果需要从已绘制的一条直线的端点处开始绘制另一条直线,就可以应用"对象捕捉"中的"端点"捕捉模式。在"指定第一点:"的提示下,将光标放置在靠近所需位置直线上,当单击鼠标左键时,AutoCAD 将锁定现有直线的端点,该端点就成为新直线的起点,这个特点同基本捕捉命令锁定不可视参考栅格点相似。

在 AutoCAD 提示指定一点时,可以随时使用对象捕捉模式,例如,在绘制一条直线或其他对象时。可以使用下列任一种方法,调用对象捕捉模式:

(1)启用一个对象捕捉模式并保持其一直起作用,直到关闭该对象捕捉模式。

(2)在另外一个命令处于激活状态时,通过选择一个对象捕捉模式,调用该对象捕捉模式一次。

(3)调用一次对象捕捉模式也可以用于忽略正在运行的对象捕捉模式。

使用对象捕捉时,AutoCAD 仅捕捉可见的对象或对象的可见部分。AutoCAD 不能捕捉到已经关闭图层上的对象,或是虚线中的空白处。

用户可以使用几种不同的方法设置对象捕捉模式。这些方法取决于设置成启用对象捕捉模式还是仅使用一次对象捕捉模式。例如,通过从"标准"工具栏的"对象捕捉"弹出按钮中选择一个对象捕捉模式,或在"对象捕捉"工具栏中,选择"一个对象捕捉模式"快速设置一次对象捕捉模式。在指定一个或多个对象捕捉模式并选择了一个对象后,AutoCAD 的十字光标的交点将捕捉到该对象的对象捕捉点。在激活了一个对象捕捉模式时,可以显示靶框(称之为自动捕捉标记)并把它添加到十字光标中。AutoCAD 可以捕捉到任何对象中的捕捉点并将该点捕捉到自动捕捉标记中。如果已经激活对象捕捉功能,AutoCAD 将在光标移动到对象的几何捕捉点时,显示当前激活的对象捕捉模式的自动捕捉标记。在"选项"对话框的"草图"选项卡中,可以设置自动捕捉标记及靶框的大小,并且可以控制它们的显示状态。

AutoCAD 提供了多种对象捕捉模式,可以捕捉对象的端点、中点等。

1. 端点

"端点"模式捕捉一个对象的端点,可以是圆弧、椭圆弧、直线、多线、多段线线段、样条曲线、面域或射线最近的端点,或者捕捉宽线、实体或与三维面最近的角点。如果是一个有厚度的对象,端点对象捕捉模式可以捕捉到对象边缘的端点和三维实体及面域边缘的端点。如图 7 – 12 所示,要捕捉一个对象的端点,在该对象的端点附近,或者在对象上的任意位置单击鼠标。

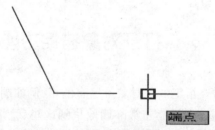

图 7 – 12　捕捉端点,在对象上靠近端点的任意位置单击鼠标

2. 中点

"中点"模式用于搜索一个对象的中点。可以捕捉圆弧、椭圆弧、多线、直线、多段线线段、实体、样条曲线或构造线的中点。对于构造线,中点模式捕捉第一个定义点。对于

样条曲线和椭圆弧,中点模式将捕捉这些对象上位于起点和终点之间的中点。如果一个对象具有厚度,中点模式可以捕捉到对象边缘的中点,以及三维实体和面域边缘的中点。如图 7 – 13 所示,要捕捉一个对象的中点,在该对象上的任意位置单击鼠标。

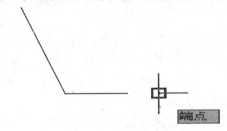

图 7 – 13　捕捉中点,在对象上的任意位置单击鼠标

3. 圆心

"圆心"模式用于搜索曲线对象的中心点。可以捕捉圆弧、圆、椭圆、椭圆弧或多段线圆弧的圆心。要捕捉圆心,必须在对象的可见部分上选择一点,如图 7 – 14 所示。

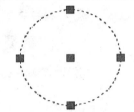

图 7 – 14　捕捉圆心,在对象的
可见部分上任意选择一点

4. 节点

"节点"模式用于搜索并捕捉点对象。

5. 象限点

"象限点"模式用于搜索曲线对象的象限点。可以捕捉圆弧、圆、椭圆、椭圆弧或多段线圆弧的最近的象限点(即 0°、90°、150°和 270°点)。如图 7 – 15 所示,要捕捉象限点,在靠近所需的象限点处,拾取对象上的点。

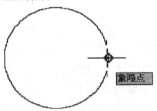

图 7 – 15　捕捉象限点,在靠
近象限点处拾取对象上的点

6. 交点

"交点"模式用于搜索一些组合对象的交点。可以捕捉圆弧、圆、椭圆、椭圆弧、多线、直线、多段线、射线、样条曲线、参照线以及任何由这些对象组成的对象的交点。交点捕

捉模式还可以捕捉面域和曲线的交点,但是,该模式不能捕捉三维实体的边缘和角点。如果两个具有厚度的对象沿着相同的方向延伸并有相交的基点,那么可以捕捉到边的交点。如果两个对象的厚度不同,较薄的对象决定交点捕捉点。如果块的比例一致,可以捕捉块中圆或圆弧的交点。

如果两个对象沿着自身的路径能够相交,那么延伸交点模式可以捕捉到这两个对象的虚交点。要使用延伸交点模式,必须明确地选择单点交点捕捉模式,然后单击其中的一个对象。AutoCAD 随后继续提示选择第二个对象。一旦选择了第二个对象,系统将沿着这些对象的延伸路径,捕捉虚交点。

要捕捉两个对象的交点,既可以在靠近两对象交点处拾取该交点,也可以明确地选择交点对象捕捉模式,先选择一个对象,然后再选择另一个对象,如图 7 – 16 所示。

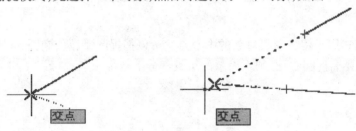

图 7 – 16　捕捉两对象的交点

7. 延伸

"延伸"模式用于搜索沿着直线或圆弧自身路径延伸的点。要使用延伸对象捕捉模式,应在直线或圆弧的端点上暂停。随后,AutoCAD 将显示小的加号(+),表示直线或圆弧已经选定,可以用于延伸。一旦沿着直线或圆弧的延伸路径移动光标,AutoCAD 将显示一个临时延伸路径。使用延伸对象捕捉,可以与其他对象捕捉模式,如交点或外观交点模式一起使用,用于搜索直线或圆弧与其他对象的交点,或者是选择多个直线或圆弧用于延伸,标明两对象的延伸交点。

8. 插入点

"插入点"模式用于搜索属性、属性定义、块、形或文本对象的插入点。在一个对象上的任意位置,可以捕捉该对象上的插入点。

9. 垂足

"垂足"模式用于捕捉到圆弧、圆、椭圆、椭圆弧、直线、多线、多段线、射线、面域、实体、样条曲线或构造线的垂足。在选择一个圆弧、圆、多线、直线、多段线、参照线或三维实体边作为正交直线的起点时,递延对象捕捉模式将被自动激活。如果自动捕捉已被激活,在光标通过递延垂足对象捕捉点时,将会显示捕捉提示和标记。

要捕捉一个对象的垂足,可在该对象的任意处拾取该点,如图 7 – 17 所示。

10. 切点

"切点"模式可以捕捉对象上的切点。切点捕捉可以在圆弧、圆、椭圆、椭圆弧或多段线圆弧上捕捉到与上一点相连的点,这两点形成的直线与这些对象相切。在选择一个圆弧、圆或多段线圆弧作为相切直线的起点时,递延对象捕捉模式将被自动激活。如果自

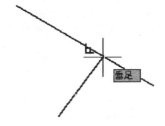

图7－17　捕捉垂足(左边为指定点,右边
为捕捉垂足和绘制的垂线)

动捕捉已被激活,在光标通过递延对象捕捉点时,将会显示捕捉提示和标记。递延对象捕捉功能不能处理椭圆或样条曲线。

要捕捉切点,应在切点附近拾取对象,如图7－18所示。

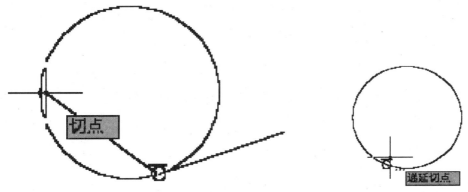

图7－18　左边为指定点,右边为捕捉切点和绘制的切线

11. 最近点

"最近点"模式用于搜索另一个对象在外观上与光标最近的点。可以捕捉圆弧、圆椭圆、椭圆弧、直线、多线、点、多段线、射线、样条曲线或构造线上的最近点。

12. 外观交点

"外观交点"模式可以搜索在三维空间中实际并不相交,但在屏幕上相交的任意两个对象外观上相交的点。可以捕捉到由圆弧、圆、椭圆、椭圆弧、多线、直线、多段线、射线、样条曲线或参照线中的两个对象组成的外观交点。如果两个对象沿着自身的路径具有外观交点,那么延伸外观交点模式,可以捕捉到这两个对象的虚外观交点。要使用延伸外观交点模式,必须明确地选择单点外观交点捕捉模式,然后单击其中的一个对象。AutoCAD随后继续提示选择第二个对象。一旦选择了第二个对象,系统将沿着这些对象的延伸路径,捕捉虚外观交点。

要捕捉两个对象的外观交点,既可以在靠近两对象外观交点处拾取该交点,也可以明确地选择外观交点对象捕捉模式,先选择一个对象,然后再选择另一个对象,如图7－19所示。

13. 平行

"平行"模式用于创建一个直线段(如直线或多段线)平行于一个已经存在的直线

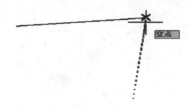

图 7 – 19　捕捉两对象的外观交点

段。要使用平行对象捕捉模式，先指定直线的起点，然后将光标暂停在已经绘制的直线段上。移动光标以便橡皮筋线从前一点延伸并接近平行已知直线段，AutoCAD 在已知直线段上添加一个平行线符号并显示临时平行路径。然后，沿着该临时路径，在任意处指定所需直线的端点。

使用平行对象捕捉，可以与其他对象捕捉模式，如交点、外观交点或延伸模式一起使用，用于搜索平行直线与其他对象的交点，或与其他对象延伸部分的交点。如图 7 – 20所示。

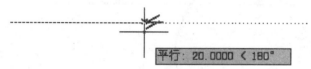

图 7 – 20　使用平行对象捕捉

14. 全部选择

打开所有对象捕捉模式。

15. 全部清除

关闭所有对象捕捉模式。

7.5.1　单点对象捕捉模式

在另一个命令处于激活状态时，可以通过单点对象捕捉模式仅选择一个对象捕捉模式。例如，在绘制直线时，如果想要捕捉一条已经绘制的直线的中点，可以激活中点对象捕捉模式。单点对象捕捉仅仅是当前的选项处于激活状态。一旦在图形中选择了一个点，该对象捕捉模式将会关闭。

要设置单点对象捕捉模式，可以使用以下任一种方法：

在"标准"工具栏中，单击右键，在弹出的菜单上选择"对象捕捉"。

（1）在"对象捕捉"工具栏中，单击其中的一个对象捕捉按钮，如图 7 – 21 所示。

图 7 – 21　"对象捕捉"工具栏

（2）在命令行中，当提示选择一个点或一个对象时，键入对象捕捉的名称并按Enter 键。

（3）按住 Shift 键，并单击鼠标右键显示对象捕捉快捷菜单，然后选择所需的对象捕捉模式,如图 7 - 22 所示。

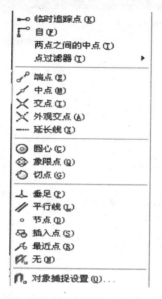

图 7 - 22　"对象捕捉"快捷菜单

7.5.2　执行对象捕捉

　　如果需要重复使用同一对象捕捉,可以将它设置为执行对象捕捉,只要不是用户关闭,它将保持打开状态。例如,如果需要用直线连接一系列圆的圆心,可以将"圆心"设置为执行对象捕捉。与使用单一对象捕捉一样,靶框指示已经打开对象捕捉并标记选择区域,可以改变靶框的大小。

　　如果打开多个执行对象捕捉,AutoCAD 将使用最适合选定对象的对象捕捉。如果两个可能的捕捉点落在选择区域,AutoCAD 将捕捉离靶框中心最近的符合条件的点。要设置执行对象捕捉模式,方法如下:

　　(1)在"对象捕捉"工具栏中,单击"对象捕捉设置"按钮 ，或从"工具"菜单中,选择"草图设置"命令,或在状态栏中的"对象捕捉"按钮处单击右键,从快捷菜单中选择"设置"命令,或使用 Shift + 右键,显示"对象捕捉"快捷菜单,然后选择"对象捕捉设置"命令。AutoCAD 将显示"草图设置"对话框,然后打开"对象捕捉"选项卡,如图 7 - 23 所示。

　　(2)在"对象捕捉模式"选项组中,选中需要的捕捉模式。

　　(3)单击"确定"按钮。

　　设置了一个或多个对象捕捉模式后,通过单击状态栏中的"对象捕捉"按钮,或按 Ctrl + F 键、F3 键,可以快速打开或关闭所有设置的对象捕捉模式。在一个对象捕捉模式处于激活状态时进行上述操作,将使该执行对象捕捉模式失效。

7.5.3　设置对象捕捉选项

AutoCAD 在实际选择对象捕捉点时,首先在外观上预览可能的捕捉点。在将光标移

图 7 – 23 "对象捕捉"选项卡

动到对象上的捕捉点时,AutoCAD 将会显示一个特殊的标记和自动捕捉工具栏提示。另外,"磁吸"选项可将光标吸引到符合磁吸条件的对象捕捉点上。

用户可以在"选项"对话框的"草图"选项卡中,设置对象捕捉各选项,如图 7 – 24 所示。要设置对象捕捉选项,方法如下:

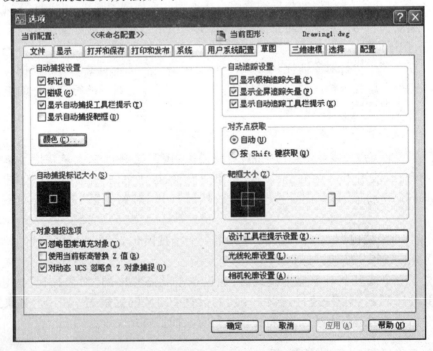

图 7 – 24 "选项"对话框中的"草图"选项卡

(1)从"工具"菜单中选择"选项"命令;或在命令提示下,输入"OPTIONS "后按 Enter

键;或在命令窗口中单击右键;或在没有执行任何命令时,在绘图区单击右键,从快捷菜单中选择"选项"命令;或在"草图设置"对话框中单击"选项"按钮。AutoCAD 将显示"选项"对话框,然后打开"草图"选项卡。

(2)在"自动捕捉设置"选项组中,可以设置对象捕捉选项。各选项介绍如下:

①"标记":在光标移动到一个对象的捕捉点时,在指定位置上 AutoCAD 显示一个几何符号,表示一种对象捕捉模式。

②"磁吸":移动光标并充分靠近一个对象时,将使光标自动地锁定在对象捕捉点上。

③"显示自动捕捉工具栏提示":当光标移动到对象捕捉点上时,将会显示一个由对象捕捉名称组成的小文本框。

④"显示自动捕捉靶框":在激活一种对象捕捉模式后,十字光标的中心将会出现一个靶框。

⑤"自动捕捉标记颜色":在下拉列表颜色中,可以选择 7 种标准颜色中的一种,作为自动捕捉标记的颜色。

⑥"自动捕捉标记大小":调整自动捕捉标记的大小。移动滑块时,在相邻的区域内将会显示新的标记尺寸的大小。

7.6　使用自动追踪

在 AutoCAD 中,自动追踪可按指定角度绘制对象,或者绘制与其他对象有特定关系的对象。自动追踪功能分极轴追踪和对象捕捉追踪两种,是非常有用的辅助绘图工具。

7.6.1　极轴追踪与对象捕捉追踪

极轴追踪是按事先给定的角度增量来追踪特征点。而对象捕捉追踪则按与对象的某种特定关系来追踪,这种特定的关系确定了一个未知角度。也就是说,如果事先知道要追踪的方向(角度),则使用极轴追踪;如果事先不知道具体的追踪方向(角度),但知道与其他对象的某种关系(如相交),则使用对象捕捉追踪。极轴追踪和对象捕捉追踪可以同时使用。

要打开极轴追踪和设置极轴追踪角增量,方法如下:

(1)从"工具"菜单中,选择"草图设置"命令;或在命令提示下,输入"DSETTINGS"(或 Ds 、RM 、SE 或 DDRMODES)并按 Enter 键;或在状态栏上的"极轴"按钮上单击右键,从显示的快捷菜单中选择"设置"命令,AutoCAD 中将显示"草图设置"对话框,然后打开"极轴追踪"选项卡,如图 7 - 25 所示。

(2)选中"启用极轴追踪"复选框,可以打开极轴追踪。

(3)在"极轴角设置"选项组中的"角增量"下拉列表框中选择角增量。

(4)如果要添加一个角度作为附加角,单击"新建"按钮,并输入附加角度。

(5)单击"确定"按钮。

无论何时选择附加角度复选框,可将添加的角度保存在列表中并且是可见的。如果

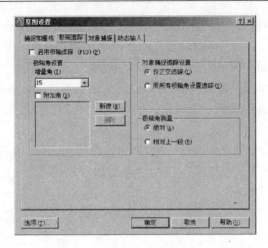

图 7 - 25　"极轴追踪"选项卡

不再需要沿特定的角度进行追踪,必须在列表中选择该角度,并单击"删除"按钮。极轴捕捉将光标移动限制在指定的极轴距离增量上。例如,如果指定 4 个单位的长度,光标将自指定的第一点捕捉 0、4、8、12、16 长度等。移动光标时,工具栏将提示指示最接近的极轴捕捉增量。必须将"极轴追踪"和"捕捉"(设置为"极轴捕捉")模式同时打开,才能将点输入限制为极轴距离。

如果仅需沿特定角度进行单次追踪,可以非常方便地指定该角度作为极轴角度覆盖。只需在命令行中输入带有左尖角括号" < "的前缀,就可以实现单次追踪。

例如,要沿 55°角绘制一直线,其命令提示如下:

命令:line

指定第一点:

指定下一点或[放弃(U)] : < 17

角度替代:27

指定下一点或[放弃(U)] :

一旦指定角度覆盖,将会注意到光标被锁定在 17°角的方向上。然后,沿该角度指定一个距离作为直线的另一个指定点。在指定了下一点后,角度覆盖将会消失,光标将可以自由地移动。

7.6.2　使用临时追踪点和捕捉自功能

在"对象捕捉"工具栏中,还有两个非常有用的对象捕捉工具,即"临时追踪点"和"捕捉自"工具。

(1)"临时追踪点"工具:可在一次操作中创建多条追踪线,并根据这些追踪线确定所要定位的点。

(2)"捕捉自"工具:在使用相对坐标指定下一个应用点时,"捕捉自"工具可以提示输入基点,并将该点作为临时参照点,这与通过输入前缀"@"使用最后一个点作为参照点类似。它不是对象捕捉模式,但经常与对象捕捉一起使用。

7.6.3　使用自动追踪功能绘图

使用自动追踪功能可以快速而且精确地定位点,在很大程度上提高了绘图效率。在 AutoCAD 2007 中,要设置自动追踪功能选项,可打开"选项"对话框,在"草图"选项卡的 "自动追踪设置"选项组中进行设置,其各选项功能如下。

(1)"显示极轴追踪矢量"复选框:设置是否显示极轴追踪的矢量数据。

(2)"显示全屏追踪矢量"复选框:设置是否显示全屏追踪的矢量数据。

(3)"显示自动追踪工具栏提示"复选框:设置在追踪特征点时是否显示工具栏上的 相应按钮的提示文字。

7.7　使用动态输入

在 AutoCAD 2007 中,使用动态输入功能可以在指针位置处显示标注输入和命令提 示等信息,从而极大地方便了绘图。

7.7.1　启用指针输入

在"草图设置"对话框的"动态输入"选项卡中,选中"启用指针输入"复选框可以启 用指针输入功能,在"指针输入"选项组中单击"设置"按钮,使用打开的"指针输入设置" 对话框设置指针的格式和可见性,如图 7 - 26 所示。

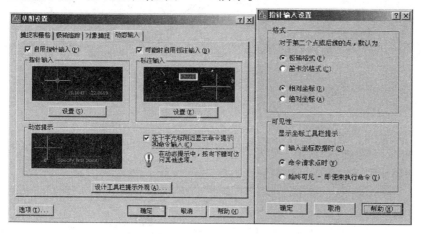

图 7 - 26　"草图设置"对话框

7.7.2　启用标注输入

在"草图设置"对话框的"动态输入"选项卡中,选中"可能时启用标注输入"复选框 可以启用标注输入功能。在"标注输入"选项组中单击"设置"按钮,使用打开的"标注输 入的设置"对话框可以设置标注的可见性,如图 7 - 27 所示。

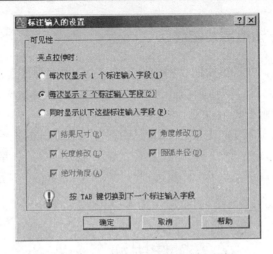

图 7 − 27　　"标注输入的设置"选项组

7.7.3　显示动态提示

在"草图设置"对话框的"动态输入"选项卡中,选中"动态提示"选项组中的"在十字光标附近显示命令提示和命令输入"复选框,可以在光标附近显示命令提示,如图 7 − 28 所示。

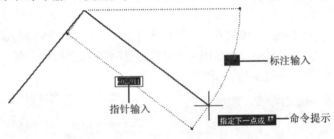

图 7 − 28　命令提示

7.8　上机绘图

采用捕捉、对象捕捉、对象追踪等方法绘制图形。

(1)绘制如图 7 − 29 所示的图形。

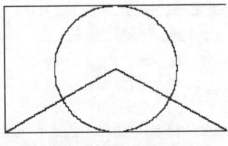

图 7 − 29　图形示例

操作步骤：

①将 X 轴、Y 轴捕捉间距均设置为 50，按 F9 键打开捕捉。

②从"绘图"菜单中选择"矩形"命令，在"指定第一个角点："的提示下挪动鼠标，当状态栏显示坐标为(0,0)时单击鼠标，在"指定另二个角点："的提示下挪动鼠标，当状态栏显示坐标为(300，200)时单击鼠标。

③设置对象捕捉为捕捉到端点和中点。关闭栅格，打开极轴、对象捕捉和对象追踪。

④从"绘图"菜单中选择"直线"命令，在"指定第一点："的提示下，将鼠标挪动到矩形左下角附近，AutoCAD 将捕捉到矩形左下角的点，单击鼠标。

⑤在"指定下一点："的提示下，将鼠标移动到矩形顶边的中点附近，AutoCAD 将捕捉该中点，然后将鼠标移动到矩形右边的中点附近，AutoCAD 将捕捉该中点，然后将鼠标移动到矩形中心点附近，就可捕捉到矩形的中心点，单击鼠标，如图 7 - 30 所示。

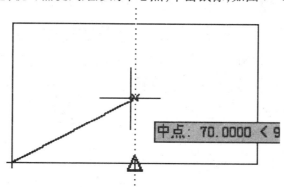

图 7 - 30　捕捉中心点

⑥在"指定下一点："的提示下，将鼠标挪动到矩形右下角附近，AntoCAD 将捕捉到矩形右下角的点，单击鼠标。

⑦在"指定下一点："的提示下，直接按 Enter 键。

⑧从"绘图"菜单中选择"圆"→"圆心、半径"命令，在"指定圆心："的提示下将鼠标移动到矩形中心点附近，Auto-CAD 将捕捉到直线的端点，单击鼠标。

⑨在"指定半径："的提示下将鼠标移动到矩形底边的中点附近，AutoCAD 将捕捉该中点，单击鼠标。

（2）绘制一个倾斜 30°的正方形，结果如图 7 - 31 所示。

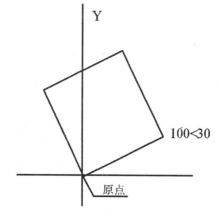

图 7 - 31　用极坐标绘制一个倾斜的正方形

操作步骤：

①调用"直线"命令，然后在命令提示下输入相应值。

②指定第一点：0,0

③指定下一点或[放弃(U)]：100 < 30。

④指定下一点或[放弃(U)]: @100<120。

⑤指定下一点或[闭合(C)/放弃(U)]:@100<210

⑥指定下一点或[闭合(C)/放弃(U)]:C

（3）以点 C 绘制一条长度为 100 且和线段 AB 平行的线段,结果如图 7-32 所示。

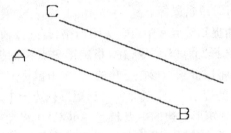

图 7-32　绘制图形

操作步骤:

①调用"直线"命令,在"指定第一点:"的提示下指定点 C。

②在"指定下一点或[放弃(U)]:"提示下,单击"捕捉到平行线"按钮 ⟋⟋ ,然后将鼠标移动到直线 AB 处,AutoCAD 将出现如图 7-33 所示的提示。

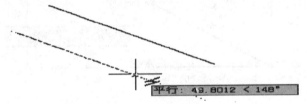

图 7-33　绘制直线

③移动鼠标,使鼠标与 C 点的连线与 AB 接近平行,AutoCAD 将出现如图 7-34 的提示。

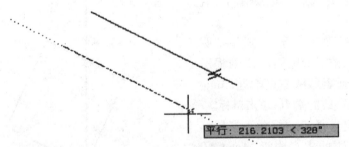

图 7-34　绘制平行线

④在"指定下一点或[放弃(U)]:_par 到:"的提示下输入"100",然后按 Enter 键,AntoCAD 即可绘制出要求的直线。

⑤按 Enter 键结束命令。

项目 8 创建文字和表格图

8.1 字体与字型的设置

在 AutoCAD 中,所有文字都有与之相关联的文字样式。在创建文字注释和尺寸标注时,AutoCAD 通常使用当前的文字样式。也可以根据具体要求重新设置文字样式或创建新的样式。文字样式包括文字"字体"、"字型"、"高度"、"宽度系数"、"倾斜角"、"反向"、"倒置"以及"垂直"等参数。

选择"格式"→"文字样式"命令,打开"文字样式"对话框。利用该对话框可以修改或创建文字样式,并设置文字的当前样式。

8.1.1 设置样式名

"文字样式"对话框的"样式名"选项组中显示了文字样式的名称、创建新的文字样式、为已有的文字样式重命名或删除文字样式。

1. 命令调用格式

(1)菜单:格式(O)→文字样式(S)。

(2)命令行:STYLE。

执行 STYLE 命令,AutoCAD 将弹出"文字样式"对话框,如图 8 – 1 所示。

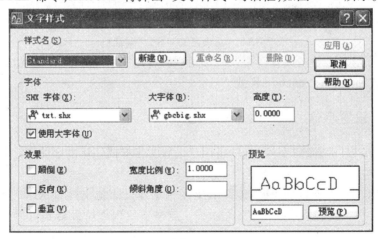

图 8 – 1 "文字样式"对话框

2."样式名"选项组

该选项组用于设置当前样式、建立新文字样式,为已有文字样式更名或删除已有文字样式。

(1)"样式名"下拉列表框:显示当前图形中所有文字样式的名称,用户可以指定列表中的一种样式为当前文字样式,新建图形的默认文字样式为"Standard"。

(2)"新建"按钮:创建新文字样式。创建方法是:单击该按钮弹出"新建文字样式"对话框,如图 8 - 2 所示。用户可以在"样式名"文本框中输入新的样式名。样式名是由字母、数字和特殊字符组成的,最多可达 31 个字符。系统默认设置为"样式 1 "、"样式 2 "等,每新建一个样式则数值增加 1。AutoCAD 2007 可以使用中文样式名。用户最好建立自己所需的样式,标注不同的字体用不同的样式。如标注仿宋字用样式名为"仿宋"的字体,标注黑体字用样式名为"黑体"的字体等。

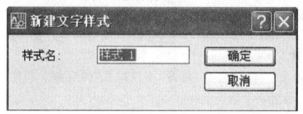

图 8 - 2 　"新建文字样式"对话框

(3)"重命名"按钮:对已有文字样式更名。更名方法为:从"样式名"下拉列表框中选择要更名的文字样式,单击"重命名"按钮,AutoCAD 弹出如图 8 - 3 所示的"重命名文字样式"对话框,输入新名即可。

图 8 - 3 　"重命名文字样式"对话框

(4)"删除"按钮:单击该按钮可以删除某一已有的文字样式,但注意无法删除已经使用的文字样式和默认的 Standard 样式。

8.1.2　设置字体

"文字样式"对话框的"字体"选项组用于设置文字样式使用的字体和字高等属性。

"字体"选项组选项说明如下:

(1)"SHX 字体"下拉列表框:该区域主要用于定义字体文件,"SHX 字体"是 AutoCAD 特有的字体文件,默认字体是"txt. shx"。点击下拉列表可以看到可以调用的字体,如图 8 - 4所示。

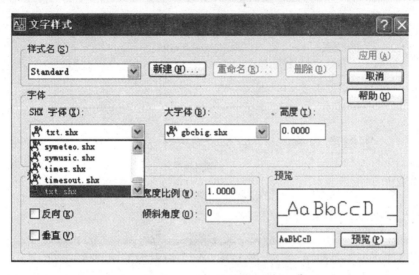

图 8 - 4　"SHX 字体"不拉列表

（2）"大字体"下拉列表框：使用大字体复选框用于选择大字体，此时"大字体"的文本框及下拉列表框被激活，该下拉列表框用于选择大字体，单击下拉箭头，打开下拉列表框，列表显示"大字体"所有字体文件名供用户选择设置，如图 8 - 5 所示。

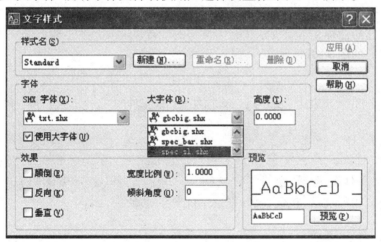

图 8 - 5　"大字体"下拉列表框

（3）"高度"文本框：用于设置标注文字的高度，默认值为 0。若选取 0 值，则在标注文本时进行设置字体高度。若此值不为 0，则在标注文本时不出现"高度："的提示符，而以此值为高度进行文本标注。建议用户将此处设置为默认值 0，如图 8 - 5 所示。

8.1.3　设置文字效果

在"文字样式"对话框中，使用"效果"选项组中的选项可以设置文字的颠倒、反向、垂直等显示效果，如图 8 - 6 所示。

图 8-6　"效果"选项组

"效果"选项组选项说明如下:

(1)"颠倒":该选项确定是否将文本文字颠倒过来放置。与将正常文字以水平轴镜像一样,所以此选项不必使用。但需将 MIRRTEXT 设置为 1,如图 8-6 所示。

(2)该选项确定是否将文本以镜像方式标注。与将正常文字以垂直轴镜像一样,所以此选项也不必使用。但需将 MIRRTEXT 设置为 1,如图 8-6 所示。

(3)"垂直":该选项确定文本是垂直注释还是水平注释,如图 8-6 所示。

(4)"宽度比例":该功能能用来设置文字的宽度系数,如图 8-6 所示。

(5)"倾斜角度":该功能能用来设置文字的倾斜角度,该设置是指文本中单个字符的倾斜角度,注意它与注释文本是提示:"指定文字的旋转角度 <0>"后输入的文本整体旋转角度是不同的,如图 8-6 所示。

8.2　单行文本创建

在 AutoCAD 2007 中,"文字"工具栏可以创建和编辑文字。对于单行文字来说,每一行都是一个文字对象,选择"绘图"→"文字"→"单行文字"命令(DTEXT),或在"文字"工具栏中单击"单行文字"按钮,可以创建单行文字对象。

8.2.1　命令格式

(1)菜单:绘图(D) →文字(X) →单行文字(S)。
(2)命令行:DTEXT
执行该命令,AutoCAD 提示。

8.2.2　选项说明

(1)"指定文字的起点":要求给出标注文字底线的起点。给出起点后,文字将从该点向右书写。

指定文字的起点默认情况下,通过指定单行文字行基线的起点位置创建文字。如果当前文字样式的高度设置为 0,系统将显示"指定高度:"提示信息,要求指定文字高度,否则不显示该提示信息,而使用"文字样式"对话框中设置的文字高度。

　　然后系统显示"指定文字的旋转角度 ＜0＞:"提示信息,要求指定文字的旋转角度。文字旋转角度是指文字行排列方向与水平线的夹角,默认角度为0°。输入文字旋转角度,或按 Enter 键使用默认角度0°,最后输入文字即可。也可以切换到 Windows 的中文输入方式下,输入中文文字。

　　(2)"对正(J)":设置文字对齐方式。在"指定文字的起点或［对正(J)/样式(S)］:"提示信息后输入 J,可以设置文字的排列方式。此时命令行显示如下提示信息。

　　输入对正选项［左(L)/对齐(A)/调整(F)/中心(C)/中间(M)/右(R)/左上(TL)/中上(TC)/右上(TR)/左中(ML)/正中(MC)/右中(MR)/左下(BL)/中下(BC)/右下(BR)］＜左上(TL)＞:

　　其中每一项具体说明如下:

　　①对齐(A):控制文字的高度和位置,要求给出文字基线的第一个端点和第二个端点。使文字按样式设置的宽度系数均匀分布在两点之间。此时不需要输入文字的高度和角度。字高取决于字符串的长度。

　　②调整(F):要求给出文字基线的第一个端点和第二个端点。使文字按样式设定的高度均匀分布在两点间。字宽取决于字符串的长度。图8-7显示出"对齐"和"调整"的区别。

A、B 两点对齐　　　　　　　A、B 两点调整

图8-7　"对齐"和"调整"的区别

　　③中心(C):要求给出文字底线的中心点,无论输入多少行,皆与该点对齐。

　　④中间(M):要求给出一点,文字的高、宽都以此为中心。

　　⑤右(R):要求给出文字基线的右端点,无论多少行,皆与该点对齐。

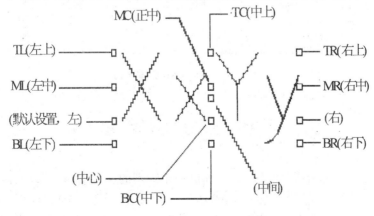

图8-8　文字对齐

　　⑥左上(TL):文字对齐在第一个字符的文字单元的左上角,如图8-8所示。

　　⑦中上(TC):文字对齐在文字单元串的顶部,文字串向中间对齐,如图8-8所示。

⑧右上(TR)文字对齐在文字串最后一个文字单元的右上角,如图 8 - 8 所示。

⑨左中(ML):文字对齐在第一个大写文字单元的垂直中点和第一个字符的左边,如图 8 - 8 所示。

⑩正中(MC):文字对齐在一个大写文字单元的垂直中点和文字串的水平中点,如图 8 - 8 所示。

⑪右中(MR):文字对齐在一个大写文字单元的垂直中点和上个字符的水平右边,如图 8 - 8 所示。

⑫左下(BL):文字对齐在第一个字符的文字单元左底部,如图 8 - 8 所示。

⑬中下(BC):文字对齐在一串文字单元的底部,串本身被水平地从中间划分,如图 8 - 8 所示。

⑭右下(BR):文字对齐在一串文字单元的右角底部,如图 8 - 8 所示。

(3)"样式(S)":确定文字样式。设置当前文字样式,在"指定文字的起点或〔对正(J)/样式(S)〕:"提示下输入 S,可以设置当前使用的文字样式。选择该选项时,命令行显示如下提示信息。

输入样式名或〔?〕< Mytext >:

可以直接输入文字样式的名称,也可输入"?",在"AutoCAD 文本窗口"中显示当前图形已有的文字样式,如图 8 -9 所示。

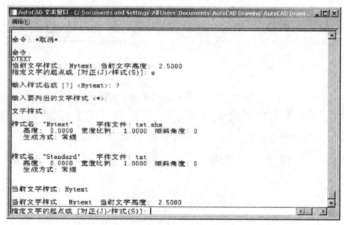

图 8 -9　　AutoCAD 文本窗口

8.3　多行文本创建

"多行文字"又称为段落文字,是一种更易于管理的文字对象,可以由两行以上的文字组成,而且各行文字都是作为一个整体处理,如图纸说明等。选择"绘图"→"文字"→"多行文字"命令(MTEXT),或在"绘图"工具栏中单击"多行文字"按钮,然后在绘图窗口中指定一个用来放置多行文字的矩形区域,将打开"文字格式"工具栏和文字输入窗口。利用它们可以设置多行文字的样式、字体及大小等属性。

多行文字的命令调用格式为：

(1)菜单：绘图(D)→文字(X)→多行文字(M)

(2)命令行：MTEXT

执行该命令,AutoCAD 提示：

制定第一角点：(制定多行文字框的第一角点)

在此提示下指定一点作为第一角点后,系统继续提示：

指定对角点或［高度(H)/对正(J)/行距(L)/旋转(R)/样式(S)/宽度(W)］：(指定对角点或选项)

如果响应默认项,即指定另一角点的位置,AutoCAD 弹出如图 8 - 10 所示的"在位文字编辑器"。

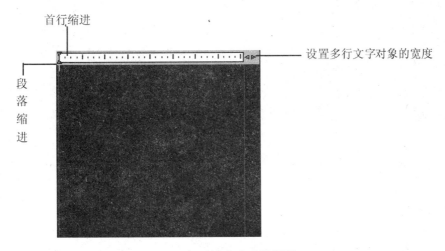

图 8 - 10　在位文字编辑器

从图 8 - 10 可看出,"在位文字编辑器"由"文字格式"工具栏、水平标尺等组成。工具栏上有下拉列表框、按钮等,而位于水平标尺下面的方框则用于输入文字。下面介绍编辑器中主要项的功能。

(1)下拉列表框 `Standard`。

该列表框中列有当前已定义的文字样式,用户可以通过列表选用标注样式,或更改在编辑器中所输入文字的样式。

(2)字体下拉列表框 `txt, gbcbig`。设置或改变字体。在文字编辑器中输入文字时,可利用该下拉列表框随时改变输入文字的字体,也可以用来更改已有文字的字体。

（3）文字高度组合框 `2.5　　▼`。设置或更改字高。用户可直接从下拉列表框中选择值，也可以在文本框中输入高度值。

（4）粗体按钮 **B**。确定字体是否以粗体形式标注。单击该按钮可实现是否以粗体形式标注文字的切换。

（5）斜体按钮 *I*。确定文字是否以斜体形式标注。单击该按钮可实现是否以斜体形式标注文字的切换。

（6）下划线按钮 **U**。确定文字是否加下划线。单击该按钮可实现是否为文字加下划线的切换。

提示：工具栏按钮 **B** *I* **U** 也可用于更改文字编辑器中已有文字的标注形式。更改方法为：选中文字，然后单击对应的按钮。

（7）放弃按钮 ↶。在"在位文字编辑器"中执行放弃操作，包括对文字内容或文字格式所作的修改，也可以使用组合键 Ctrl + Z 执行放弃操作。

（8）重做按钮 ↷ 在"在位文字编辑器"中执行重做操作，包括对文字内容或文字格式所作的修改，也可以使用组合键 Ctrl + Y 执行重做操作。

（9）堆叠/非堆叠按钮 ⅍。实现堆叠与非堆叠的切换。利用"/"、"?"、"#"，可以用不同的方式实现堆叠。例如▓和 3/2 均属于堆叠。可以看出，利用堆叠功能可以标注出分数、上下偏差等。堆叠标注的具体实现方法是：在文字编辑器中输入要堆叠的两部分文字，同时还应在这两部分文字中间输入符号"/"、"?"或"#"，然后选中它们，单击 ⅍ 按钮，使该按钮压下，即可实现对应的堆叠标注。例如，如果选中的文字是"3/2"堆叠后的效果（即标注后的效果）为▓；如果选中的文字是"13 # 19"堆叠后的效果为 13/19；如果选中的文字是"13^19"堆叠后的效果为 $\frac{13}{19}$。此外，如果选中堆叠的文字并单击 ⅍ 按钮使其弹起，则会取消堆叠。

（10）颜色下拉列表框 `□ ▼`。

设置或更改所标注文字的颜色。

（11）插入字段按钮 ⇦。向文字中插入字段。单击该按钮系统显示出"字段"对话框，用户可以从中选择要插入到文字中的字段。

（12）符号按钮 @。符号按钮用于在光标位置插入符号或不间断空格。单击该按钮，系统弹出对应的菜单如图 8 - 11 所示。菜单中列出了常用符号及其控制符或 Unicode 字符串，用户可根据需要从中选择。如果选择"其他"项，则会显示出"字符映射表"对话框，如图 8 - 12 所示。

对话框包含了系统中各种可用字体的整个字符集。利用该对话框标注特殊字符的方法是：从"字符映射表"对话框选中一个字符，单击"选择"按钮将其放到"复制字符"文本框，单击"复制"按钮将其放到剪贴板，关闭"字符映射表"对话框。在文字编辑器中，单击鼠标右键，从弹出的快捷菜单中选择"粘贴"项，即可在当前光标位置插入对应的符号。

图8-11　符号菜单

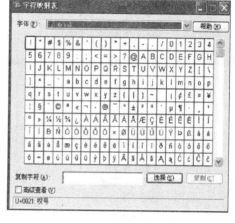

图8-12　"字符映射表"对话框

（13）倾斜角度框 $\boxed{\textbf{0/} \ 0.0000}$ 。使输入或选定的字符倾斜一定的角度。用户可输入-85到85之间的数值来使文字倾斜对应的角度,其中倾斜角度为正时字符向右倾斜,为负时字符向左倾斜。

（14）追踪框 $\boxed{\text{a·b} \ 1.0000}$ 。用于增大或减少所输入或选定字符之间的距离。1.0设置是常规间距。当设置值大于1时会增大间距,设置值小于1时则减小间距。

（15）宽度比例框 $\boxed{\text{a·b} \ 1.0000}$ 。用于增大或减少所输入或选定字符的宽度。设置值1.0表示字母的常规宽度。当设置值大于1时会增大宽度,设置值小于1时则减小宽度。

（16）水平标尺。编辑器中的水平标尺与一般文字编辑器的水平标尺类似,用于说明、设计文本行的宽度,设置制表位,设置首行缩进和段落缩进等。通过拖动文字编辑器中的水平标尺的首行缩进标记和段落缩进标记块,可设置对应的缩进尺寸,如果在水平标尺中某位置单击拾取键,会在该位置设置对应的制表位。

（17）在位文字编辑器快捷菜单。如果在图8-10所示的"在位文字编辑器"中单击鼠标右键,AutoCAD则弹出如图8-13所示的快捷菜单。在图8-13中前五项用于基本编辑操作,即取消已进行的操作、恢复已取消的操作以及剪切、复制和粘贴;"了解多行文字"项可显示出对应的"新功能专题研习"窗口,用于了解AutoCAD 2007中MTEXT命令的新增功能。

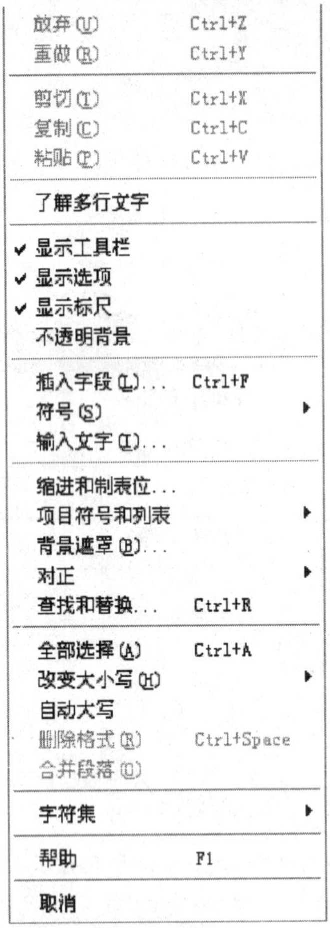

放弃 (U)	Ctrl+Z
重做 (R)	Ctrl+Y
剪切 (T)	Ctrl+X
复制 (C)	Ctrl+C
粘贴 (P)	Ctrl+V

了解多行文字

✓ 显示工具栏
✓ 显示选项
✓ 显示标尺
　 不透明背景

插入字段 (L)...	Ctrl+F
符号 (S)	▶
输入文字 (I)...	

缩进和制表位...	
项目符号和列表	▶
背景遮罩 (B)...	
对正	▶
查找和替换...	Ctrl+R

全部选择 (A)	Ctrl+A
改变大小写 (H)	▶
自动大写	
删除格式 (R)	Ctrl+Space
合并段落 (O)	

字符集	▶
帮助	F1
取消	

图 8 – 13　快捷菜单

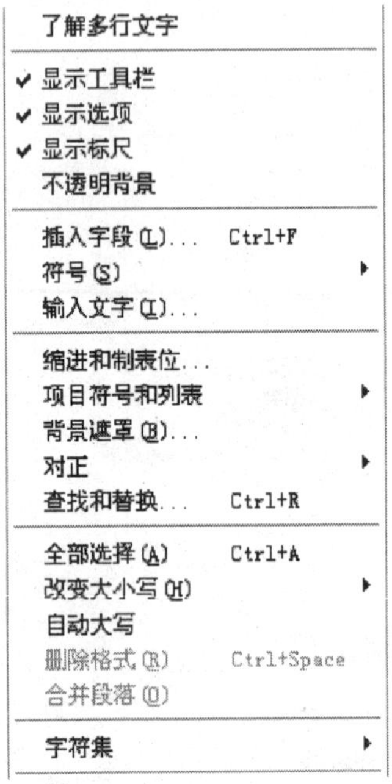

了解多行文字

✓ 显示工具栏
✓ 显示选项
✓ 显示标尺
　 不透明背景

插入字段 (L)...	Ctrl+F
符号 (S)	▶
输入文字 (I)...	

缩进和制表位...	
项目符号和列表	▶
背景遮罩 (B)...	
对正	▶
查找和替换...	Ctrl+R

全部选择 (A)	Ctrl+A
改变大小写 (H)	▶
自动大写	
删除格式 (R)	Ctrl+Space
合并段落 (O)	

字符集	▶

图 8 – 14　选项菜单

提示:在"文字格式"工具栏上单击位于最右侧的"选项"按钮 ⊘ ,可弹出如图 8 – 14 所示的菜单。此菜单的内容与如图 8 – 13 所示的快捷菜单的主要内容相同。

下面以快捷菜单为例进行介绍。

快捷菜单中,"显示工具栏"、"显示选项"和"显示标尺"项分别用于确定是否在编辑器中显示工具栏、选项栏(位于工具栏下面的栏)以及标尺。

图 8 – 13 所示的快捷菜单中,"插入字段"项用于向文字插入字段;"符号"项用于在光标位置插入符号或不间断空格;"导入文字"项用于导入文本文件,将已有文本文件中的文本插入到编辑器中。选择该菜单,AutoCAD 弹出"选择文件"对话框,选择对应的文件即可。

快捷菜单中,"缩进和制表位"项用于通过对话框设置缩进尺寸与制表位。选择该菜单,AutoCAD 弹出"缩进和制表位"对话框,如图 8 – 15 所示。

图 8－15　"缩进和制表位"对话框

对话框中,"缩进"选项组用于设置缩进尺寸,其中,"第一行"文本框用于设置所标注文字的首行缩进尺寸;"段落"文本框用于设置标注文字其余行的缩进尺寸。"制表位"选项组用于定义制表位。在文本框中输入制表位尺寸值后单击"设置"按钮,就可以将该值放入大列表框中,即完成一次设置。此外,利用"清除"按钮可以把在大列表框中选中的值清除。

快捷菜单中,"项目符号和列表"项用于设置项目符号与列表,对应的子菜单如图 8－16所示,用户从中选择即可。

在如图 8－13 所示的快捷菜单中,"查找和替换"项用于执行查找、替换操作。选择该选项,AutoCAD 弹出对应的对话框,如图 8－17 所示。

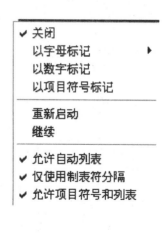

图 8－16　项目符号和列表菜单

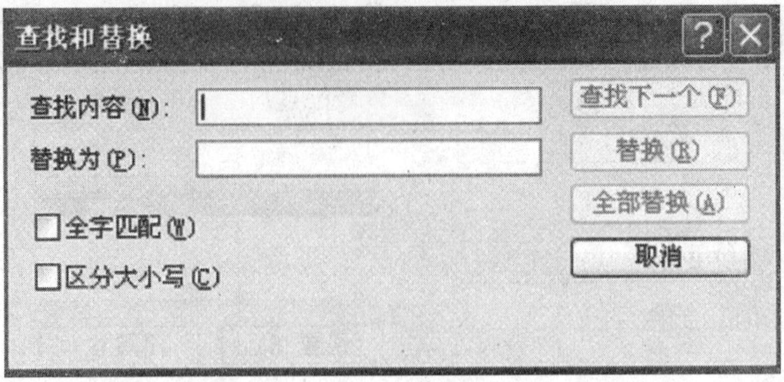

图 8 - 17　"查找和替换"对话框

　　如果在文字编辑器中选中堆叠标注的文字后单击鼠标右键,在弹出的快捷菜单中还有"堆叠"、"非堆叠"和"堆叠特性"两个选项,相应的菜单和对话框如图 8 - 18、图 8 - 19所示。

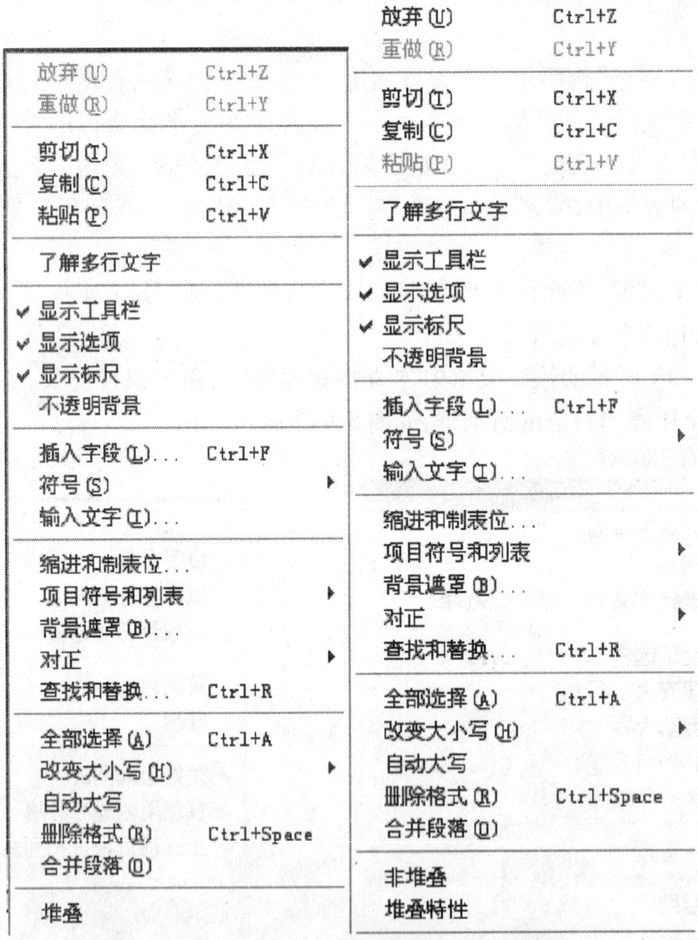

图 8 - 18　"堆叠"、"非堆叠"和"堆叠特性"菜单

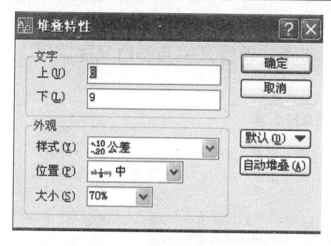

图 8-19 "堆叠特性"对话框

在"堆叠特性"对话框中,"上"和"下"两个文本框分别用于显示、修改堆叠的两部分;"样式"下拉列表框用于显示、设置所选中堆叠文字的堆叠效果;"位置"下拉列表框用于显示、设置堆叠文字的对齐方式;"大小"下拉列表框用于显示、设置堆叠文字的显示比例。

8.4 特殊字符输入

实际绘图中,常需要输入一些特殊的字符,如角度标志、直径等,这些字符不能由键盘直接输入,为了满足工程图标注的需要,AutoCAD 提供了控制码来标注特殊字符。常见的控制码如下。

(1)％％C:用于生成"Φ"直径符号。

(2)％％D:用于生成"°"角度符号。

(3)％％P:用于生成"±"上下偏差符号。

(4)％％％:用于生成"%"百分比符号。

(5)％％O:用于打开或关闭文字的上划线。

(6)％％U:用于打开或关闭文字的下划线。

注意:％％O 和％％U 是两个切换开关,第一次键入时表示打开此功能,第二次键入时表示关闭此功能。

8.5　单行文字与多行文字编辑

8.5.1　编辑单行文字

单行文字可进行单独编辑。编辑单行文字包括编辑文字的内容、对正方式及缩放比例,可以选择"修改"→"对象"→"文字"子菜单中的命令进行设置。各命令的功能如下。

(1)"编辑"命令(DDEDIT):选择该命令,然后在绘图窗口中单击需要编辑的单行文字,进入文字编辑状态,可以重新输入文本内容。

(2)"比例"命令(SCALETEXT):选择该命令,然后在绘图窗口中单击需要编辑的单行文字,此时需要输入缩放的基点以及指定新高度、匹配对象(M)或缩放比例(S)。

(3)"对正"命令(JUSTIFYTEXT):选择该命令,然后在绘图窗口中单击需要编辑的单行文字,此时可以重新设置文字的对正方式。

8.5.2　编辑多行文字

要编辑创建的多行文字,可选择"修改"→"对象"→"文字"→"编辑"命令(DDE-DIT),并单击创建的多行文字,打开多行文字编辑窗口,然后参照多行文字的设置方法,修改并编辑文字。

也可以在绘图窗口中双击输入的多行文字,或在输入的多行文字上右击,从弹出的快捷菜单中选择"重复编辑多行文字"命令或"编辑多行文字"命令,打开多行文字编辑窗口。

8.6　快显文本

8.6.1　命令格式

(1)菜单:修改→特性。

(2)命令行:PROPERTIES。

8.6.2　操作步骤

执行该命令后,AutoCAD 弹出"特性"窗口。若选中的文本用 TEXT 创建的,则弹出如图 8 - 20 所示的对话框。若选中的文本用 MTEXT 创建的,则弹出如图 8 - 21 所示的对话框。

图 8-20　对话框 1

图 8-21　对话框 2

如果选中的为 TEXT 创建的文本,窗口中除了各类对象都具有的通用属性外,还具有 TEXT 特有的文本字符串、文本样式、对齐方式、字高、旋转角度、宽度比例系数、倾斜角度等属性。

如果选中的为 MTEXT 创建的文本,窗口中除了各类对象都具有的通用属性和 TEXT 具有的属性外,还具有宽度、行间距等属性。

8.7　创建和管理表格样式

表格使用行和列以一种简洁清晰的形式提供信息,常用于一些组件的图形中。表格样式控制一个表格的外观,用于保证标准的字体、颜色、文本、高度和行距。用户可以使用默认的表格样式,也可以根据需要自定义表格样式。

8.7.1　新建表格样式

选择"格式"→"表格样式"命令(TABLESTYLE),打开"表格样式"对话框,如图 8-22 所示。单击"新建"按钮,可以使用打开的"创建新的表格样式"对话框创建新表格样式,如图 8-23 所示。

在"新样式名"文本框中输入新的表格样式名,在"基础样式"下拉列表中选择默认的表格样式、标准的或者任何已经创建的样式,新样式将在该样式的基础上进行修改。然后单击"继续"按钮,将打开"新建表格样式"对话框,如图 8 – 24 所示,可以通过它指定表格的行格式、表格方向、边框特性和文本样式等内容。

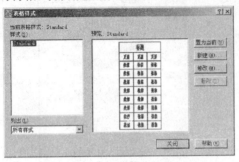

图 8 – 22　"表格样式"对话框　　　　图 8 – 23　"创建新的表格样式"对话框

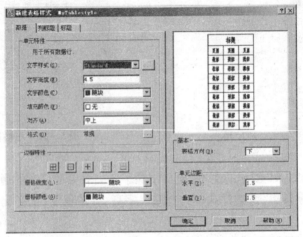

图 8 – 24　"新建表格样式"对话框

8.7.2　设置表格的数据、列标题和标题样式

在"新建表格样式"对话框中,可以使用"数据"、"列标题"和"标题"选项卡分别设置表格的数据、列表题和标题对应的样式。

8.7.3　管理表格样式

在 AutoCAD 2007 中,还可以使用"表格样式"对话框来管理图形中的表格样式。在该对话框的"当前表格样式"后面,显示当前使用的表格样式(默认为 Standard);在"样式"列表中显示了当前图形所包含的表格样式;在"预览"窗口中显示了选中表格的样式;在"列出"下拉列表中,可以选择"样式"列表是显示图形中的所有样式,还是正在使用的样式。

此外,在"表格样式"对话框中,还可以单击"置为当前"按钮,将选中的表格样式设

置为当前;单击"修改"按钮,在打开的"修改表格样式"对话框中修改选中的表格样式;
单击"删除"按钮,删除选中的表格样式。`

8.8　插入表格

　　选择"绘图"→"表格"命令,打开"插入表格"对话框,如图 8 – 25 所示。在"表格样
式设置"选项组中,可以从"表格样式名称"下拉列表框中选择表格样式,或单击其后的按
钮,打开"表格样式"对话框,创建新的表格样式。在该选项组中,还可以在"文字高度"
下面显示当前表格样式的文字高度,在预览窗口中显示表格的预览效果。

　　在"插入方式"选项组中,选择"指定插入点"单选按钮,可以在绘图窗口中的某点插
入固定大小的表格;选择"指定窗口"单选按钮,可以在绘图窗口中通过拖动表格边框来
创建任意大小的表格。

　　在"列和行设置"选项组中,可以通过改变"列"、"列宽"、"数据行"和"行高"文本框
中的数值来调整表格的外观大小。

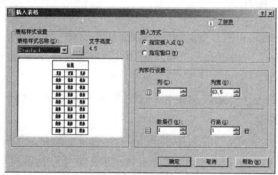

图 8 – 25　"插入表格"对话框

.

8.9　编辑表格和表格单元

　　在 AutoCAD 2007 中,还可以使用表格的快捷菜单来编辑表格。

8.9.1　编辑表格

　　从表格的快捷菜单中可以看到,可以对表格进行剪切、复制、删除、移动、缩放和旋转
等简单操作,还可以均匀调整表格的行、列大小,删除所有特性替代。当选择"输出"命令
时,还可以打开"输出数据"对话框,以.csv 格式输出表格中的数据。

　　当选中表格后,在表格的四周、标题行上将显示许多夹点,也可以通过拖动这些夹点
来编辑表格,如图 8 – 26 所示。

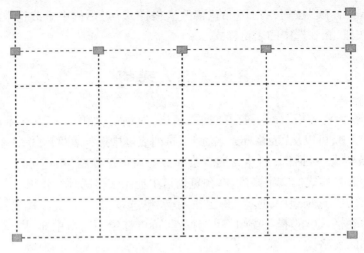

图 8 － 26　编辑表格

8.9.2　编辑表格单元

使用表格单元快捷菜单可以编辑表格单元,其主要命令选项的功能说明如下。

(1)"单元对齐"命令:在该命令子菜单中可以选择表格单元的对齐方式,如左上、左中、左下等。

(2)"单元边框"命令:选择该命令将打开"单元边框特性"对话框,可以设置单元格边框的线宽、颜色等特性。

(3)"匹配单元"命令:用当前选中的表格单元格式(源对象)匹配其他表格单元(目标对象),此时鼠标指针变为刷子形状,单击目标对象即可进行匹配。

(4)"插入块"命令:选择该命令将打开"在表格单元中插入块"对话框。可以从中选择插入到表格中的块,并设置块在表格单元中的对齐方式、比例和旋转角度等特性。

(5)"合并单元"命令:当选中多个连续的表格元格后,使用该子菜单中的命令,可以全部、按列或按行合并表格单元。

8.10　典型图形绘制

8.10.1　创建表格

【例 8 －1】　做一个门窗汇总表。

操作步骤:

(1) 点击"新建"按钮,打开"创建新的表格样式"对话框,输入新样式名为"门窗汇总表",如图 8 －23 所示。点击"继续"按钮。

(2)打开"新建表格样式:门窗汇总表"对话框。有三个选项卡:数据、列标题和标题,用于设置数据单元、列标题或者表格标题的外观。

设置默认的文字样式、高度设置为8,默认的文字颜色等特性。其中的填充颜色是表格单元的背景色。对齐是设置表格单元中文字的对正和对齐方式。表格中的文字根据单元格的上下边界进行居中对齐、靠上对齐或靠下对齐;相对于单元格的左右边界进行居中对正、左对正或右对正。本例设置为"正中"。

（3）在"边框特性"区内可设置栅格的线宽和颜色。在"栅格线宽"右侧宽度为0.30 mm,即设置表格的外框粗细为0.30mm。

（4）此时右侧的预览窗口中会显示当前表格样式设置效果的样例。

注意:数据、列标题和标题单元格式为3个不同的部分,如图8-27所示。线框封闭的每一格称为一个单元格,单元格内可以插入文字。

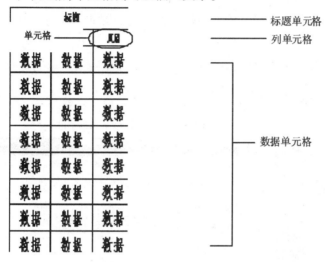

图8-27　数据、列标题和标题单元格式3个不同的部分

（5）点击内边框按钮,设置栅格线宽为 Bylayer。

（6）点击"列标题"选项卡,点击"外边框"按钮,设置栅格线宽为"0.30mm"。点击"内边框"按钮,设置宽度为 Bylayer。点击"底边框"按钮,设置宽度为 Bylayer。

（7）点击"标题"选项卡,点击"外边框"按钮,设置栅格线宽为"0.30mm"。点击"内边框"按钮,设置宽度为 Bylayer。点击"底边框"按钮,设置宽度为 Bylayer。

（8）在"表格方向"中,有两个选项,"上"和"下",如图8-28所示。默认选择是"下",即向下的意思,表格为从上至下的顺序,标题栏会放置在表格的顶部;入选择"上",标题栏移至表格的底部,创建的是由下而上读取的表格。

（9）单元边距用于设置单元格边框线和单元格文字内容之间的间距。单元边距设置将应用于表格中的所有单元格。默认设置为"0.06（英制）"或"1.5（公制）。"

（10）点击"确定"按钮,此时"表格样式"对话框的样式列表中会显示出新建的样式名称"门窗汇总表",右侧显示

图8-28　表格方向

出"门窗汇总表"的表格样式,点击"置为当前"按钮,将选择的"门窗汇总表"样式设置为当前样式,以后创建的所有新表格都将使用"门窗汇总表"表格样式创建。并在"当前表格样式"右侧显示出"门窗汇总表"样式名称。

(11)点击"关闭"按钮,结束表格样式的设置。

8.10.2　创建标题块

【例8-2】　继续完成门窗汇总表。

操作过程:

(1)使用"TABLE"命令打开"插入表格"对话框,如图8-26所示可以看到当前样式是"门窗汇总表"。

设置列数为4,列宽为50;

设置数据行数为4,行高为2。

(2)点击"确定"按钮,在命令行中提示"指定插入点",在视图中点击,创建出表格,并显示"文字格式"工具栏,如图8-29所示。表格上端显示列的编号。

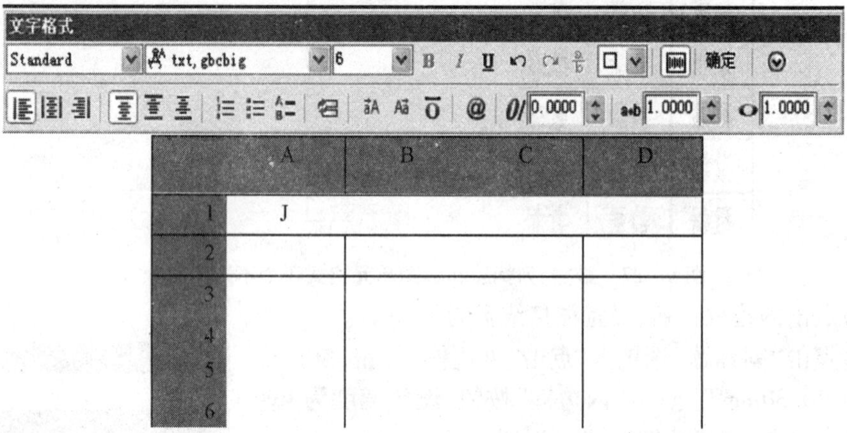

图8-29　"文字格式"工具栏

表格中任意单元格都可以根据行列编号命名,例如C3,表示C列3行的单元格。

(3)在"文字格式"工具栏中设置文字的大小(用表格样式中设置的文字高度6)和字体(默认字体)之后,即可在单元格中输入文字,如图8-30所示。

需要在下一个单元格中输入文字时,可以按Enter键,或按键盘的上下左右箭头,也可以双击这个单元格。

(4)在"文字格式"工具栏中点击"确定"按钮,结束文字输入。

门窗汇总表			
名称	尺寸	数量	备注
C-1	1500×1800	4	
C-2	1800×1800	6	
M-1	900×2100	8	
M-2	1200×2100	3	

图8-30　"文字格式"工具栏中设置文字的大小

项目9　标注基础与样式设置

9.1　尺寸标注的规则

在 AutoCAD 2007 中,对绘制的图形进行尺寸标注时应遵循以下规则:

(1)物体的真实大小应以图样上所标注的尺寸数值为依据,与图形的大小及绘图的准确度无关。

(2)图样中的尺寸以毫米为单位时,不需要标注计量单位的代号或名称。如采用其他单位,则必须注明相应计量单位的代号或名称,如度、厘米及米等。

(3)图样中所标注的尺寸为该图样所表示的物体的最后完工尺寸,否则应另加说明。

(4)一般物体的每一尺寸只标注一次,并应标注在最后反映该结构最清晰的图形上。

9.2　尺寸标注的组成

一个完整的尺寸标注由尺寸界线、尺寸线、尺寸文本、尺寸箭头、旁注线标注、中心标记等部分组成,如图9-1所示。

(1)尺寸界线:从图形的轮廓线、轴线或对称中心线引出,有时也可以利用轮廓线代替,用以表示尺寸起始位置。一般情况下,尺寸界线应与尺寸线相互垂直。

(2)尺寸线:通常与所标注对象平行,放在两尺寸界线之间;尺寸线不能用图形中已有图线代替,必须单独画出。

(3)尺寸箭头:在尺寸线两端,用以表明尺寸线的起始位置。

(4)尺寸文本:写在尺寸线上方或中断处,用以表示所选定图形的具体大小。AutoCAD 2007 自动生成所要标注图形的尺寸数值,用户可以接受、添加或修改此尺寸数值。

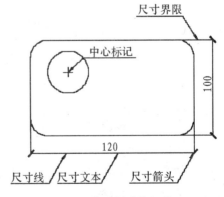

图9-1　尺寸标注的组成

(5)旁注线标注:用多重线段(折线或曲线)、箭头和注释文本对一些特殊结构,或不清楚的内容进行补充说明的一种标注方式。

(6)中心标记:指示圆或圆弧的中心。

9.3　尺寸标注的类型

　　AutoCAD 2007 提供了十余种标注工具用以标注图形对象,分别位于"标注"菜单或"标注"工具栏中,如图 9 - 2 所示。使用它们可以进行角度、直径、半径、线性、对齐、连续、圆心及基线等标注 。

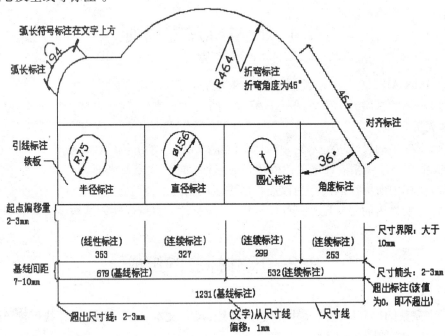

图 9 - 2　尺寸标注的类型

9.4　创建尺寸标注的基本步骤

　　在 AutoCAD 中对图形进行尺寸标注的基本步骤如下:
　　(1)选择"格式 "→"图层"命令,在打开的"图层特性管理器"对话框中创建一个独立的图层,用于尺寸标注。
　　(2)选择"格式"→"文字样式"命令,在打开的"文字样式"对话框中创建一种文字样式,用于尺寸标注。
　　(3)选择"格式 "→"标注样式"命令,在打开的"标注样式管理器"对话框设置标注样式。
　　(4)使用对象捕捉和标注等功能,对图形中的元素进行标注。

9.5　尺寸标注样式

在 AutoCAD 中,使用标注样式可以控制标注的格式和外观,建立强制执行的绘图标准,并有利于对标注格式及用途进行修改。以下将着重介绍"标注样式管理器"对话框创建标注样式的方法。

9.5.1　创建标注样式

用户在进行尺寸标注前,应首先设置尺寸标注格式,然后再用这种格式进行标注,这样才能获得满意的效果。

尺寸标注格式控制尺寸各组成部分的外观形式。如果用户开始绘制新的图形时选择了公制单位,则系统默认的格式为 ISO – 25(国际标准组织),用户可根据实际情况对尺寸标注格式进行设置,以满足使用的要求。

1. 命令调用方式

(1)下拉菜单:"格式"→"标注样式"或"标注"→"标注样式"。

(2)工具栏:"标注"→标注样式按钮 。

(3)命令行:DDIM,快捷形式:DST。

2. 相关说明

在命令执行后,启动标注样式管理器对话框,如图 9 – 3 所示。

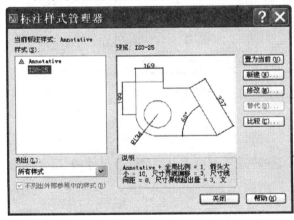

图 9 – 3　"标注样式管理器"对话框

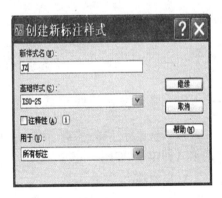

图 9 – 4　"新建标注样式"对话框 1

在"标注样式管理器"对话框中,用户可以按照国家标准的规定以及具体使用要求,新建标注格式。同时,用户也可以对已有的标注格式进行局部修改,以满足当前的使用要求。

单击"标注样式管理器"对话框中的"新建"按钮,AutoCAD 将弹出如图 9 – 4 所示的"创建新标注样式"对话框。

其中:

①新样式名:用于设置新建标注样式的名称。

②基础样式:用于选择一种已定义的标注样式作为新创建标注样式的基础样式。AutoCAD 在创建新的标注样式时,是通过修改基础样式的某些特征参数得到的。

③用于:用于用户选择新建标注样式所适用的标注类型。AutoCAD 默认的标注类型为"所有标注",即全局标注样式。如果选择的是"所有标注",那么所建标注样式与基础样式地位上是并列的。如果选择的是其他的标注类型,那么所建样式为基础样式的子样式。当为一个全局标注样式建立了某种标注类型的子样式后,AutoCAD 将按照子样式中的设置标注该类尺寸。

设置完以上三个选项后,单击"创建新标注样式"对话框中的"继续"按钮,AutoCAD 弹出如图 9 - 5 所示的"新建标注样式"对话框。该对话框包含有 7 个选项卡,在其对应的选项中可对标注样式进行详细的设置。

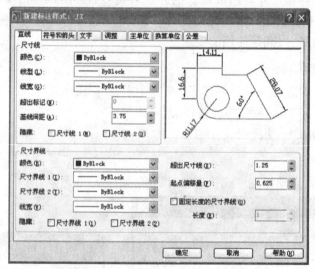

图 9 - 5　"新建标注样式"对话框 2

9.5.2　设置直线格式

在"新建标注样式"对话框中,使用"直线"选项卡可以设置和修改尺寸线、尺寸界线的格式和位置,如图 9 - 5 所示。

1. 尺寸线

在"尺寸线"选项组中,可以设置尺寸线的颜色、线宽、超出标记以及基线间距等属性。

(1)"颜色"下拉列表框:用于设置尺寸线的颜色,默认情况下,尺寸线的颜色随块。

(2)"线型"下拉列表框:用于设置尺寸线的线型。

(3)"线宽"下拉列表框:用于设置尺寸线的宽度,默认情况下,尺寸线的线宽应是随块。

(4)"超出标记"文本框:当尺寸线的箭头采用倾斜、建筑标记、小点、积分或无标记等样式时,使用该文本框可以设置尺寸线超出尺寸界线的长度,如图9-6所示。

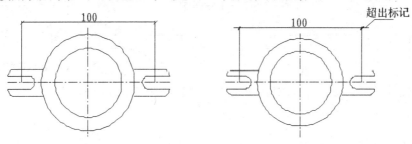

图9-6 超出标记为0与不为0时的效果对比

(5)"基线间距"文体框:进行基线尺寸标注时可以设置各尺寸线之间的距离,如图9-7所示。

(6)"隐藏"选项组:通过选择"尺寸线1"或"尺寸线2"复选框,可以隐藏第1段或第2段尺寸线及其相应的箭头,如图9-8所示。

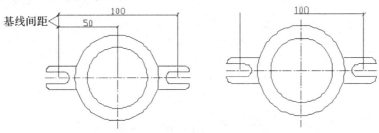

图9-7 设置基线间距   图9-8 隐藏尺寸线效果

屏幕预显区:从该区域可以了解用上述设置进行标注可得到的效果。

2.尺寸界线

在"尺寸界线"选项组中,可以设置尺寸界线的颜色、线宽、超出尺寸线的长度和起点偏移量、隐藏控制等属性 。

(1)"颜色"下拉列表框:用于设置尺寸界线的颜色。

(2)"线宽"下拉列表框:用于设置尺寸界线的宽度。

(3)"尺寸界线1的线型"和"尺寸界线2的线型"下拉列表框:用于设置尺寸界线的线型。

(4)"超出尺寸线"文本框:用于设置尺寸界线超出尺寸线的距离,如图9-9所示。

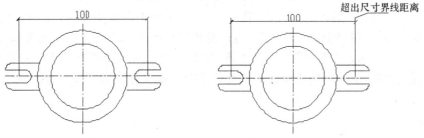

图9-9 超出尺寸线距离为0与不为0时的效果对比

（5）"起点偏移量"文本框：设置尺寸界线的起点与标注定义的距离，如图 9 – 10 所示。

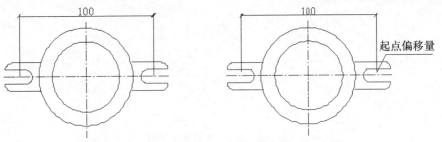

图 9 – 10　起点偏移量为 0 与不为 0 时的效果对比

（6）"隐藏"选项组：通过选中"尺寸界线 1"和"尺寸界线 2"复选框，可以隐藏尺寸界线，如图 9 – 11 所示。

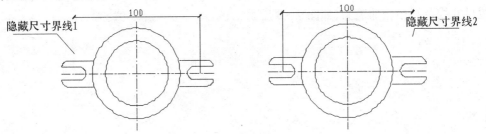

图 9 – 11　隐藏尺寸界线效果

（7）"固定长度的尺寸界线"复选框：选中该复选框，可以使用具用特定长度的尺寸界线标注图形，其中在"长度"文体框中可以输入尺寸界线的数值。

9.5.3　设置符号和箭头格式

在"新建标注样式"对话框中，使用"符号和箭头"选项卡可以设置箭头、圆心标记、弧长符号和半径标注折弯的格式与位置，如图 9 – 12 所示。

1. 箭头

在"箭头"选项组中，可以设置尺寸线和引线箭头的类型及尺寸大小等。通常情况下，尺寸线的两个箭头应一致。

为了适用于不同类型的图形标注需要，AutoCAD 设置了 20 多种箭头样式。可以从对应的下拉列表框中选择箭头，并在"箭头大小"文本框中设置其大小。也可以使用自定义箭头，此时可在下拉列表框中选择"用户箭头"选项，打开"选择自定义箭头块"对话框，如图 9 – 13 所示。在"从图形块中选择"文本框内输入当前图形中已有的块名，然后单击"确定"按钮，AutoCAD 将以该块作为尺寸线 的箭头样式，此时块的插入基点与尺寸线的端点重合。

2. 圆心标记

在"圆心标记"选项组中，可以设置圆或圆弧的圆心标记类型，如"标记"、"直线"和"无"。其中，选择"标记"选项可对圆或圆弧绘制圆心标记；选择"直线"选项，可对圆或

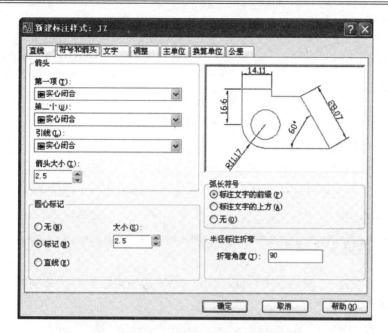

图 9 – 12　"符号和箭头"选项卡

图 9 – 13　" 选择自定义箭头块"对话框

圆弧绘制中心线；选择"无"选项，则没有任何标记，如图 9 – 14 所示。当选择"标记"或"直线"单选按钮时，可以在"大小"文本框中设置圆心标记的大小。

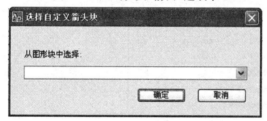

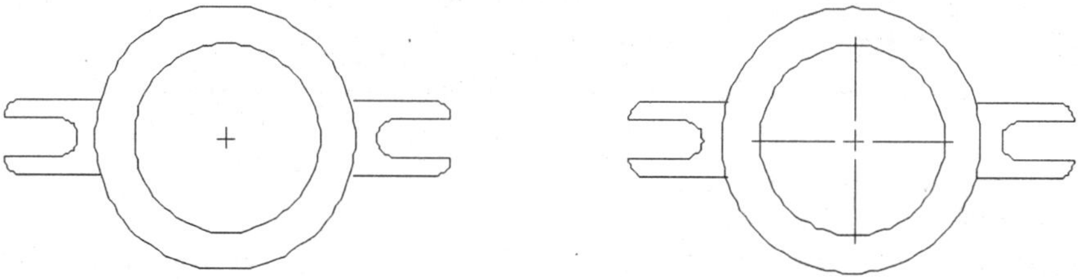

标记效果　　　　　　　　　　　　　　直线效果

图 9 – 14　圆心标记类型

3. 弧长符号

在"弧长符号"选项组中，可以设置弧长符号显示的位置，包括"标注文字的前缀"、"标注文字的上方"和"无"3 种方式，如图 9 – 15 所示。

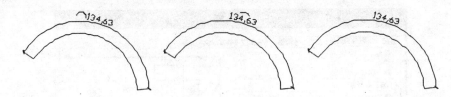

图 9 – 15　　设置弧长符号的位置

4. 半径标注折弯

"半径标注折弯"选项组用于控制折弯（Z 字形）半径标注的显示。折弯半径标注通常在中心点于页面之外时创建。其中"折弯角度"文本框用于设置标注圆弧半径时标注线的折弯角度大小。

9.5.4　设置文字格式

在"新建标注样式"对话框中，可以使用"文字"选项卡设置标注文字的外观、位置和对齐方式，如图 9 – 16 所示。

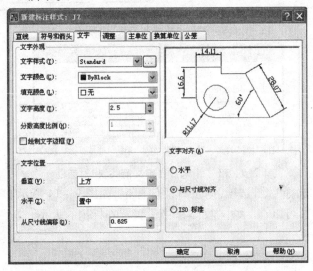

图 9 – 16　　"文字"选项卡

1. 文字外观

在"文字外观"选项组中，可以设置标注文字的样式、颜色、高度和分数高度比例，以及控制是否绘制文字边框等。部分选项的功能说明如下。

（1）"文本样式"下拉框：用户可以在此下拉式列表框中选择一种字体类型，供标注时使用。如果列表框中没有所需的字体类型，可单击"资源管理器"按钮，打开了字体类型设置对话框，进行选择或修改字体。

（2）"文字颜色"下拉框：选择尺寸文本的颜色。用户在确定尺寸文本的颜色时，应注意尺寸线、尺寸界线和尺寸文本的颜色最好一致。

（3）"文字高度"下拉框：设置尺寸文本的高度。此高度值将优先于在字体类型中所设置的高度值。

（4）"分数高度比例"文本框：设置标注文字中的分数相对于其他标注文字的比例，AutoCAD 将该比例值与标注文字高度的乘积作为分数的高度。只有当用户"在应用上标于"编辑框选中时，此选项才能使用。

（5）"绘制文字边框"复选框：设置是否给标注文字加边框。如图9-17所示。

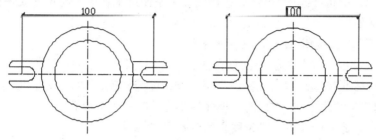

图9-17　文字无边框与有边效果对比

2. 文字位置

在"文字位置"选项组中，可以设置文字的垂直、水平位置以及从尺寸线的偏移量。各选项的功能说明如下。

（1）"垂直"下拉列表框：用于设置标注文字相对于尺寸线的在垂直方向的位置，如"居中"、"上方"、"外部"和"JIS"。其中，选择"居中"选项可以把标注文字放在尺寸线中间；选择"上方"选项，将把标注文字放在尺寸线的上方；选择"外部"选项可以把标注文字放在远离第一定义点的尺寸线一侧；选择"JIS"选项则按 JIS 规则放置标注文字，如图9-18所示。

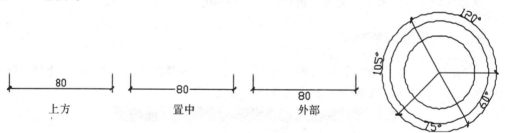

图9-18　文字垂直位置的4种形式

（2）"水平"下拉列表框：用于设置标注文字沿尺寸线和尺寸界限在水平方向上的对齐方式，如"置中"、"第一条尺寸界线"、"第二条尺寸界线"、"第一条尺寸界线上方"、"第二条尺寸界线上方"，如图9-19所示。

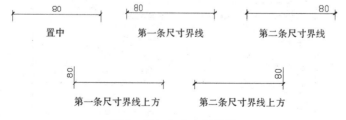

图9-19　文字水平位置

（3）"从尺寸线偏移"文体框：设置标注文字与尺寸线之间的距离。如果标注文字位于尺寸线的中间,则表示断开处尺寸线端点与尺寸文字的间距。若标注文字带有边框,则可以控制文字边框与其中文字的距离。

3. 文字对齐

在"文字对齐"选项组中,可以设置标注文字是保持水平还是与尺寸线平行 。其中 3 个选项的含义如下。

(1)"水平"单选按钮:使标注文字水平放置。

(2)"与尺寸线对齐"单选按钮:使标注文字方向与尺寸线方向一致。

(3)"ISO 标准"单选按钮:使标注文字按 ISO 标准放置,当标注文字在尺寸界线之内时,它的方向与尺寸线方向一致,而在尺寸界线之外时将水平放置。

如图 9 – 20 所示显示了上述 3 种文字对齐方式。

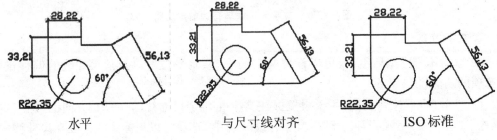

水平　　　　　　　　　与尺寸线对齐　　　　　　　ISO 标准

图 9 – 20　文字对齐方式

4. 屏幕预显区

从该区域可以了解用上述设置进行标注可得到的效果。

9.5.5　设置调整格式

在"新建标注样式"对话框中,可以使用"调整"选项卡设置标注文字、尺寸线、尺寸箭头的位置 ,如图 9 – 21 所示。其中各选项的含义如下:

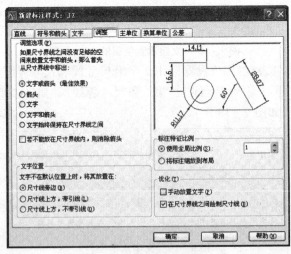

图 9 – 21　调整选项卡对话框

1. 调整选项

"调整选项"用于调整尺寸界线、尺寸文本与尺寸箭头之间的相互位置关系。在标注尺寸时,如果没有足够的空间将尺寸文本与尺寸箭头全写在两尺寸界线之间时,可选择以下的摆放形式,来调整尺寸文本与尺寸箭头的摆放位置,如图9-22所示。

图9-22　标注文字和箭头在尺寸界线之间

(1)"文字或箭头(取最佳效果)"单选按钮:选择一种最佳方式来安排尺寸文本和尺寸箭头的位置。

(2)"箭头"单选按钮:选择当尺寸界线间空间不足时,首先将尺寸箭头放在尺寸界线外侧。

(3)"文字"单选按钮:选择当尺寸界线间空间不足时,首先将尺寸文本放在尺寸界线外侧。

(4)"文字和箭头"单选按钮:选择当尺寸界线间空间不足时,将尺寸文本和尺寸箭头都放在尺寸界线外侧。

(5)"文字始终保持在尺寸界线之间"单选按钮:将文本始终保持在尺寸界线之内。

(6)"若不能放在尺寸界线内,则消除箭头"复选框:如果选中该复选框,则抑制箭头显示。

2. 文字位置

在"文字位置"选项区域中,可以设置当文字不在默认文字时的位置。其中各选项含义如下:

(1)"尺寸线旁边"单选按钮:将尺寸文本放在尺寸线旁边。

(2)"尺寸线上方,带引线"单选按钮:将尺寸文本放在尺寸线上方,并用引出线将文字与尺寸线相连。

(3)"尺寸线上方,不带引线"单选按钮:将尺寸文本放在尺寸线上方,而且不用引出线与尺寸线相连。

如图9-23所示显示了当文字不在默认位置时的上述设置效果。

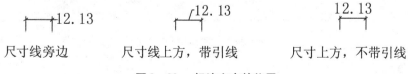

图9-23　标注文字的位置

3. 标注特征比例

在"标注特征比例"选项组中,可以设置标注尺寸的特征比例,以便通过设置全局比例来增加或减少各标注的大小。各选项的功能如下:

(1)"注释性"复选框,选择该复选框,可以将标注定义成可注释性对象。

(2)"将标缩放到布局"单选按钮:选择该单选按钮,可以根据当前模型空间视口与图纸空间之间的缩放关系设置比例。

（3）"使用全局比例"单选按钮：选择该单选按钮，可以对全部尺寸标注设置缩放比例，该比例不改变尺寸的测量值。

4.优化

在"优化"选项组中，可以对标注文本和尺寸线进行细微调整，该选项组包括以下两个复选框其功能如下：

（1）"手动放置文字"复选框：选中该复选框，则忽略标注文字的水平设置，在标注时可将标注文字放置在指定的位置。

（2）"在尺寸界线之间绘制尺寸线"复选框：选中该复选框，当尺寸箭头放置在尺寸界线之外时，也可在尺寸界线之内绘制出尺寸线。

9.5.6　设置主单位格式

在"新标注样式"对话框中，可以使用"主单位"选项卡设置主单位的格式与精度等属性，如图 9-24 所示。

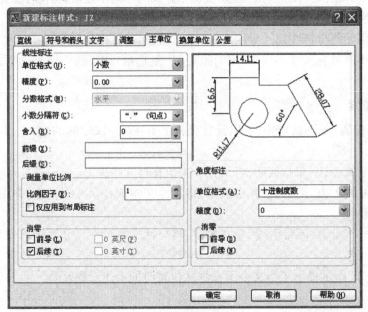

图 9-24　"主单位"选项卡

1.线性标注

在"线性标注"选项组中可以设置线性标注的单位格式与精度，主要选项功能如下：

（1）"单位格式"下拉列表框：设置除角度标注之外的其余各标注类型的尺寸单位，包括"科学"、"小数"、"工程"、"建筑"、"分数"等选项。

（2）"精度"下拉列表框：设置除角度标注之外的其他标注的尺寸精度。

（3）"分数格式"下拉列表框：当单位格式是分数时，可以设置分数的格式，包括"水平"、"对角"和"非堆叠"3 种方式。

（4）"小数分隔符"下拉列表框：设置小数的分隔符，包括"逗点"、"句点"和"空格"3种方式。

（5）"舍入"文本框：用于设置除角度标注外的尺寸测量值的舍入值。

（6）"前缀"和"后缀"文本框：设置标注文字的前缀和后缀，在相应的文本框中输入字符即可。

（7）"测量单位比例"选项组：使用"比例因子"文本框可以设置测量尺寸的缩放比例，AutoCAD 的实际标注值为测量值与该比例的积。选中"仅应用到布局标注"复选框，可以设置该比例关系仅适用于布局。

（8）"消零"选项组：可以设置是否显示尺寸标注中的"前导"和"后续"零。

2.角度标注

在"角度标注"选项组中，可以使用"单位格式"下拉列表框设置标注角度时的单位，使用"精度"下拉列表框设置标注角度的尺寸精度，使用"消零"选项组设置是否消除角度尺寸的"前导"和"后续"零。

9.5.7 设置换算单位格式

在"新建标注样式"对话框中，可以使用"换算单位"选项卡设置换算单位的格式，如图 9 – 25 所示。

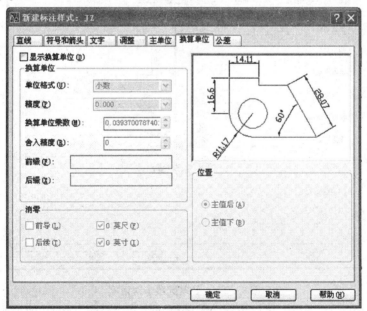

图 9 – 25 "换算单位"选项卡

在 AutoCAD 2007 中，通过换算标注单位，可以转换使用不同测量单位制的标注，通常是显示英制标注的等效公制标注，或公制标注的等效英制标注。在标注文字中，换算标注单位显示在主单位旁边的方括号[ ]中，如图 9 – 26 所示。

选中"显示换算单位"复选框后，该选项卡中的其他选项才可用，可以在"换算单位"

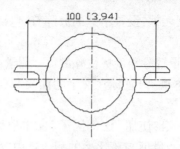

图 9 – 26　使用换算单位

选项区域中设置换算单位的"单位格式"、"精度"、"换算单位乘数"、"舍入精度"、"前缀"及"后缀"等,方法与设置主单位的方法相同。

在"位置"选项区域中,可以设置换算单位的位置,包括"主值后"和"主值下"两种方式。

9.5.8　设置公差格式

在"新建标注样式"对话框中,可以使用"公差"选项卡设置是否标注公差,以及以何种方式进行标注,如图 9 – 27 所示。

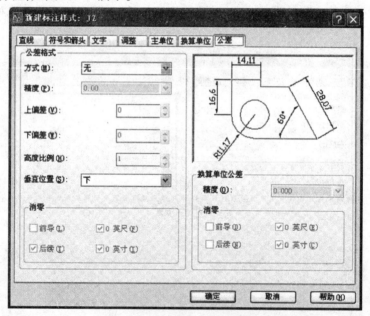

图 9 – 27　公差选项卡对话框

在"公差格式"选项组中可以设置公差的标注格式,部分选项的功能说明如下:

(1)"方式"下拉列表框:确定以何种方式标注公差。

(2)"上偏差"、"下偏差"文本框:设置尺寸的上偏差、下偏差。

(3)"高度比例"文本框:确定公差文字的高度比例因子。确定后,AutoCAD 将该比例因子与尺寸文字高度之积作为公差文字的高度。

(4)"垂直位置"下拉列表框:控制公差文字相对于尺寸文字的位置,包括"上"、"中"

和"下"3 种方式。

(5)"换算单位公差"选项：当标注换算单位时,可以设置换算单位精度和是否消零。

9.6　上机操作

根据下列要求,创建机某图标注样式 MyDiml。

(1)基线标注尺寸线间距 7mm。

(2)尺寸界限的起点偏移量为了 1 mm,超出尺寸线的距离为 2mm。

(3)箭头使用"实心闭合"形状,大小为 2.0。

(4)标注文字的高度为 3mm,位于尺寸线的中间,文字从尺寸线偏移距离为 0.5mm。

(5)标注单位的精度的 0.0。

具体操作应如下：

(1)在"标注"工具栏中单击标注样式按钮 按钮,打开"标注样式管理器"对话框,如图 9 - 28 所示。

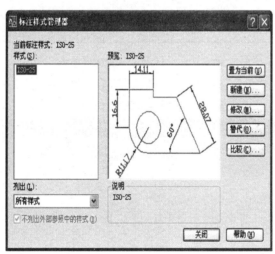

图 9 - 28　"标注样式管理器"对话框

(2)单击"新建"按钮,打开"创建新标注样式"对话框,在"新样式名"文本框中输入 MyDiml,如图 9 - 29 所示。

图 9 - 29　"创建新标注样式"对话框

（3）单击"继续"按钮，打开"新建标注样式：MyDiml"对话框。

（4）在"直线"选项卡的"尺寸线"选项组中，设置"基线间距"为 7 mm；在"尺寸界线"选项组中，设置"超出尺寸线"为 2 mm，设置"起点偏移量"为 1 mm，如图 9 – 30 所示。

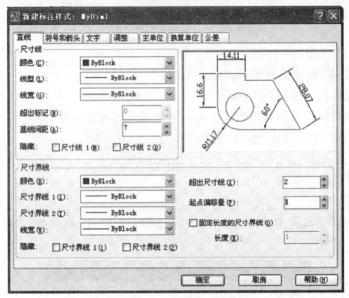

图 9 – 30　　MyDiml – 直线选项卡

（5）在"符号和箭头"选项卡的"箭头"选项组中，在"第一个"和"第二个"下拉列表框中均选择"实心闭合"选项，并设置"箭头大小"为 2，如图 9 – 31 所示。

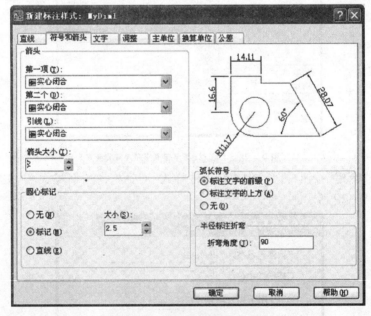

图 9 – 31　　MyDiml – 符号和箭头选项卡

（6）选择"文字"选项卡，在"文字外观"选项区域中设置"文字高度"为 3mm；在"文字位置"选项组中的"水平"下拉列表框中选择"居中"选项，并设置"从尺寸线偏移"为

0.5 mm,如图9-32所示。

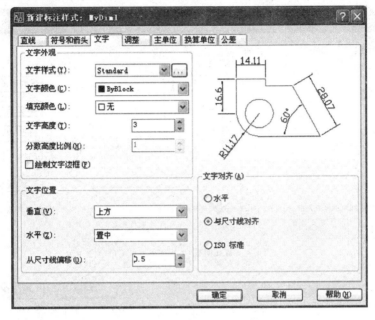

图9-32 MyDiml-文字选项卡

（7）选择"主单位"选项卡，在"线性标注"选项组中设置"精度"为0.0，如图9-33
所示。

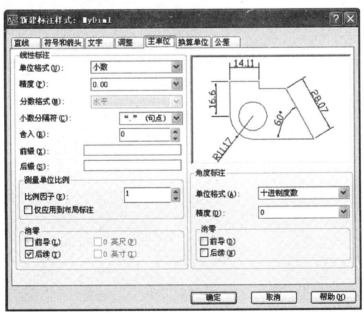

图9-33 MyDiml-主单位选项卡

（8）设置完毕，单击"确定"按钮，关闭"新建标注样式：MyDiml"对话框，然后再单击

"关闭"按钮,关闭"标注样式管理器"对话框,如图 9 - 34 所示。

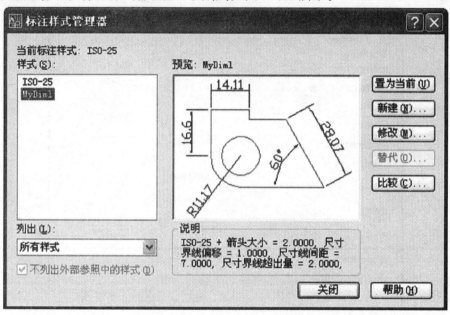

图 9 - 34　"MyDiml - 标注样式管理器"对话框

项目 10   建筑图形标注与标注编辑

10.1   基本标注命令

10.1.1   线性标注

1. 命令调用方式

(1)下拉菜单:"标注"→"线性"。

(2)工具栏:"标注"→线性按钮 ⊢⊣。

(3)命令行:Dimlinear (Dimlin)。

2. 命令选项

Dimlinear 命令用于对水平尺寸、垂直尺寸及旋转尺寸等长度类尺寸的标注,这些尺寸标注方法基本类似。

执行 Dimlinear 命令后,AutoCAD 2007 命令行提示:

命令:_dimlinear✓   //执行线型标注命令

指定第一条尺寸界线原点或 <选择对象>: //指定第一点

指定第二条尺寸界线原点: //指定第二点

指定尺寸线位置或[多行文字(M)/文字(T)/角度(A)/水平(H)/垂直(V)/旋转(R)]:

(1)多行文字:打开"多行文本编辑器",供用户输入尺寸文本。

(2)文字:通过单行文字命令输入尺寸文本。

(3)角度:确定尺寸文本的旋转角度。

(4)水平:标注水平尺寸。

(5)垂直:标注垂直尺寸。

(6)旋转:确定尺寸线的旋转角度。

3. 操作实例

用 Dimlinear 标注如图 10 – 1 所示 BC、CD 段尺寸,具体操作步骤如下:

命令:_dimlinear✓   //执行 Dimlinear 命令

指定第一条尺寸界线原点或 <选择对象>: //单击 B 点

指定第二条尺寸界线原点: //单击 C 点

指定尺寸线位置或[多行文字(M)/文字(T)/角度(A)/水平(H)/垂直(V)/旋转

(R)]:

　　　　　　　　　　　　　　　　　　　//拉动鼠标确定尺寸线的位置

重复执行 Dimlinear 命令分别拾取线段 C、D 进行标注,结果如图 10 − 1 所示。

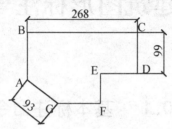

图 10 − 1　　线性、对齐标注示例

10.1.2　对齐标注

1. 命令调用方式

(1)下拉菜单:"标注"→"对齐"。

(2)工具栏:"标注"→对齐按钮 。

(3)命令行:Dimaligned。

2. 命令选项

align 用于创建平行于所选对象或平行于两尺寸界线源点连线直线型尺寸。

执行 Dimaligned 命令后,AutoCAD 2007 命令行提示:

指定第一条尺寸界线原点或 <选择对象>:

指定第二条尺寸界线原点:

指定尺寸线位置或[多行文字(M)/文字(T)/角度(A)]:

3. 操作实例

用 Dimaligned 标注图 10 − 1 中的 AG 段尺寸,具体操作步骤如下:

命令:_dimaligned ✓　　　　　　　　　//执行对齐标注命令

指定第一条尺寸界线原点或 <选择对象>:　//单击 A 点

指定第二条尺寸界线原点:　　　　　　　//单击 G 点

指定尺寸线位置或[多行文字(M)/文字(T)/角度(A)]:

　　　　　　　　　　　　　　　　　　　//拉动鼠标确定尺寸线的位置

结果如图 10 − 1 所示。

提示:dimaligned 命令一般用于倾斜对象的尺寸标注。标注时系统能自动将尺寸线调整为与被标注线段平行,而不需要用户自己设置。

10.1.3　弧长标注

1. 命令调用方式

(1)下拉菜单:"标注"→"弧长"。

(2)工具栏:"标注"→弧长按钮 📐。

(3)命令行:Dimarc。

2. 命令选项

执行 Dimarc 命令后,AutoCAD 2007 命令行提示:

选择弧线段或多段线弧线段: //执行弧长标注命令

指定弧长标注位置或 [多行文字(M)/文字(T)/角度(A)/部分(P)/ 引线(L)]:

                  //拉动鼠标确定尺寸线的位置

当指定了尺寸线的位置后,系统将按实际测量值标注出圆弧的长度。也可以利用 "多行文字(M)"、"文字(T)"或"角度(A)"选项,确定尺寸文字或尺寸文字的旋转角度。 另外,如果选择"部分(P)"选项,可以标注选定圆弧某一部分的弧长,如图 10 – 2 所示。

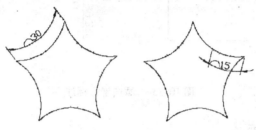

图 10 – 2 弧长标注

10.1.4 坐标标注

1. 命令调用方式

(1)下拉菜单:"标注"→"坐标"。

(2)工具栏:"标注"→坐标按钮 📐。

(3)命令行:Dimordinate。

2. 命令选项

Dimordinate 命令可以标注相对于用户坐标原点的坐标。

执行 Dimordinate 命令后,AutoCAD 2007 命令行提示:

指定点坐标:

指定引线端点或 [X 基准(X)/Y 基准(Y)/多行文字(M)/文字(T)/角度(A)]:

3. 操作实例

用 Dimordinate 标注如图 10 – 1 所示的 A 点坐标,具体操作步骤如下:

命令: Dimordinate ↙   //执行坐标标注命令

指定点坐标: //单击 A 点

指定引线端点或 [X 基准(X)/Y 基准(Y)/多行文字(M)/文字(T)/角度(A)]:

        //单击 B 点

标注文字 = 50.48   //显示结果

命令: Dimordinate   //重复该命令

指定点坐标：　　　　　　　　　　　　　　//单击 A 点

指定引线端点或 [X 基准(X)/Y 基准(Y)/多行文字(M)/文字(T)/角度(A)]：

　　　　　　　　　　　　　　　　　　　//单击 C 点

标注文字 = 312. 68　　　　　　　　　　//显示结果

结果如图 10 - 3 所示。

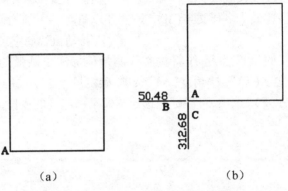

（a）　　　　　　　　　　　　　（b）

图 10 - 3　　添加坐标标注

10.1.5　半径标注

1. 命令调用方式

(1)下拉菜单："标注"→"半径"。

(2)工具栏："标注"→半径按钮 。

(3)命令行：Dimradius。

2. 操作实例

用半径命令标注如图 10 - 4 所示的圆半径。操作步骤如下：

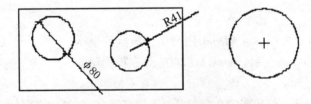

图 10 - 4　　半径、直径、圆心标注示例

命令：_dimradius ↙　　　　　　　　　　//执行半径标注命令

选择圆弧或圆：　　　　　　　　　　　　//单击要标注的圆弧或圆

标注文字 = 41

指定尺寸线位置或 [多行文字(M)/文字(T)/角度(A)]：　//单击一点定位置

10.1.6　折弯标注

当圆弧或圆的中心位于布局外并且无法在其实际位置显示时，使用 Dimjogged 命令可以折弯标注圆和圆弧的半径。该标注方式与半径标注方法基本相同，但需要指定一个

位置代替圆或圆弧的圆心 。

1. 命令调用方式

(1)下拉菜单:"标注"→"折弯"。

(2)工具栏:"标注"→折弯按钮 。

(3)命令行:Dimjogged。

2. 操作实例

为图 10 - 5(a)所示的圆形添加折弯标注得到的效果如图 10 - 5(b)所示。操作步骤如下:

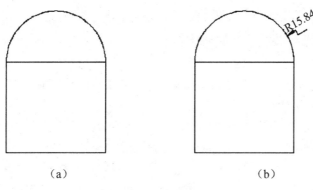

(a)   (b)

图 10 - 5   折弯标注示例

命令: _dimjogged ↙   //执行折弯标注命令

选择圆弧或圆: //单击需要标注的圆弧

指定中心位置替代: //将光标移到合适的位置后单击,指
                                          定另一个中心位置

标注文字 = 15.84   //系统显示结果

指定尺寸线位置或 [多行文字(M)/文字(T)/角度(A)]:

                                       //将光标移到合适的位置后单击,确
                                          定尺寸线的位置

指定折弯位置: //将光标移到合适的位置后单击,即
                                          指定尺寸线的折弯位置

10.1.7   直径标注

1. 命令调用方式

(1)下拉菜单:"标注"→"直径"。

(2)工具栏:"标注"→直径按钮 。

(3)命令行:Dimdiameter。

2. 操作实例

用直径命令标注如图 10 - 4 所示的圆直径。操作步骤如下:

命令：_dimdiameter ↙　　　　　　　　//执行直径标注命令
选择圆弧或圆：　　　　　　　　　　　//单击要标注的圆弧或圆
标注文字 = 89
指定尺寸线位置或［多行文字（M）/文字（T）/角度（A）］：　//单击一点定位置

10.1.8　角度标注

1. 命令调用方式

（1）下拉菜单："标注"→"角度"。

（2）工具栏："标注"→角度按钮 ⛰。

（3）命令行：Dimangular 快捷形式：DAN。

2. 选项说明

执行角度标注命令后，在命令行会出现"选择圆弧、圆、直线或 ＜指定顶点＞："的提示，其中各选项的含义如下：

（1）标注圆弧角度：用户在"选择圆弧、圆、直线或＜指定顶点＞："提示下选择一段圆弧，AutoCAD 会自动把该圆弧的两端点作为角度标注的两尺寸界线的起始点。

（2）标注圆上的某段弧：用户在"选择圆弧、圆、直线或＜指定顶点＞："提示下选择一个圆，AutoCAD 会自动把该拾取点作为角度标注的第一条尺寸界线的起始点，命令行会显示"指定角的第二个端点："提示，要求用户确定另一点作为角的第二个端点，此点可以在圆上，也可以不在圆上，最后确定标注弧线的位置。标注的角度将以圆心为角度的标点，通过所选择的两点作为尺寸界线。

（3）标注两直线间的夹角：用户在"选择圆弧、圆、直线或＜指定顶点＞："提示下选择一条直线，按照需要选择这两条直线，然后对标注弧线的位置进行确定即可，AutoCAD 会自动标注出这两条直线的夹角。

（4）指定顶点标注角度：用户在"选择圆弧、圆、直线或＜指定顶点＞："提示下按 Enter 键，首先应该确定角的顶点，然后再分别指定角的两个端点，最后再指定标注弧线的位置。

3. 操作实例（见图 10 – 6）

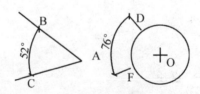

图 10 – 6　角度标注示例

命令：_dimangular　　　　　　　　　　//执行角度标注命令
选择圆弧、圆、直线或 ＜指定顶点＞：　//确认角度第一边
选择第二条直线：　　　　　　　　　　//确认角度另一边

拾取夹角内一点　　　　　　　　　//确定尺寸线的位置
命令:dimangular　　　　　　　　//执行 Dimangular 命令
选择圆弧,圆,直线或<指定顶点>:
拾取图中 D 点　　　　　　　　　//选择标注对象
指定角的第二个端点:　　　　　　//拾取圆上的点 E
指定标注弧线位置或[多行文字(M)/文字(T)/角度(A)/象限点(Q)]:
　　　　　　　　　　　　　　　//拾取一点确定尺寸线的位置

4. 命令说明

(1)如果用户选择圆弧,则系统直接标注其角度;如果用户选择圆、直线或点,则系统会继续提示要求用户选择角度的末点。

(2)直线标注方式用于标注两条直线或其延长线之间小于180°的角。系统将根据尺寸线的位置决定标注角是大于还是小于180°。

10.1.9　基线标注

1. 命令调用方式。

(1)下拉菜单:"标注"→"基线"。
(2)工具栏:"标注"→基线按钮 。
(3)命令行:Dimbaseline。

2. 操作实例

Dimbaseline 命令用于在图形中以第一尺寸线为基准标注图形尺寸。

用 Dimbaseline 命令标注如图 10-7 所示的图形中 B 点、C 点、D 点距 A 点的长度尺寸。

操作步骤如下:
命令: _dimlinear　　　　　　　//执行 Dimlinear 命令
指定第一条尺寸界线原点或 <选择对象>://单击 A 点
指定第二条尺寸界线原点:　　　//单击 B 点
命令: _dimbaseline　　　　　　//执行 dimbaseline 命令
选择基准标注:　　　　　　　　//选取 A 任一点 B
指定第二条尺寸界线原点或[放弃(U)/选择(S)]<选择>://选取 C
指定第二条尺寸界线原点或[放弃(U)/选择(S)]<选择>://选取 D
指定第二条尺寸界线原点或[放弃(U)/选择(S)]<选择>://选取 E
指定第二条尺寸界线原点或[放弃(U)/选择(S)]<选择>://选取 F
基线标注结束,结果如图 10-7 所示。

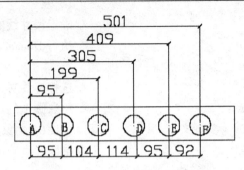

图 10 - 7　基线、连续标注示例

3. 命令说明

（1）在使用 Dimbaseline 命令进行标注时,尺寸线之间的距离由用户所选择的标注格式确定,标注时不能更改。

（2）在使用 Dimbaseline 命令进行标注时,用户不能修改尺寸文本,所以画图时必须准确,否则将会出现错误。

（3）在使用 Dimbaseline 命令进行标注时,最好先使用 Dimlinear 或 Dimangular 命令标注第一段尺寸线。

10.1.10　连续标注

1. 命令调用方式

（1）下拉菜单:"标注"→"连续"。

（2）工具栏:"标注"→继续按钮 。

（3）命令行:Dimcontinue。

2. 操作实例

Dimcontinue 命令可以创建一系列端对端放置的标注,每个连续标注都是从前一个标注的第二个尺寸界线处开始。

操作步骤如下:

命令: _dimlinear　　　　　　　　　　　//执行 Dimlinear 命令

指定第一条尺寸界线原点或 <选择对象>:　//单击 A 点

指定第二条尺寸界线原点:　　　　　　　//单击 B 点

命令: _dimcontinue　　　　　　　　　　//执行 dimcontinue 命令

指定第二条尺寸界线原点或［放弃(U)/选择(S)］ <选择>://单击 C 点

指定第二条尺寸界线原点或［放弃(U)/选择(S)］ <选择>://单击 D 点

指定第二条尺寸界线原点或［放弃(U)/选择(S)］ <选择>://单击 E 点

指定第二条尺寸界线原点或［放弃(U)/选择(S)］ <选择>://单击 F 点

结果如图 10 - 7 所示。

10.1.11　引线标注

1. 命令调用方式

（1）下拉菜单："标注"→"引线"。

（2）命令行：qleader，快捷形式：LE。

Dimleader 命令用于创建注释和引线，表示文字和相关的对象。

2. 操作实例

用 Dimleader 命令标注如图 10－8 所示的关于圆孔的说明文字。操作步骤如下：

命令：_mleader　　　　　　　　　　　　//执行 mleader 命令

指定引线箭头的位置或 ［引线基线优先(L)/内容优先(C)/选项(O)］ ＜选项＞：＞＞

指定引线基线的位置：

输入注释文字：

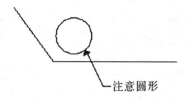

注意圆形

图 10－8　引线标注示例

3. 命令说明

（1）如果引出线最后一段与水平线夹角大于 15°，AutoCAD 2007 会自动添加一水平线段。

（2）引出线包括一条或一系列对特征加以注释的线。一般地，可将箭头放在第一点。注释作为建立的尺寸文本，立即被放在紧邻最后一点的地方。默认放在引出线末端的文本包括最近的尺寸。也可以输入注释作为文本的一个简单线。

10.1.12　圆心标记

1. 命令调用方式

（1）下拉菜单："标注"→"圆心标记"。

（2）工具栏："标注"→圆心标记按钮 ⊕。

（3）命令行：Dimcenter。

2. 选项说明

执行 Dimcenter 命令后，使用对象选择方式选取所需标注的圆或圆弧，系统将自动标注该圆或圆弧的圆心位置。

3. 操作实例

用 Dimcenter 命令标注图 10－4 所示圆的圆心，具体操作步骤如下：

命令：dimcenter　　　　　　　　　　　　//执行 Dimcenter 命令

选取弧或圆: //点选图 10 - 4 所示的圆,系统将自
                                       动标注该圆的圆心位置

提示:可在"标注设置/标注线"对话框的"圆心"标记大小(来改变它的大小)。

10.1.13　快速标注

1. 命令调用方式

(1)下拉菜单:"标注"→"快速标注"。

(2)工具栏:"标注"→快速标注按钮 ▧。

(3)命令行:qdim。

2. 命令选项

选择要标注的几何图形:(要求用户选取一系列要标注的几何图形,并按 Enter 键结束选择)选择一组同类对象后,命令行提示:

指定尺寸线位置或[连续(C)/并列(S)/基线(B)/坐标(O)/半径(R)/直径(D)/基准点(P)/编辑(E)/设置(T)]<连续>:(要求用户确定尺寸线位置或选择其中的选项)

(1)"连续"选项:标注一系列连续尺寸。

(2)"并列"选项:标注一系列并列尺寸。

(3)"基线"选项:标注一系列基线标注尺寸。

(4)"半径"选项:标注一系列半径尺寸。

(5)"直径"选项:标注一系列直径尺寸。

(6)"基准点"选项:为基线标注和坐标标注设置新的基准点。

选择该选项后,AutoCAD 提示:

指定尺寸线位置或[连续(C)/并列(S)/基线(B)/坐标(O)/半径(R)/直径(D)/基准点(P)/编辑(E)/设置(T)]<连续>:(要求用户确定尺寸线位置或选择其中的选项)

(7)"编辑"选项:通过增加或减少标注点来编辑一系列尺寸。选择该选项后,Auto-CAD 提示:

指定要删除的标注点或[添加(A)/退出(X)]<退出>:(要求用户删除或添加标注点)

用户操作完后,AutoCAD 重复提示:

指定尺寸线位置或[连续(C)/并列(S)/基线(B)/坐标(O)/半径(R)/直径(D)/基准点(P)/编辑(E)/设置]<连续>:   //要求用户确定尺寸线位置或选择其
                                                          中的选项

(8)"设置":用于设置关联性尺寸标注的关联点,有"端点"和"交点"两种选择。

10.2 编辑标注对象

在 AutoCAD 2007 中,可以对已标注对象的文字、位置及样式等内容进行修改,而不必删除所标注的尺寸对象再重新进行标注。

10.2.1 编辑标注

1. 命令调用方式

(1)工具栏:"标注"→编辑标注按钮 A 。

(2)命令行:Dimedit。

2. 命令选项

执行此命令即可编辑已有标注的标注文字内容和放置位置,此时命令行提示如下:

输入标注编辑类型 [默认(H)/新建(N)/旋转(R)/倾斜(O)] <默认>:

在此命令行提示中,其选项的含义分别如下:

(1)默认(H):选择此项并选择尺寸对象,可以按默认位置和方向放置尺寸文字。

(2)新建(N):选择此项可以修改尺寸文字,此时系统将显示"文字格式"工具栏和文字输入窗口。修改或输入尺寸文字后,选择需要修改的尺寸对象即可。

(3)旋转(R):选择此项可以将尺寸文字旋转一定的角度,同样是先设置角度值,然后选择尺寸对象。

(4)倾斜(O):选择此项可以使非角度标注的尺寸界线倾斜一定角度。这时需要先选择尺寸对象,然后设置倾斜角度值。

3. 操作实例

用 Dimedit 将图 10 - 9(a)中的尺寸标注改为图 10 - 9(b)中的效果。

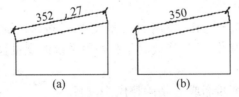

（a）   （b）

图 10 - 9   文本编辑示例

命令:_dimedit↙   //执行 dimedit 命令

输入标注编辑类型 [默认(H)/新建(N)/旋转(R)/倾斜(O)] <默认>:

　　　　　　　　　　　　　　　　　//n↙输入 350

选择对象:找到 1 个   //选择编辑的尺寸

选择对象: //回车确认

10.2.2　编辑标注文字的位置

1. 命令调用方式

(1)下拉菜单:"标注"→"对齐文字"。

(2)工具栏:"标注"→编辑标注文字按钮 。

(3)命令行:dimedit。

2. 命令选项

执行 Dimedit 命令可以改变尺寸文本的位置和角度。选择需要修改的尺寸对象后,命令行提示如下:

选择标注:

指定标注文字的新位置或［左(L)/右(R)/中心(C)/默认(H)/角度(A)］:

在默认情况下,可以通过拖动光标来确定尺寸文字的新位置。也可以输入相应的选项指定标注文字的新位置。其中个选项的含义如下:

(1)"左(L)"和"右(R)":对非角度标注来说,选择此项可以将尺寸文字沿着尺寸线左对齐或右对齐。

(2)中心(C):选择此选项,可以将尺寸文字放置在尺寸线的中间。

(3)默认(H):选择此选项,可以按默认位置及方向放置尺寸文字。

(4)角度(A):选择此选项,可以旋转尺寸文字,此时需要指定一个角度值。

10.2.3　替代标注

1. 命令调用方式

(1)下拉菜单:"标注"→"替代"。

(2)命令行:Dimoverride。

2. 命令选项

该命令可以临时修改尺寸标注的系统变量设置,并按该设置修改尺寸标注。该操作只对指定的尺寸对象作修改,并且修改后不影响原系统的变量设置。执行该命令时,命令行提示:

输入要替代的标注变量名或［清除替代(C)］:

默认情况下,输入要修改的系统变量名,并为该变量指定一个新值。然后选择需要修改的对象,这时指定的尺寸对象将按新的变量设置作相应的更改。如果在命令提示下输入 C,并选择需要修改的对象,这时可以取消用户已作出的修改,并将尺寸对象恢复成在当前系统变量设置下的标注形式。

10.2.4　更新标注

1. 命令调用方式

(1)下拉菜单:"标注"→"更新"。

(2)工具栏:"标注"→标注更新按钮 ⊟ 。

(3)命令行:Dimstylet。

2. 命令选项

当执行命令后,AutoCAD 2007 会在命令行中提示:

输入标注样式选项［保存(S)/恢复(R)/状态(ST)/变量(V)/应用(A)/?］＜恢复＞:

在此命令行提示中,其选项的含义分别如下:

(1)保存(S):用于将当前尺寸系列变量的设置作为一种尺寸标注样式来命名保存。选择此项,在命令行"输入新标注样式名或[?]:"提示下如果输入"?",即可查看命名的全部或部分尺寸标注样式。如果输入名字,则将当前尺寸系列变量的设置作为一种尺寸标注样式,并以该名保存起来。

(2)恢复(R):用于将用户保存的某一尺寸标注样式恢复为当前样式。选择此选项,在命令行的"输入标注样式名、[?]或＜选择标注＞:"提示下,直接输入已有的尺寸标注样式名,系统将该尺寸标注样式恢复成当前样式。输入"?",可查看当前图形中已有的全部或部分尺寸标注样式。按 Enter 键,并选择某一尺寸对象,可以显示当前的尺寸标注样式名,以及对此尺寸对象应用替换命令改变的尺寸变量及其设置。

(3)状态(ST):用于查看当前各尺寸系统变量的状态。选择此选项,可切换到文本窗口,并显示各尺寸系统变量及其当前设置。

(4)变量(V):可列出指定的标注样式、指定对象的全部或部分尺寸系统变量及其设置。执行此选项后,命令行中将会出现与执行"恢复(R)"选项相同的提示。

(5)应用(A):根据当前尺寸系统变量的设置对指定的尺寸对象进行更新。执行此选项后,AutoCAD 将会提示的信息为:

选择对象:　　　　　　　　　　　//选择需要更新的尺寸对象

(6)"?"选项:用于显示当前图形中命名的尺寸标注样式。

3. 选项说明

(1)该命令执行前必须先设置一个新的尺寸标注格式,然后再执行此命令。

(2)如果修改当前的尺寸标注格式,图形中已标注尺寸会立即更新。

10.3　尺寸标注的整体性和关联性

尺寸标注的整体性就是该尺寸的所有组成部分将作为一个整体。实际上,图形中的每个尺寸都是作为一个块存在的,只是该块没有明确的名称。

尺寸的整体性可通过系统变量 DDMASO 控制。当该变量为 ON(缺省值)时,所标注的尺寸具有整体性尺寸;当该变量为 OFF 时,所标注的尺寸不具备整体性,即各组元素彼此无关。

尺寸关联是指所标注尺寸与被标注对象有关联关系。如果标注的尺寸值是按自动测量值标注,且尺寸标注是按尺寸关联模式标注的,那么改变被标注对象的大小后相应的标注尺寸也将发生改变,即尺寸界线、尺寸线的位置都将改变到相应新位置,尺寸值也改变成新测量值。反之,改变尺寸界线起始点的位置,尺寸值也会发生相应的变化。如图 10 – 10 所示。

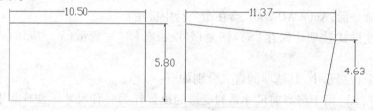

图 10 – 10　尺寸关联性示例

如果一个尺寸不具有整体性,即为无关联性尺寸。当编辑修改对象时,尺寸线不发生变化。整体尺寸可通过分解命令分解为相互独立的组成元素。

10.4　典型图形标注

请按图 10 –11 所示绘制图形,并使用圆心标注、线性尺寸标注、连续尺寸标注、基线连续标注、角度尺寸标注以及直径尺寸标注等命令对该图进行标注。

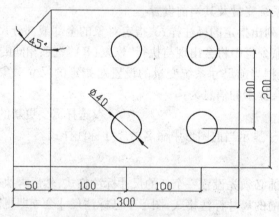

图 10 – 11　绘制尺寸标注

1. 创建标注样式(参见 9.6 上机操作)

(1)依次选择"标注"→"样式"命令,打开"标注样式管理器"对话框。

(2)单击"标注样式管理器"对话框的"新建"按钮,并在弹出的"创建新标注样式"对话框中输入标注样式的名称 userl。

（3）单击"创建新标注样式"对话框的"继续"按钮,在弹出的"新建标注样式"对话框中设置标注样式 userl 的各种参数。在"直线"选项卡中将基线间距设置为20,在"符号和箭头"选项卡中箭头大小设置为10。在"文字"选项卡中将文字的高度设置为10,文字的对齐方式设置为"ISO 标准"。

（4）单击"确定"按钮,返回"标注样式管理器"对话框,并在对话框的"样式"选项组中选择标注样式 userl,单击"置为当前"按钮 userl 设置为当前标注样式。

（5）单击"关闭"按钮,完成标注样式 userl 的创建,并将其设置为当前标注样式。

2. 绘制尺寸标注

（1）绘制圆心标注。在菜单栏中依次选择"标注"→"圆心标记"命令。依次选取图10-11 中的 4 个圆心符号的标注。

（2）绘制线性尺寸标注。在菜单栏中依次选择"标注"→"线性"命令。选取如图10-12所示的线段,并在图示的尺寸线位置上单击左键,即可绘制该线段的尺寸标注。

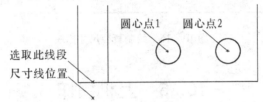

图 10-12   绘制线性尺寸标注

（3）绘制连续尺寸标注。在菜单栏中依次选择"标注"→"连续"命令。依次选取图10-12 所示的两个圆心点,即可绘制连续尺寸标注。

（4）绘制基线尺寸标注。在菜单栏中依次选择"标注"→"基线"命令。命令行中出现"指定第二条尺寸界线原点或［放弃(U)/选择(S)］＜选择＞:",直接按 Enter 键接受默认的"选择"选项,然后选取图 10-13 所示的尺寸界线作为标注的新基准线。选取图10-13 所示的点并按两次按 Enter 键,即可绘制基线尺寸标注。

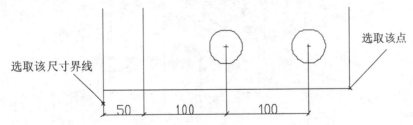

图 10-13   绘制基线尺寸标注

（5）绘制角度尺寸标注。在菜单栏中依次选择"标注"→"角度"命令。依次选取图 10-14所示的两条线段,并在图示的尺寸线位置上单击左键,即可绘制角度尺寸标注。

（6）绘制直径尺寸标注。在菜单栏中依次选择"标注"→"直径"命令。选取图 10-15 所示的圆,并在图示的尺寸线位置上单击左键,即绘制直径尺寸标注。利用线性尺寸标注命令绘制余下的两个尺寸标注。

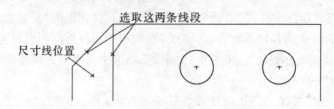

图 10 - 14　绘制角度尺寸标注

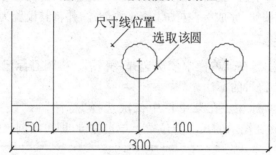

图 10 - 15　绘制直径尺寸标注

10.5　上机操作

绘制某平面图形并标注尺寸,如图 10 - 16 所示。

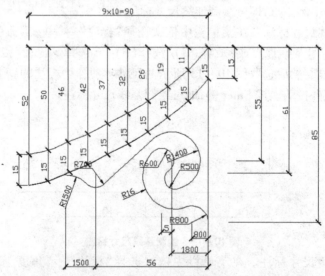

图 10 - 16　某平面图

(1)读图并分析该图:该图共有 15 个关键点 A ~ F 和 1 ~ 9 点,其中 A 点为基点(见图 10 - 17)。

①通过 A 点确定 B 点处圆 R8,同理确定 C 点处圆 R14,D 点处圆 R6,E 点处圆 R7,F 点处圆 R15。

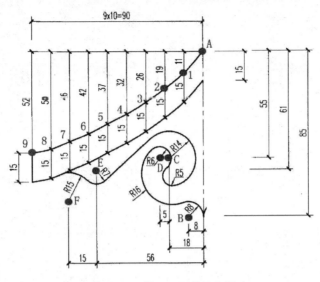

图 10 – 17　某平面图关键点提示

②通过 A 点确定 1～9 点,画出曲线。

(2)尺寸标注提示(参见 10.4 典型图形标注):

①创建标准样式。

a. 标注中,还需要在"符号和前头"选项卡→设置建筑标记(或直接新建一个标注样式)。

b. 标注半径 R 或圆时为箭头,还需要在"符号和前头"选项卡→再选中箭头项。

c. 标注文字是水平时,还需要在"文字"选项卡中将文字对齐栏中设为水平。

d. 在"标注样式管理器"对话框中单击"修改"按钮,对已经建好的标注样式进行修改。

②绘制尺寸标注。标注不方便时,可用分解方式,将标注对象分解后,单独修改。

项目 11　输出与打印图形

11.1　输入与输出图形

11.1.1　输入图形

AutoCAD 2007 除了可以打开和保存 DWG 格式的图形文件外,还可以导入或导出其他格式的图形。

在 AutoCAD 2007 的"插入点"工具栏中,单击"输入"按钮将打开"输入文件"对话框。在其中的"文件类型"下拉列表框中可以看到,系统允许输入"图元文件"、ACIS 及 3D Studio 图形格式的文件。

在 AutoCAD 2007 的菜单命令中没有"输入"命令,但是可以使用"插入"→ 3D Studio 命令、"插入"→"ACIS 文件"命令及"插入"→"Windows 图元文件"命令,分别输入上述 3 种格式的图形文件,如图 11 - 1 所示。

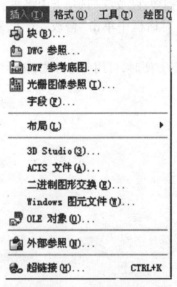

图 11 - 1　"插入"菜单

11.1.2　输出图形

选择"文件"→"输出"命令,如图 11 - 2 所示。打开"输出数据"对话框。可以在"保存于"下拉列表框中设置文件输出的路径,在"文件"文本框中输入文件名称,在"文件类型"下拉列表框中选择文件的输出类型,如图元文件、ACIS、平板印刷、封装 PS、DXX 提取、位图、3D Studio 及块等。

设置了文件的输出路径、名称及文件类型后,单击对话框中的"保存"按钮,将切换到绘图窗口中,可以选择需要以指定格式保存的对象。

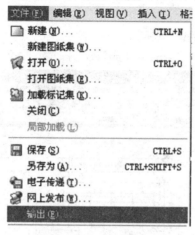

图 11 - 2　"文件"菜单

11.2　在模型空间与图纸空间之间切换

模型空间是完成绘图和设计工作的工作空间。使用在模型空间中建立的模型可以完成二维或三维物体的造型,并且可以根据需求用多个二维或三维视图来表示物体,同时配有必要的尺寸标注和注释等来完成所需要的全部绘图工作。在模型空间中,用户可以创建多个不重叠的(平铺)视口以展示图形的不同视图。

处于图纸空间时,只能创建或者编辑图纸空间中的对象。若要编辑模型空间中的对象,需要切换回模型空间。可以切换回"模型"选项卡处理模型,也可以在浮动视口中直接修改它。

(1)可以通过下面的方法返回到"模型"选项卡:

①直接打开"模型"选项卡。

②在"命令:"提示下输入"model "。

③将系统变量 TILEMODE 的值设置为 1 。

(2)可以通过以下方法从浮动视口中返回到模型空间:

①在浮动视口中双击。

②在状态栏中,单击"图纸"按钮。

③在"命令:"提示下输入"mspace"（或"Ms"）。

在模型空间的浮动视口中工作时,AntoCAD 在每个浮动视口的左下角显示一个用户坐标系图标。同时,状态栏的"图纸"按钮变为"模型"。当前视口用粗边框表示,并且鼠标指针只能在视口内移动,如图 11 - 3 所示。

使用以上的方法切换到模型空间时,AutoCAD 自动选择最后激活的视口。在视口内部单击就可以改变视口。

(3)通过以下方法切换回图纸空间:

①在浮动视口外双击。

②在状态栏中,单击"模型"按钮。

③在"命令:"提示下输入"pspace"(或"PS")。

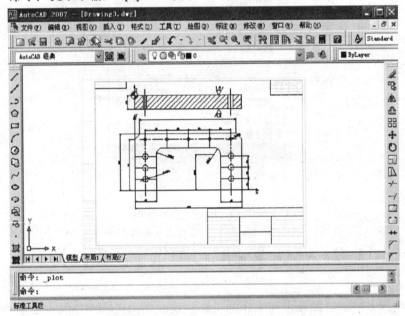

图 11 - 3　窗口

11.3　创建和管理布局

11.3.1　创建与修改布局

在 AutoCAD 2007 中,可以创建多种布局,每个布局都代表一张单独的打印输出图纸。创建新布局后就可以在布局中创建浮动视口。视口中的各个视图可以使用不同的打印比例,并能够控制视口中图层的可见性。

11.3.2　用布局向导创建布局

(1)选择"工具(T)"→"向导(Z)"→"创建布局(C)"命令,进入"创建布局—开始"对话框,如图 11 -4 所示,在对话框中输入新布局名称。

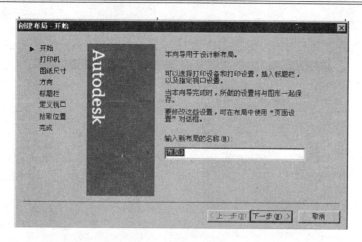

图 11－4 "创建布局开始"对话框

(2)单击"下一步"按钮,进入如图 11－5 所示的"创建布局—打印机"对话框,在列表框中选择打印机品牌和型号,完成打印机的设置。

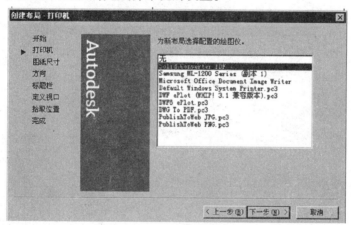

图 11－5 "创建布局打印机"对话框

(3)单击"下一步"按钮,进入如图 11－6 所示的"创建布局—图纸尺寸"对话框,在此对话框中选择"图形单位"为"毫米","图纸尺寸"为"A4"。

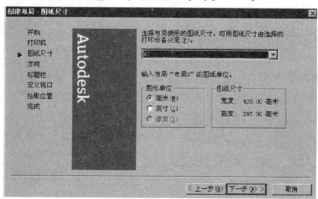

图 11－6 "创建布局—图纸尺寸"对话框

（4）单击"下一步"按钮，进入如图 11-7 所示的"创建布局—方向"对话框，在此对话框中选择"选择图形在图纸上的方向"为"横向"。

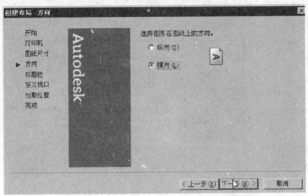

图 11-7　"创建布局—方向"对话框

（5）单击"下一步"按钮，进入如图 11-8 所示的"创建布局—标题栏"对话框中，在列表框中选择"标题栏"为"ISO 为国际标准"。

图 11-8　"创建布局—标题栏"对话框

11.3.3　管理布局

右击"布局"标签，使用弹出的快捷菜单中的命令，可以删除、新建、重命名、移动或复制布局。

默认情况下，单击某个布局选项卡时，系统将自动显示"页面设置"对话框，供设置页面布局。如果以后要修改页面布局，可从快捷菜单中选择"页面设置管理器"命令，通过修改布局的页面设置，将图形按不同比例打印到不同尺寸的图纸中。

单击右键"布局 1"标签，弹出的如图 11-9 所示的"布局"快捷菜单，在该菜单可以进行布局的删除、新建、重命名、移动或复制。

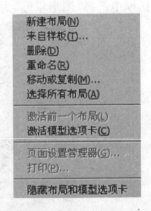

图 11-9　"布局"快捷菜单

　　默认情况下,单击"某个布局选项卡"时,系统将自动显示"页面设置"对话框,供设置页面布局。如果以后要修改页面布局,可从快捷菜单中进入如图 11 – 10 所示的"页面设置管理器"对话框,通过修改布局的页面设置,将图形按不同比例打印到不同尺寸的图纸中。

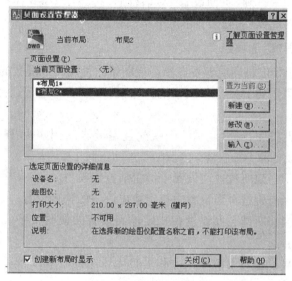

图 11 – 10　"页面设置管理器"对话框

　　选择"文件(F)"→"页面设置管理器"命令,进入如图 11 – 10 所示的"页面设置管理器"对话框。单击"新建"按钮,进入如图 11 – 11 所示的"页面设置"对话框,可以在其中创建新的布局。

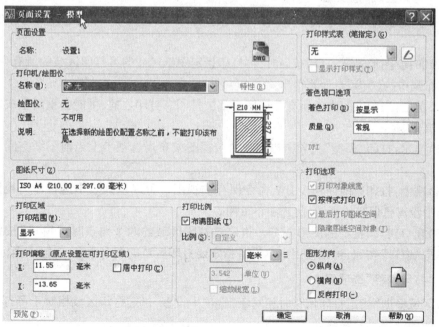

图 11 – 11　"页面设置"对话框

各选项的含义如下：

1."页面设置"选项组

(1)名称:显示当前页面设置名称。

(2)图标:从布局中打开"页面设置"对话框后,将显示 DWG 图标;从图纸集管理器中打开"页面设置"对话框后,则会显示图纸集图标。

2."打印机/绘图仪"选项组

该设置区应用于指定打印或者发布布局或图纸时使用的以配置的打印设备。

(1)名称:列出可用的 PC3 文件或系统打印机,可以从中进行选择,以打印或者发布当前布局或图纸。

(2)特性:单击此按钮,可以显示绘图仪配置编辑器,从中可以查看或者修改当前绘图仪的配置、端口、设备和介质设备。

(3)绘图仪:显示当前所选页面设置中指定的打印设备。

(4)位置:显示当前所选页面设置中指定输出设备的物理位置。

(5)说明:显示当前所选页面设置中指定输出设备的说明文字。可以在绘图仪配置编辑器中编辑此文字。

(6)预览:精确显示相对于图纸尺寸和可打印区域的有效区域。工具栏提示显示图纸尺寸和可打印区域。

3."图纸尺寸"选项组

该区域显示所选打印设备可用的标准图纸尺寸,可以从下拉列表中进行选择。

4."打印区域"选项组

用于指定要打印的图形区域。在"打印范围"下拉到表中,可以选择要打印的图形区域。

(1)布局/图形界限:打印布局时,将打印指定图纸尺寸的可打印区域的所有内容,其原点从布局中的(0,0)点计算得出。

(2)范围:当前空间内的所有几何图形都被打印。打印之前,可能会重新生成图形以重新计算范围。

(3)显示:打印"模型"选项卡当前视口中视图或布局选项卡上当前图纸空间视图中的视图。

(4)视图:打印以前使用 VIEW 命令保存的视图。可以从列表中选择命名视图。如果图形中没有已保存的视图,此选项不可用。

(5)窗口:打印指定的图形部分。指定要打印区域的两个角点时,"窗口"按钮才可用。单击"窗口"按钮,可以使用定点设备指定要打印区域的两个角点,或输入坐标值。

5."打印偏移"选项组

该区域根据"指定打印偏移时相对于"选项中设置,指定打印区域相对于可打印区域左下角或图纸边界的偏移。

(1)居中打印:自动计算 X 偏移值和 Y 偏移值,在图纸上居中打印。

（2）X：相对于"打印偏移定义"选项中设置制定 X 方向上的打印原点。

（3）Y：相对于"打印偏移定义"选项中设置制定 Y 方向上的打印原点。

6."打印比例"选项组

该区域用于控制图形单位与打印单位之间的相对尺寸。

（1）布满图纸：缩放打印图形以布满所选图纸尺寸。

（2）比例：定义打印的精确比例。

（3）英寸/毫米/像素：指定与指定的单位数等价的英寸数、毫米数或像素数。

（4）单位：指定与指定的英寸数、毫米数或像素数等价的单位数。

（5）"缩放线宽"复选框：设置与打印比例成正比缩放线宽。

7."打印样式表"选项组

该区域用于设置、编辑打印样式表，或者创建新的打印样式表。

（1）名称列表：显示指定给当前"模型"选择项或布局选择项卡的打印样式表，并提供当前可用的打印样式表的列表。

（2）"编辑"按钮：显示打印样式表编辑器，从中可以查看或修改当前的打印样式表中的打印样式。

（3）显示打印样式：控制是否在屏幕上显示指定给对象的打印样式的特性。

8."着色视口选项"选项组

该区域用于指定着色和渲染视口的打印方式，并确定它们的分辨率级别和每英寸点数（DPI）。

（1）着色打印：指定视图的打印方式。

（2）质量：指定着色和渲染视口的打印分辨率。

（3）DPI：指定渲染和着色视图的每英寸点数，最大可为当前打印设备的最大分辨率。

9."打印选项"选项组

该区域用于指定线宽、打印样式、着色打印和对象的打印次序等选项。

（1）打印对象线宽：指定是否打印为对象或图层指定的线宽。

（2）按样式打印：指定是否打印应用于对象和图层的打印样式。如果选择该选项，也将自动选择"打印对象线宽"。

（3）最后打印图纸空间：首先打印模型空间几何图形。

（4）隐藏图纸空间对象：指定 HIDE 操作是否应用于图纸空间视口中的对象。

10."图形方向"选项组

（1）纵向：放置并打印图像，使图纸的短边位于图形页面的顶部。

（2）横向：放置并打印图像，使图纸的长边位于图形页面的顶部。

（3）反向打印：上下颠倒地放置并打印。

（4）图标（A）：指示选定图纸的介质方向并用图纸上的字母表示页面上的图形方向。

11."预览"按钮

用于在图纸上打印的以预览的方式显示图形。

11.3.4　布局的页面设置

选择"文件"→"页面设置管理器"命令，打开"页面设置管理器"对话框。单击"新建"按钮，打开"新建页面设置"对话框，如图 11 – 12 所示，可以在其中创建新的布局。

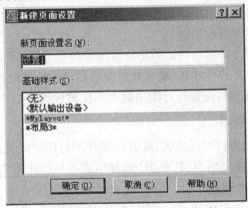

图 11 – 12　"新建页面设置"对话框

11.4　使用浮动视口

在构造布局图时，可以将浮动视口视为图纸空间的图形对象，并对其进行移动和调整。浮动视口可以相互重叠或分离。在图纸空间中无法编辑模型空间中的对象，如果要编辑模型，必须激活浮动视口，进入浮动模型空间。激活浮动视口的方法有多种，如可执行 MSPACE 命令、单击状态栏上的"图纸"按钮或双击浮动视口区域中的任意位置。

11.4.1　命令使用

在布局图中，选择浮动视口边界，然后按 Delete 键即可删除浮动视口。删除浮动视口后，使用"视图"→"视口"→"新建视口"命令，可以创建新的浮动视口，此时需要指定创建浮动视口的数量和区域。

11.4.2　调整视口的显示比例

如果布局图中使用了多个浮动视口时，就可以为这些视口中的视图建立相同的缩放比例。这时可选择要修改其缩放比例的浮动视口，在"特性"选项板的"标准比例"下拉列表框中选择某一比例，然后对其他的所有浮动视口执行同样的操作，就可以设置一个相同的比例值。

11.5　打印图形

创建完图形之后,通常要打印到图纸上,也可以生成一份电子图纸,以便从互联网上进行访问。打印的图形可以包含图形的单一视图,或者更为复杂的视图排列。根据不同的需要,可以打印一个或多个视口,或设置选项以决定打印的内容和图像在图纸上的布置。

11.5.1　打印图形的步骤

在打印输出图形之前可以预览输出结果,以检查设置是否正确。例如,图形是否都在有效输出区域内等。选择"文件"→"打印预览"命令(PREVIEW),或在"标准"工具栏中单击"打印预览"按钮,可以预览输出结果。

AutoCAD 将按照当前的页面设置、绘图设备设置及绘图样式表等在屏幕上绘制最终要输出的图纸。其操作步骤如下:

(1)选择"文件(F)"→"打印(P)"命令。

(2)进入如图 11-13 所示的"打印"对话框,单击"预览(P)"按钮。将打开预览窗口,光标将改变为实时缩放光标。

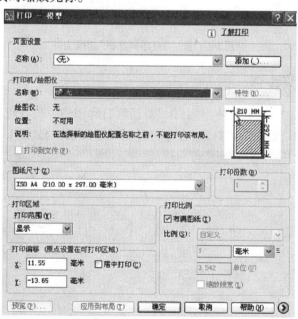

图 11-13　"打印"对话框

(3)单击鼠标右键可显示包含以下选项的快捷菜单:"打印"、"平移"、"缩放"、"缩放窗口"或"缩放为原窗口"(缩放至原来的预览比例)。

(4)按"Esc"键退出预览并返回到"打印"对话框。

（5）如果需要，继续调整其他打印设置，然后再次预览打印图形。

在 AutoCAD 2007 中，可以使用"打印"对话框打印图形。当在绘图窗口中选择一个布局选项卡后，选择"文件（F）"→"打印（P）"命令进入如图 11 - 14 所示的"选项"对话框中的"打印和发布"选项卡。在打印预览，设置正确之后，单击"确定"按钮以打印图形。AutoCAD 2007 将按照当前的页面设置、绘图设备设置及绘图样式表等在屏幕上绘制最终要输出的图纸。

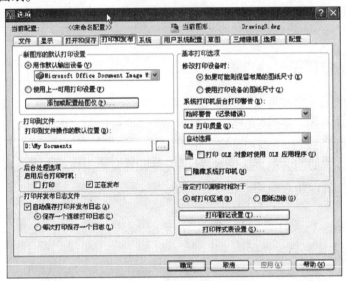

图 11 - 14　　"打印和发布"选项卡

11.5.2　操作步骤

在 AutoCAD 2007 中，可以使用"打印"对话框打印图形。当在绘图窗口中选择一个布局选项卡后，选择"文件"→"打印"命令打开"打印"对话框，如图 11 - 15 所示。

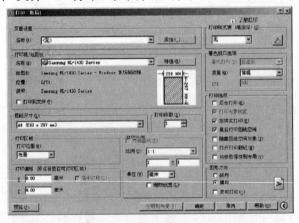

图 11 - 15　"打印"对话框

11.6　发布 DWF 文件

现在,国际上通常采用 DWF(Drawing Wcb Format,图形网络格式)图形文件格式。DWF 文件可在任何装有网络浏览器和 Autodesk WHIP! 插件的计算机中打开、查看和输出。

DWF 文件支持图形文件的实时移动和缩放,并支持控制图层、命名视图和嵌入链接显示效果。DWF 文件是矢量压缩格式的文件,可提高图形文件打开和传输的速度,缩短下载时间。以矢量格式保存的 DWF 文件,完整地保留了打印输出属性和超链接信息,并且在进行局部放大时,基本能够保持图形的准确性。

11.6.1　输出 DWF 文件

要输出 DWF 文件,必须先创建 DWF 文件,在这之前还应创建 ePlot 配置文件。使用配置文件 ePlot. pc3 可创建带有白色背景和纸张边界的 DWF 文件。

通过 AutoCAD 的 ePlot 功能,可将电子图形文件发布到 Internet 上,所创建的文件以 Web 图形格式(DWF)保存。

在使用 ePlot 功能时,系统先按建议的名称创建一个虚拟电子出图。通过 ePlot 可指定多种设置,如指定画笔、旋转和图纸尺寸等,所有这些设置都会影响 DWF 文件的打印外观。

11.6.2　在外部浏览器中浏览 DWF 文件

如果在计算机系统中安装了 4.0 或以上版本的 WHIP! 插件和浏览器,则可在 Internet Explorer 或 Netscape Communicator 浏览器中查看 DWF 文件。如果 DWF 文件包含图层和命名视图,还可在浏览器中控制其显示特征。

11.7　应用实例

11.7.1　插入位图图像

有时需要在 CAD 中插入图片,以增加 CAD 图纸的说明性。在 CAD 中插入图片有两种方法:

1. 图像参照法

操作步骤:

(1)选择"插入"→"光栅图像参照"命令。

(2)在弹出的"选择图像文件"窗口中选择要插入的图形文件即可。

(3)在 CAD 中指定图像的插入点和图像的比例因子(即 CAD 中显示的图像和原图

像的比例关系)。

图像参照法插入的图像只是一个参照图像,CAD 文件中并没有包含图像文件,当删除文件夹中的图像文件时,CAD 中的图像也就不会显示。

2. OLE 对象法

操作步骤:

(1)选择"插入"→"光栅图像参照"命令。

(2)在弹出的"插入对象"窗口中选择"新建",并在对象类型中选择"画笔图片"或"位图图像"。

(3)会自动弹出一个名为"位图图像在 XXX 输入图中"(其中 XXX 为 CAD 文件的文件名)的画图程序。先把此程序最小化。

(4)到插入图像所在文件的文件夹中,鼠标右击图像文件,在快捷菜单中的打开方式中选择画图。

(5)在画图程序中选择"编辑"→"全选"命令,再复制图形。

(6)然后再打开步骤中自动打开的"位图图像在 XXX 输入图中"画图程序,把刚才复制的文件粘贴到此文件中并关闭该文件即可。

经过以上步骤后,在 CAD 中就会显示所插入的图形。有可能这样所插入的图形位置和大小不太满意,则只需调整图片的位置和大小即可。

当选中 CAD 中的图片再拖动图片的一个角想改变其大小时,有可能改变不了,这时只要根据想改变图片的大小画一条直线,再拖动图片的一个角,当你拖动到直线时会自动捕捉到直线,再点击鼠标左键即可。

此种方法所插入的图形包括图像文件,因此在删除插入的原图像时,在 CAD 中会依然显示所插入的图片。在 CAD 文件交流时,也就只把 CAD 文件发给对方就可以了。缺点是步骤比较复杂。

11.7.2　使用布局向导创建布局

在 AutoCAD 2007 中,可以创建多种布局,每个布局都代表一张单独的打印输出图纸。创建新布局后就可以在布局中创建浮动视口。视口中的各个视图可以使用不同的打印比例,并能够控制视口中图层的可见性。

1. 使用布局向导创建布局

选择"工具"→"向导"→"创建布局"命令,打开"创建布局"向导,可以指定打印设备、确定相应的图纸尺寸和图形的打印方向、选择布局中使用的标题栏或确定视口设置。

2. 管理布局

右击"布局"标签,使用弹出的快捷菜单中的命令,可以删除、新建、重命名、移动或复制布局。

默认情况下,单击某个布局选项卡时,系统将自动显示"页面设置"对话框,供设置页面布局。如果以后要修改页面布局,可从快捷菜单中选择"页面设置管理器"命令,通过修改布局的"页面设置",将图形按不同比例打印到不同尺寸的图纸中。

3. 布局的页面设置

选择"文件"→"页面设置管理器"命令,打开"页面设置管理器"对话框,如图 11 – 16 所示。单击"新建"按钮,打开"新建页面设置"对话框,如图 11 – 17 所示,可以在其中创建新的布局。

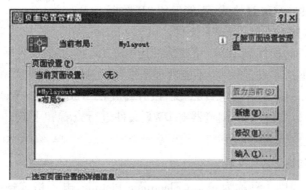

图 11 –16　"页面设置管理器"命令

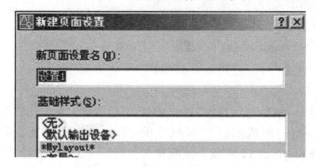

图 11 –17　"新建页面设置"对话框

11.7.3　在浮动视口中旋转

在浮动视口中,执行 MVSETUP 命令可以旋转整个视图。该功能与 ROTATE 命令不同, ROTATE 命令只能旋转单个对象。

11.7.4　创建 DWF 文件

为了能够在 Internet 上显示 AutoCAD 图形,Autodesk 采用了一种称为 DWF(Drawing Web Format)的新文件格式。DWF 文件格式支持图层、超级链接、背景颜色、距离测量、线宽、比例等图形特性。用户可以在不损失原始图形文件数据特性的前提下通过 DWF 文件格式共享其数据和文件。

1. DWF 文件与 DWG 文件的比较

(1)DWF 文件的优点

①DWF 文件可以被压缩。它的大小比原来的 DWG 图形文件小 8 倍。

② DWF 在网络上传输较快。由于 DWF 文件较小,因此在网上的传输时间缩短了。

③ DWF 格式更为安全。由于不显示原来的图形,其他用户无法更改原来的 DWG 文件。

(2)DWF 文件的缺点

①从 DWG 格式转换成 DWF 格式需进行额外的操作。

②DWF 文件不能显示着色或阴影图。

③DWF 是一种二维矢量格式,不能保留 3D 数据。

④AutoCAD 本身不能显示 DWF 文件。

⑤将 DWF 文件转换回到 DWG 格式需使用第三方供应商的文件转换软件。

⑥早期的 DWF 版本功能较低,不能处理图纸空间对象,或者线宽和非矩形视图。

用户可以在 AutoCAD 中创建 DWF 文件,并将其在 World Wide Web 服务器或局域网上发布。访问者可以通过 Web 浏览器对 DWF 文件进行查看和下载,但要求浏览器安装"WHIP!"插件。

2. 使用 ePlot 创建 DWF 文件

AutoCAD 系统提供一种称为 ePlot(Electronic Plotting,电子格式输出)的方法来打印输出 DWF 格式的图形文件。

调用该命令的方式为:

(1)工具栏:"Standard(标准)"→ 。

(2)菜单:"File(文件)"→"Plot…(打印)"。

(3)命令行:plot。

调用 plot 命令后,AutoCAD 弹出"Plot(打印)"对话框, 为了创建 DWF 文件,需要在"Plotter Configuration(打印机配置)"区域中的"Name(名称)"下拉列表中选择"DWF ePlot(optimized for plotting). pc3"项。该配置文件即用于 DWG 文件的打印输出,且对打印进行优化。

选择 ePlot 的打印配置文件后,"Plot to file(打印到文件)"项自动选中。用户可以在"File name(文件名称)"文本框中指定 DWF 文件的名称,并在"Location(位置)"框指定保存 DWF 文件的位置。用户可单击.. 按钮在本地计算机或局域网上指定某个位置,或单击 按钮启动 AutoCAD 内部网络浏览器,在 Web 网络中指定某个位置。

单击 OK 按钮即可完成 DWF 文件的创建。

3. 设置 DWF 文件特性

在创建 DWF 文件时,用户可以在 ePlot 打印配置文件中设置 DWF 文件的特性。选择"DWF ePlot(optimized for plotting). pc3"项后可单击 Properties.. 按钮,弹出"Plotter Configuration Editor(打印机配置编辑器)"对话框。

在该对话框中选择"Device and Document Settings(设备和文档设置)"选项卡,并选中栏中的"Custom Properties(自定义特性)"项,这时,在选项卡下部的提示栏中显示 Custom Properties... 按钮。单击该按钮弹出"DWF Properties(DWF 特性)"对话框,在该对话框中,用户可对 DWF 文件的特性进行如下设置:

(1)Resolution(分辨率):与基于实数的 DWG 文件不同,DWF 文件使用整数存储,并可设置其精度。除了特殊要求外,为 DWF 文件设置较低的精度可以大大减少文件的大小,从而能够以更快的速度在 Internet 上传输。

(2)Format(格式):压缩(Compressed)可以进一步减小 DWF 文件的大小,因此,一般情况下,建议用户选择该选项;当然,用户也可根据需要选择非压缩的二进制格式(Uncompressed Binary)或文本格式(ASCII)来创建 DWF 文件。

(3)Background Color Shown in Viewer(浏览器中显示的背景颜色):用户可以选择颜色设置对话框中的任何一种作为 DWF 文件的背景颜色,也可指定为图形文件的背景颜色。

(4)Include Layer Information(包含图层信息):打开该选项,则用户在浏览器中浏览 DWF 文件时可以切换图层。

(5)Include Scale and Measurement Information(包含比例和测量信息):该选项允许用户使用网络浏览器 WHIP! 插件中的 Location 选项,从而可以显示标度坐标数据。

(6)Show Paper Boundaries(显示纸张边界):包含图形范围内的矩形边界。

(7)Convert .DWG Hyperlink extensions to .DWF(将. DWG 超级链接转换成. DWF):打开该选项可以在 DWF 文件中包含超级链接。

4. WHIP! 插件

WHIP! (Windows High Performance)是 Autodesk 公司推出的 DWF 插件,用户使用具有这种插件的网络浏览器可以浏览 DWF 文件。注意,在 AutoCAD 中不能浏览 DWF 文件。Autodesk 大约每年更新两次 DWF 插件,用户可从 Autodesk 站点 http://autodesk.com/whip 免费下载该插件。

DWF 插件的主要功能有:

(1)在浏览器中浏览 DWF 文件。

(2)在 DWF 图像上右击鼠标可显示快捷菜单。

(3)可使用实时平移和缩放功能。

(4)使用嵌入的超级链接显示其他文档和文件。

(5)可以单独打印 DWF 文件,或者和整个网页一起打印。

(6)将 DWG 文件从网站“拖放”到 AutoCAD 中作为一个新的图形或者块。

(7)查看存储在 DWF 文件中的已命名的视图。

(8)使用 X、Y 坐标指定视图。

(9)在图层之间进行切换。

注意:不同的浏览器,如 Netscape Communicator Navigator 或者 Microsoft Internet Explorer 需要不同的 DWF 插件。对于 Internet Explorer 用户,DWF 插件是 ActiveX 控件,当启动 AutoCAD 系统时,DWF 插件被自动装入 Explorer 中。

5. 查看 DWF 文件的其他软件

Autodesk 为客户提供了其他两个能够用来查看 DWF 文件的软件:

(1)CAD Viewer Light:用 Java 写成的 DWF 浏览器,可以在所有的操作系统和计算机硬件上使用。只要用户的 Windows、Macintosh 或者 UNIX 计算机能访问 Java,用户就可以浏览 DWF 文件。

(2)Volo View Express:一个独立的浏览器,可浏览和打印 DWG、DWF 和 DXF 文件。

项目 12 使用块、属性块、外部参照和 AutoCAD 设计中心

12.1 创建与管理块

12.1.1 概述

块是由一个或多个对象组成的,同时被定义为一个实体。用 AutoCAD 2007 绘制的图形,除了可以对图形进行编辑外,还可以将绘制的图形以块的形式保存起来,以便重复使用。将绘制的图形制作成块使用,能够提高绘图效率,节省储存空间。块分为内部块和外部块两种。

图块的功能:

1. 建立图形库

在设计时常常会遇到一些重复出现的图(例如,可以将建筑平面图、立体图中的门窗、标高符号等建立成图块),如果把这些经常出现的图形做成块,存放在一个图形库中,当绘制图形时,就可以用插入块的方法绘制图形,即把绘图变成拼图,这样可避免大量的重复工作,而且还提高了绘图的速度与质量。

2. 节省存储空间

在图中绘制每一个对象都会增加磁盘上相应图形文件的大小,这是因为 AutoCAD 必须保存每一个对象的所有信息,如对象的类型、位置、定义坐标等。比如一扇窗,它由多条线段组成,显然这扇窗需要占据一定的磁盘空间。如果一张图上需要数十扇同样的窗,每扇窗都要保存,会占用较大的磁盘空间。如果事先把上述窗定义成一个名为"C-1"的块(块名可由用户任意定义),在绘制窗时就可以把该块插入到图形中各个相应位置,这样既满足了绘图要求,又可以节省磁盘空间。这是因为虽然在"C-1"块的定义中包含窗中的全部对象,但只需要一次这样的定义。对块的每一次插入,AutoCAD 仅需要记住这个块对象(包括块名、插入点坐标、插入比例等),从而大大节省了磁盘空间。比较复杂的图形需要多次绘制时,利用块就会使这一优点更加显著。

3. 便于修改图形

一张工程图纸往往需要进行多次修改。如施工图纸中,一张立面图有很多窗,原来的客户要求是一种座便器样式,新的要求是用另一种样式。如果对已有的图纸按新要求

进行修改,既费时又不方便。但如果将窗定义成块,用户只要简单地再定义一次该块,则图中插入的所有该块均会自动地做相应的修改,从而提高了效率。

4. 可以加入属性

有时图中还经常需要一些文本信息(如定位轴线的编号等),以满足施工与管理上的要求。AutoCAD 允许为块建立属性,即加入文本信息。这些信息可以在每次插入块时改变,而且还可以像普通文本一样显示或不显示。

用户也可以从图中提取这些信息并将其传送到数据库。

12.1.2　定义内部块

1. 定义

内部图块是在一个文件内定义的图块,可以在该文件内部自由使用,内部图块一旦被定义,它就和文件同时被储存和打开。在一张图中可以定义任意多个内部图块,每个图块都必须有一个图块名,否则 AutoCAD 将无法对图块进行管理。内部图块的定义一般用对话框方式创建。

选择"绘图"→"块"→"创建"命令(BLOCK),打开"块定义"对话框,可以将已绘制的对象创建为块。

2. 命令格式

(1)菜单:绘图(D)→块(K)→创建(M)。

(2)命令行:BMAKE 或 BLOCK。

执行该命令,AutoCAD 弹出"块定义"对话框,如图 12-1 所示。

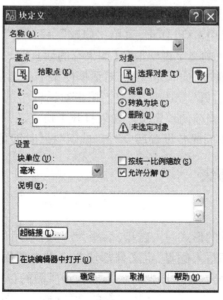

图 12-1　"块定义"对话框

3. 对话框选项说明

（1）"名称"文本框：用于指定块的名称，在文本框中输入即可。

（2）"基点"选项组：确定块的插入基点位置。可以直接在 X、Y、Z 文本框中输入对应的坐标值，也可以通过单击"拾取点"按钮 的方式在屏幕上拾取插入基点。

（3）"对象"选项组：确定组成块的对象：

①"选择对象"按钮 ：选择组成块的对象。单击此按钮，系统临时切换到绘图屏幕，并提示：

选择对象：

在此提示下，选择组成块的各对象后按 Enter 键，系统返回"块定义"对话框，同时在"名称"文本框的右侧显示出由所选对象构成的块的预览图标，并在"对象"选项组的最后一行显示出"已选定 n 个对象"。

②"快速选择"按钮 ：该按钮用于快速选择满足指定条件的对象。单击此按钮，系统弹出"快速选择"对话框，用户通过它确定选择对象的过滤条件，并快速选择满足条件的对象。

③"保留"、"转换为块"与"删除"单选按钮：确定将指定的图形定义成块后，如何处理这些用于定义块的图形。"保留"指保留这些图形，"转换为块"指将对应的图形转换成块，"删除"则表示定义块后删除对应的图形。

（4）"设置"选项组：指定块的设置：

①"块单位"下拉列表框：指定插入块时的插入单位，通过对应的下拉列表选择即可。

②"按统一比例缩放"复选框：指定插入块时是按统一的比例缩放，还是沿各坐标轴方向采用不同的缩放比例。

③"允许分解"复选框：指定插入块后是否可以将其分解。

提示：插入块后，可以用 EXPLODE（菜单："修改"→"分解"）分解块。

（5）"说明"框：指定块的文字说明部分（如果有的话）。

（6）"超链接"按钮：通过"插入超链接"对话框使某个超链接与块定义相关联。

（7）"在块编辑器中打开"复选框：确定当单击对话框中的"确定"按钮创建出块后，是否立即在编辑器中打开当前的块定义。如果打开了块定义，可对块定义进行编辑。

通过"块定义"对话框完成各设置后，单击"确定"按钮，即可创建出对应的块。

12.1.3　定义外部块

1. 定义

外部图块将块以文件的形式写入磁盘（后缀为 .dwg）。用户可以用 WBLOCK 命令将图形的一部分或者是全部写入磁盘，定义外部块与定义内部块相同的是，把所选对象作为一个整体保存起来，以便在绘制图形时将其插入到所需的位置。定义外部块与内部块所不同的是，外部块是以独立的图形文件保存的，可以被所有图形所使用。

2.命名格式

命令行:WBLOCK。

执行该命令,AutoCAD 弹出"写块"对话框,如图 12-2 所示。

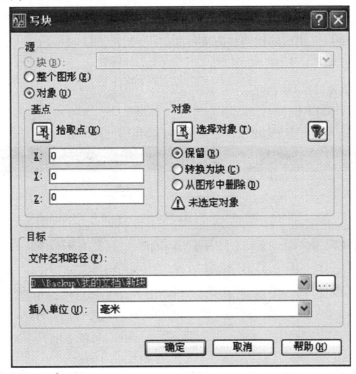

图 12-2　"写块"对话框

3.对话框选项说明

(1)"源"选项组:确定组成块的对象来源。其中,"块"单选按钮表示将把已用 BLOCK 命令创建的块创建成外部块(即写入磁盘);"整个图形"单选按钮将把当前图形创建成外部块;"对象"单选按钮则表示将指定的对象创建成外部块。

(2)"基点"选项组、"对象"选项组:"基点"选项组用于确定块的插入基点位置;"对象"选项组用于确定组成块的对象。只有在"源"选项组中选择了如"对象"单选按钮,则两个选项组才有效。

(3)"目标"选项组:确定块的保存名称和保存位置。用户可直接在对应的文本框中输入文件名(包括路径),也可以单击对应的按钮[...],从弹出的"浏览图形文件"对话框中指定保存位置与文件名。

实际上用 WBLOCK 命令将块写入磁盘后,该块以.dwg 格式保存,即以 AutoCAD 图形文件格式保存。

12.1.4　插入块

1. 功能

将已定义的外部块或在当前图形中定义的内部块插入到当前的图形中。在插入块的同时,可以改变插入图形的比例和旋转角度。

2. 命令格式

(1)菜单:插入(I)→块(B)。

(2)命令行:INSERT。

执行该命令,AutoCAD 弹出"插入"对话框,如图 12 – 3 所示。

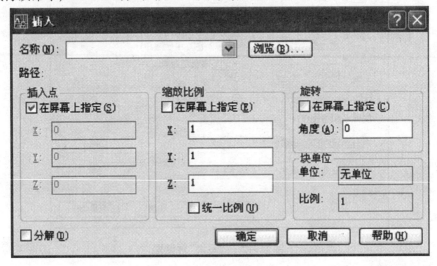

图 12 – 3　"插入"对话框

3. 对话框选项说明

(1)"名称"下拉列表框:指定所插入块或图形的名称。可以直接输入名称,或通过下拉列表框选择块,也可以单击"浏览"按钮,从弹出的"选择图形文件"对话框中选择图形文件。

(2)"插入点"选项组:确定块在图形中的插入位置。可以直接在 X、Y、Z 文本框中输入点的坐标,也可以选中"在屏幕上指定"复选框,以便在绘图窗口中指定插入点。

(3)"缩放比例"选项组:确定块的插入比例。可以直接在 X、Y、Z 文本框中输入块在三个坐标值方向的比例,也可以通过选中"在屏幕上指定"复选框而通过绘图窗口指定比例。需要说明的是,如果在定义块时选择了按统一比例缩放(通过"按统一比例缩放"复选框设置),那么只需要指定沿 X 轴方向的缩放比例。

(4)"旋转"选项组:确定块插入时的旋转角度。可以直接在"角度"文本框中输入角度值,也可以选中"在屏幕上指定"复选框而通过绘图窗口指定旋转角度。

(5)"块单位"文本框:显示有关块单位的信息。

(6)"分解"复选框:利用此复选框,可以将插入的块分解成组成块的各个基本对象。

此外,插入块后,也可以用 EXPLODE 命令(或执行菜单命令:"修改"→"分解")将其分解。

通过"插入"对话框设置了要插入的块以及插入参数后,单击对话框的"确定"按钮,即可将块插入到当前图形。

提示:根据在"插入"对话框中的设置不同,单击"插入"对话框中的"确定"按钮后,可能还需要指定块的插入点、插入比例和旋转角度。

4. 图块以矩形阵列形式多重插入

(1)命令格式:命令行:命令:MINSERT。

(2)操作步骤:输入该命令后,命令行提示:"输入块名或[?] <洗脸盆>:"。

如果之前没有插入过图块,尖括号内是一个问号,如果已经插入过图块,系统则记录最近插入的图块名。如果要阵列插入当前图块,可按 Enter 键。如果不是则可输入问号后两次按 Enter 键,系统会列出全部内部图块提示。

确定块名按 Enter 键后,系统提示与一般块插入一样,不再重复。

不过到最后有矩阵的输入提示:

"输入行数(- - -) <1 >:"(输入阵列的行数)

"输入列数(| | |) <1 >:":(输入阵列的列数)

"输入行间距或指定单位单元(- - -):(输入行间距)

"指定列间距(| | |):(输入列间距)

执行结果为将块按指定的格式实现矩形阵列插入。

(3)说明:用 MINSERT 命令阵列插入的块不能用 EXPLODE·分解。图块作为一个整体而存在,不能单独编辑阵列中的某一块,但节省存储空间,因为它不重复存储具体块的信息,而只存储图块插入的行数、列数、行间距、列间距等信息。

12.1.5　设置插入基点

用户可以指定一点作为基点(参考点),供以后插入该块时使用。从理论上讲,用户可以定义任意一点作为基点。但为了作图方便,应根据图形的结构选择基点。一般将基点选在块的中心、左下角或其他有特征的位置。如果不选择基点,系统自动将坐标原点定义成基点。

12.1.6　块与图层的关系

块可以由绘制在若干层上的对象组成,AutoCAD 将层的信息保留在块中。插入这样的块时,AutoCAD 遵循如下约定:

(1)0 层是一个特殊的层,绘制在 0 层上的图形在插入时是浮动的。即:块插入后原来位于 0 层上的对象被绘制在当前层上,并按当前层的颜色与线型绘制。因此有时我们在插入图块时会出现意想不到的结果,为避免出现这种情况,建议用户养成建块时定义 0 层为当前层,插入图块时也定义 0 层为当前层的良好绘图习惯。

(2)对于块中其他层上的对象,若块中有与图形图层同名的图层,则块中该层上的对象绘制在图中同名的图层上,并按图中该层的颜色与线型绘制。而其他层上的对象仍在它原来的层上绘出,并给当前图形增加相应的层。

(3)如果插入的块由多个位于不同图层上的对象组成,那么冻结某一对象所在图层后,此图层上属于块上的对象就会变得不可见,而当冻结插入块时的当前层时,不管块中各对象处于哪一图层,整个块均变得不可见。

比如,在一个图形中插入块"A",该图块中的图形分别位于"Y1"层、"Y2"层和"Y3"层,插入块时的当前层为"Y4",当冻结"Y1"层后,该层上的图形不可见,而当冻结"Y4"图层后,整个图形均不可见。

12.2　编辑与管理块属性

12.2.1　概述

块属性是附属于块的非图形信息,是块的组成部分,可包含在块定义中的文字对象。实际上,属性是块的文本对象,即块是由图形对象和属性共同组成一个整体。创建了带属性的块之后,在输入时可以输入文字信息。他可以将数据附着到块上,属性可以包含多种数据,如标高、轴线编号等。当用 ERASE 命令删除块时,属性也被删除。当用 CHANGE 命令改变块的位置与转角时,其属性也随之移动和转动。

12.2.2　定义属性块

1.图块的重新定义

随着设计规范和标准的不断更新,一些图例符号发生变化。有时,在修改设计时需要修改原来已定义好并已插入到图形中的图块对象,这时可以运用图块的重新定义及图块替换方法来实现。

前面已经讲述了如何编辑单个图块,但是,如果用户需要编辑整个图形中相同的所有图块,该怎么办? 例如用户在图中多处设置了若干相同对象,若此时想统一对这些对象进行修改,单个地编辑它们将很费时费力。

AutoCAD 通过"图块重新定义"操作可以对图形中所有同名的图块进行统一修改。命令有两个:BMAKE 和 BLOCK ,过程和结果都一样。

具体步骤为:

(1)用 BLOCK 命令插入要修改的图块或使用图中已存在的图块。

(2)用 EXPLOOE 命令将图块分解。

(3)用编辑命令修改图形。

(4)选择 BLOCK 或 BMAKE 命令,重新选择对象来定义图块,定义图块名称时使用与分解前的图块相同的名字。

(5)完成此命令后会出现如图 12 - 4 所示的对话框,此时回答"是",图块就被重新定义。图中所有相同名称的图块都自动变成修改后的结果。

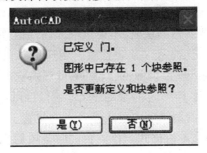

图 12 - 4 重新定义

2. 块的属性

(1)命令格式:

①菜单:绘图(D)→块(K)→定义属性（ATT）。

②命令行:命令:ATTDEF。

执行该命令后系统出现如图 12 - 5 所示的对话框。

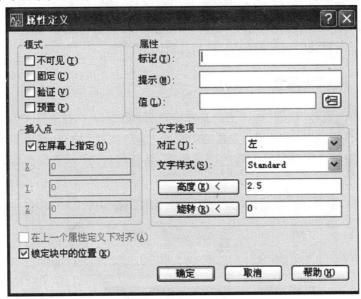

图 12 - 5 "属性定义"对话框

(2)对话框中的各项含义:

①模式:确定属性的模式。通过关闭或打开"不可见"、"固定"、"验证"、"预置"中的开关来确定属性是否采用不可见、固定、验证及预置方式。

a."不可见":该属性为不可见显示方式,即插入块并输入该属性值后,属性的值在图中不显示。

b."固定":该属性值为常量方式,即属性值在属性定义时给定后,在插入块时该属性值固定不变。

c."验证":该属性值输入的验证方式,即在插入块时,对输入的属性值又重复给出一次提示,让用户校验所输入的属性值是否正确。

d."预置":该属性值的预置方式,用这种方式可以生成在块插入期间不请求输入的变量属性。当插入包含预置属性的块时,不请求输入属性值,而是自动填写缺省值。

②属性:确定属性的标记、提示以及缺省值。用户可以在"标记"编辑框内输入属性标记,在"提示"编辑框内输入属性提示,在"值"编辑框内输入属性的缺省值。

③插入点:确定属性文本排列时的参考基点。用户可以用默认的方法在屏幕上指定,也可以在 X、Y、Z 所对应的编辑框内输入参考点的位置。

④文字选项:确定属性文本的格式。该设置区中各项的含义如下:

a."对正":确定属性文本相对于参考点的排列形式。用户可通过点取其右边的箭头从下拉列表中选择。

b."文字样式":确定属性文本的样式。

c."高度":确定属性文本字符的高度。

d."旋转":确定属性文本行的倾斜角度。

3. 修改属性定义

单击"菜单浏览器"按钮,在弹出的菜单中选择"修改"→"对象"→"文字"→"编辑"命令(DDEDIT)或双击块属性,打开"编辑属性定义"对话框。使用"标记"、"提示"和"默认"文本框可以编辑块中定义的标记、提示及默认值属性。

12.2.3　编辑块属性

单击"菜单浏览器"按钮,在弹出的菜单中选择"修改"→"对象"→"属性"→"单个"命令(EATTEDIT),或在"修改Ⅱ"工具栏中单击"编辑属性"按钮,都可以编辑块对象的属性。在绘图窗口中选择需要编辑的块对象后,系统将打开"增强属性编辑器"对话框,如图 12 - 6 所示。

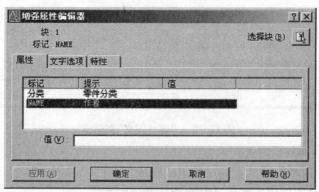

图 12 - 6　"增强属性编辑器"对话框

12.3　使用外部参照

12.3.1　外部参照与块的区别

外部参照与块主要区别是：一旦插入了块，该块就永久性地插入到当前图形中，成为当前图形的一部分。而以外部参照方式将图形插入到某一图形（称为主图形）后，被插入图形文件的信息并不直接加入到主图形中，主图形只是记录参照的关系，例如，参照图形文件的路径等信息。另外，对主图形的操作不会改变外部参照图形文件的内容。当打开具有外部参照的图形时，系统会自动把各外部参照图形文件重新调入内存并在当前图形中显示出来。

12.3.2　附着外部参照

单击"菜单浏览器"按钮，在弹出的菜单中选择"插入"→"外部参照"命令（EXTER-NALREFERENCES），将打开 "外部参照"选项板，如图 12－7（a）所示。在选项板上方单击"附着 DWG"按钮或在"参照"工具栏中单击"附着外部参照"按钮，都可以打开"选择参照文件"对话框。选择参照文件后，将打开"外部参照"对话框，如图 12－7（b）所示，利用该对话框可以将图形文件以外部参照的形式插入到当前图形中。

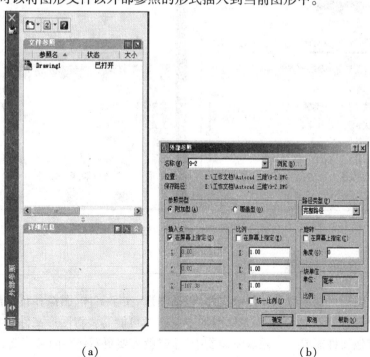

（a）　　　　　　　　　　　　　　　（b）

图 12－7　外部参照选项

12.3.3　插入 DWG、DWF、DGN 参考底图

在 AutoCAD 2007 中新增加了插入 DWG、DWF、DGN 参考底图的功能,该类功能和附着外部参照功能相同,用户可以在"插入"菜单中选择相关命令。

12.3.4　管理外部参照

在 AutoCAD 2007 中,用户可以在"外部参照"选项板中对外部参照进行编辑和管理。用户单击选项板上方的"附着"按钮可以添加不同格式的外部参照文件;在选项板下方的外部参照列表框中显示当前图形中各个外部参照文件名称;选择任意一个外部参照文件后,在下方"详细信息"选项组中显示该外部参照的名称、加载状态、文件大小、参照类型、参照日期及参照文件的存储路径等内容。如图 12 - 8 所示。

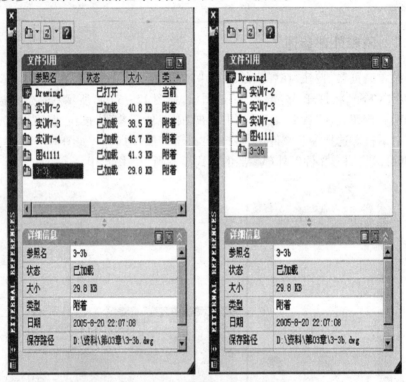

图 12 - 8　"详细信息"选项组

12.3.5　参照管理器

AutoCAD 图形可以参照多种外部文件,包括图形、文字字体、图像和打印配置。这些参照文件的路径保存在每个 AutoCAD 图形中。有时可能需要将图形文件或它们参照的文件移动到其他文件夹或其他磁盘驱动器中,这时就需要更新保存的参照路径。

Autodesk 参照管理器提供了多种工具,列出了选定图形中的参照文件,可以修改保存的参照路径而不必打开 AutoCAD 中的图形文件。选择"开始"→"程序"→Autodesk→

AutoCAD 2007 →"参照管理器"命令,打开"参照管理器"窗口,可以在其中对参照文件进行处理,也可以设置参照管理器的显示形式,如图 12 - 9 所示。

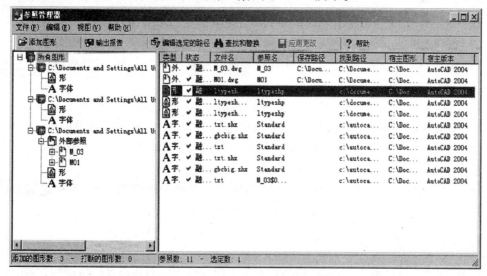

图 12 - 9　参照管理器

12.4　AutoCAD 设计中心

　　AutoCAD 设计中心(AutoCAD DesignCenter,简称 ADC)为用户提供了一个直观且高效的工具,它与 Windows 资源管理器类似。选择"工具"→"设计中心"命令,或在"标准"工具栏中单击"设计中心"按钮,便可以打开"设计中心"窗口,如图 12 - 10 所示。

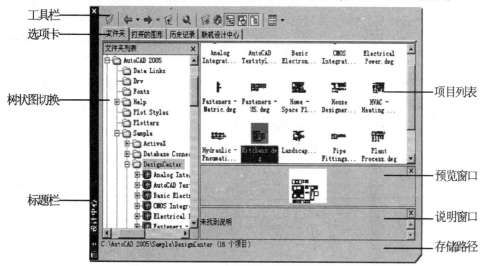

图 12 - 10　"设计中心"窗口

12.4.1　AutoCAD 设计中心的启动和组成

在 AutoCAD 2007 中,使用 AutoCAD 设计中心可以完成如下工作。

(1)创建对频繁访问的图形、文件夹和 Web 站点的快捷方式。

(2)根据不同的查询条件在本地计算机和网络上查找图形文件,找到后可以将它们直接加载到绘图区或设计中心。

(3)浏览不同的图形文件,包括当前打开的图形和 Web 站点上的图形库。

(4)查看块、图层和其他图形文件的定义并将这些图形定义插入到当前图形文件中。

(5)通过控制显示方式来控制设计中心控制板的显示效果,还可以在控制板中显示与图形文件相关的描述信息和预览图像。

(6)可以方便地在当前图形中插入块,引用光栅图像及外部参照,在图形之间复制块、复制图层、线型、文字样式、标注样式以及用户定义的内容等。

12.4.2　向图形添加内容

在 AutoCAD 设计中心中,可以将控制板或查找对话框中的内容直接拖动到打开的图形中,还可以将内容复制到剪贴板上,然后粘贴到图形中。用户可以根据插入内容的类型选择不同的方法。AutoCAD 设计中心向图形添加内容包括:其他图形文件(作为块或者附着的外部参照)、块、尺寸标注样式、图层、布局、文字样式和线型等。

添加图形对象可以使用下面 3 种方法:

(1)拖动内容到图形区。在 AutoCAD 设计中心的内容显示区或"搜索"对话框查找到的内容列表中选择所要添加的对象,然后将其拖动到 AutoCAD 图形区,即可将其添加到当前图形中。拖动方式有两种:一种是按住左键拖动;另一种是按住右键拖动。

(2)用剪贴板传输内容。在 AutoCAD 设计中心的内容显示区或"搜索"对话框查找到的内容列表中选择所要添加的对象后,单击右键将弹出快捷菜单,在快捷菜单中选择"复制"命令将该对象复制到系统剪贴板,然后使用 AutoCAD 的 Pasteclip 命令将该对象粘贴到图形中。

(3)用快捷菜单添加内容。如图 12-11 所示,在快捷菜单中选择"添加布局"命令将对象添加到当前图形文件中,除了图形文件外,其他对象也有类似的快捷菜单。

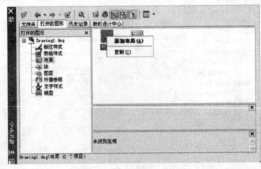

图 12-11　快捷菜单

12.4.3　在设计中心中查找内容

使用 AutoCAD 设计中心的查找功能，可通过"搜索"对话框快速查找诸如图形、块、图层及尺寸样式等图形内容或设置。

在"搜索"对话框中，可以设置条件来缩小搜索范围，或者搜索块定义说明中的文字和其他任何"图形属性"对话框中指定的字段。例如，如果不记得将块保存在图形中还是保存为单独的图形，则可以选择搜索图形和块。

12.4.4　使用收藏夹

标记经常使用的内容设计中心提供了一种方法，可以帮助用户快速找到需要经常访问的内容。树状图和内容区均包括可激活"收藏夹"文件夹的选项。"收藏夹"文件夹可能包含本地驱动器、网络驱动器和 Internet 网址的快捷方式。

选定图形、文件夹或其他类型的内容并选择"添加到收藏夹"时，即可在"收藏夹"文件夹中添加指向此项目的快捷方式。原始文件或文件夹实际上并未移动，创建的所有快捷方式都存储在"收藏夹"文件夹中。可以使用 Windows 资源管理器来移动、复制或删除保存在"收藏夹"文件夹中的快捷方式。

可以在"设计中心"窗口右侧对显示的内容进行操作，如图 12－12 所示。

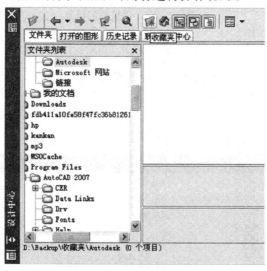

图 12－12　"设计中心"窗口

12.5　应用实例

12.5.1　将图形定义为块

【例 12 – 1】　如图 12 – 13 所示是建筑物的层高,用属性块的方式标注建筑物的标高。

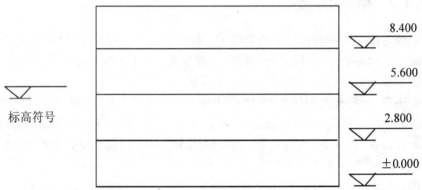

图 12 – 13　建筑物的标高

方法一:内部属性块标注。

操作步骤:

(1)首先画出图 12 – 13 左边所示的标高符号。

(2)定义属性。

命令:attdef

出现"属性定义"对话框,按如图 12 – 14 所示的内容输入每项。

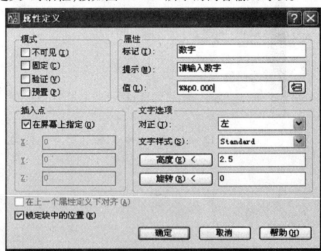

图 12 – 14　"属性定义"对话框

（3）单击"确定"按钮，对话框消失，命令行提示："指定起点："。

（4）在图 12 – 13 左图所示的标高符号的上方，三角形的右上角选取一点。

（5）在点击处出现"数字"文本，如图 12 – 15 所示。

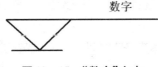

图 12 – 15　"数字"文本

（6）定义块。

命令：block

在对话框的"名称"栏中输入"标高"。然后给定基点（以三角形的下顶点为基点），用窗口方式将目标全部选中，如图 12 – 16 所示。

图 12 – 16　用窗口方式将目标全部选中

（7）点击"确定"按钮退出，出现如图 12 – 17 所示的"编辑属性"对话框。该对话框是让用户再次确定属性，击"确定"按钮，原来图块上的"数字"文本改为输入的值"±0.000"，如图 12 – 17 所示。

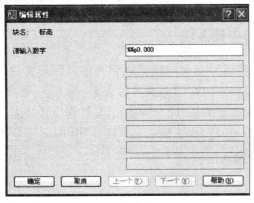

图 12 – 17　"编辑属性"对话框

（8）插入带属性的图块。

命令：insert

在"插入"对话框中的"名称"栏选择"标高"图块名，单击"确定"按钮，提示行出现如下提示："指定插入点或［基点（B）/比例（S）/ X / Y / Z /旋转（R）］："，在该标注标高处点击，结果如图 12 - 18 所示。

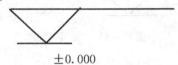

±0.000

图 12 - 18 "标高"图块

命令行继续提示："输入属性值，请输入数字 < ± 0000 > ："，直接按 Enter 键得到图 12 - 13 右图的最下标注值。

继续使用"INSERT"命令，在"请输入数字 < ± 0.000 > ："的提示后输入"2.800"。可得到图 12 - 13 右图的最下第二个标注值。

用相同的方法插入图块并输入不同的值，得到如图 12 - 13 右图所示的结果。

方法二：外部属性块标注。

操作步骤：

（1）画出标高符号（注意：文件内不能有其他元素）。

（2）使用"BASE "命令或下拉菜单中的"绘图"→"块"→"基点"命令。

（3）命令行提示："输入基点 < O.0000,0.0000,0.0000 > ："，用鼠标点击标高符号三角形的下端点。

（4）定义属性：

命令：attdef

出现"属性定义"对话框，按图 12 - 14 的内容输入每项。

（5）单击"确定"按钮，对话框消失，命令行提示："指定起点："

（6）在图 12 - 13 左图所示的标高符号的上方、三角形的右上角选取一点。

（7）再次存盘。外部属性块建立。

（8）用外部图块的插入方式，插入属性块。以后任何文件都能使用这个属性块。

12.5.2 在图形中插入块

所谓插入块，就是将已经定义的块插入到当前的图形文件中。在插入块（或文件）时，用户必须确定 4 组特征参数，即要插入的块名、插入点、缩放比例和旋转角度。块的插入点对应于创建块时指定的基点。当将图形文件作为块插入时，AutoCAD 将使用图形文件的基点（默认是（0, 0,0））作为插入点，可以使用 Base 命令，重新定义它的基点。

1. 利用 Insert 命令插入图块

Insert 命令用于插入块的引用，与 Block 命令一样，它也提供了命令行和对话框两种方式。

可以通过下列 3 种方式执行 Insert 命令：

①单击"绘图"工具栏上的"插入块"按钮。

②选择"插入"→"块"命令。

③在"命令:"提示下输入"Insert"并按 Enter 键。

执行 Insert 命令后,打开如图 12 - 19 所示的对话框。该对话框中各部分的功能介绍如下:

(1)"名称":用户可通过该下拉列表框输入或选择所需要的块名。

(2)"插入点"选项组:确定块的插入点位置。有两种方法决定插入点位置:用鼠标在屏幕上指定插入点或者直接输入插入点坐标。

(3)"缩放比例"选项组:确定块在 X、Y、Z 三个方向的插入比例系数。也可以用鼠标在屏幕上指定或者直接输入缩放比例。如果用户设置的比例因子为负值,则块在插入后将沿基点旋转 180°,再缩放与其绝对值相同的比例。

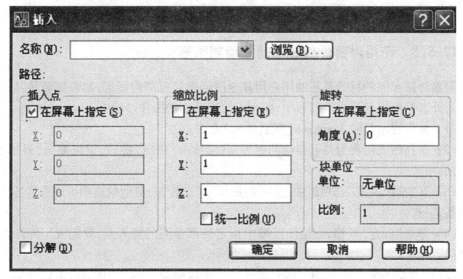

图 12 - 19　"插入"对话框

(4)"旋转"选项组:确定块的旋转角度。块在插入时用户可以任意改变其角度,使其按需要的角度插入到图形中。用户同样可以在屏幕指定块的旋转角度或者直接输入旋转角度。

(5)"分解"复选框:用于指定是否在插入块时将其分解成原有的组成实体。选中此复选框后,块在插入的同时,其组成部分被炸开成单独的各部分实体,而不再是一个整体。否则插入后的块将是一个整体。

2. 在圆环零件的俯视图上插入前面定义的六角螺钉块

操作步骤如下:

(1)绘制如图 12 - 20 所示的防盗门立面图,其中中间铁窗需要以块的形式添加。

(2)单击"绘图"工具栏上的 按钮,打开"插入"对话框,选中"插入点"、"缩放比例"和"旋转"选项组中的"在屏幕上指定"复选框。完成后的图形如图 12 - 21 所示。

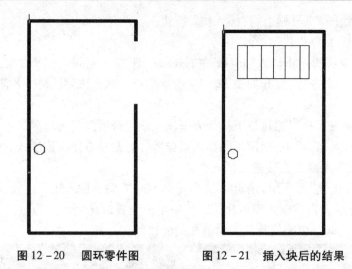

图 12 - 20　　圆环零件图　　　　　图 12 - 21　　插入块后的结果

12.5.3　使用附着外部参考功能绘制图形

附着外部参照的目的是帮助用户用其他图形来补充当前图形,如果需要将某一幅图形作为外部参照附着到当前图形中,就可以使用下面的操作步骤:

(1) 命令提示行输入 xattach(或别名 xa)命令。

(2) 选择所要附着为外部参照的图形文件,单击"确定"按钮,系统弹出"外部参照"对话框。

(3) 在"参照类型"选项组中选中"附加型"单选按钮,其他的选项可以参考插入图块的设置进行。

(4) 单击"确定"按钮,在绘图区域中指定外部参照的插入点,就完成了外部参照的附着。

技巧:建筑专业的资料图是各专业进行外部参照绘图的公用模板,可以分别将各层平面和剖立面作为独立的. dwg 文件存放到一个外部参照文件夹内,然后新建一个. dwg文件,起名如 jt - 11 - 04. dwg,然后将各参照文件分别附着进去,组合成一套完整的建筑提资的基本图,发给各专业设计人员。同时要求设备专业就不能对各参照文件图进行修改。建筑专业人员应按照统一的制图标准和命名原则在不同的图层中制图,方便设备专业的设计人员进行图纸的简化处理,应注意在外部参照文件的 0 层上不应有任何内容,因为使用外部参照时,当前文件中的 0 层及 0 层上的属性(颜色和线型)将覆盖外部参照文件的 0 层及 0 层上的属性。

项目 13　建筑 AutoCAD 绘图综合实例

13.1　绘制建筑平面图

13.1.1　建筑平面图的绘制内容

建筑平面图是房屋各层的水平剖面图,表达了房屋的平面形状、大小和房间的布置,墙和柱的位置、厚度和材料,门窗的位置和大小等。建筑平面图是重要的施工依据,在绘制前首先应清楚需绘制的内容。

建筑平面图的主要内容如下:

(1)图名、比例。

(2)纵横定位轴线及其标号。

(3)建筑的内外轮廓、朝向、布置、空间与空间的相互联系、入口、走道、楼梯等,首层平面图需绘制指北针表达建筑的朝向。

(4)建筑物的门窗开启方向及其编号。

(5)建筑平面图中的各项尺寸标注和高程标注。

(6)建筑物的造型结构、空间分隔、施工工艺、材料搭配等。

(7)剖面图的剖切符号及编号。

(8)详图索引符号。

(9)施工说明等。

13.1.2　建筑平面图的绘制要求

(1)图纸幅面 A3 图纸幅面是 297×420 mm^2,A2 图纸幅面是 420×594 mm^2,A1 图纸幅面是 594×841 mm^2,其图框的尺寸见相关的制图标准。

(2)图名及比例建筑平面图的常用比例是 1∶50、1∶100、1∶150、1∶200、1∶300。图样下方应注写图名,图名下方应绘一条短粗实线,右侧应注写比例,比例字高宜比图名的字高小一号或两号。

(3)图线 。

①图线宽度图线的基本宽度 b 可从下列线宽系列中选取: 0.18 mm、0.25 mm、0.35 mm、0.5 mm、0.7 mm、1.0 mm、1.4 mm、2.0 mm。A2 图纸建议选用 b = 0.7 mm(粗线)、0.5b = 0.35 mm(中粗线)、0.25b = 0.18 mm(细线)。A3 图纸建议选用 b = 0.5 mm(粗

线)、0.5b＝0.25 mm(中粗线)、0.25b＝0.13 mm(细线)。

②线型实线 continuous、虚线 ACAD_ISOO2W100 或 dashed、单点长画线 ACAD_ISOO4W100 或 Center、双点长画线 ACAD_ISOO5W100 或 Phantom。线型比例大致取出图比例倒数的一半左右(在模型空间应按 1:1 绘图)。用粗实线绘制被剖切到的墙、柱断面轮廓线,用中实线或细实线绘制没有剖切到的可见轮廓线(如窗台、梯段等)。尺寸线、尺寸界线、索引符号、高程符号等用细实线绘制,轴线用细单点长画线绘制。

(4)字体。

①图样及说明的汉字应采用长仿宋体,高度与宽度的关系应符合规定。文字的高度应从以下系列中选择: 2.5 mm、3.5 mm、5 mm、7 mm、10 mm、14 mm、20 mm。

②汉字的高度不应小于 3.5 mm,拉丁字母、阿拉伯数字或罗马数字的字高不应小于 2.5 mm。

③在 AutoCAD 中,文字样式的设置见第三章任务三的叙述。在执行 Dtext 或 Mtext 命令时,文字高度应设置为上述的高度值乘以出图比例的倒数。

(5)尺寸标注。

①尺寸界线应用细实线绘制,一般应与被注长度垂直,其一端应离开图样轮廓线不小于 2mm,另一端宜超出尺寸线 2~3mm。

②尺寸起止符号一般用中粗(0.5b)斜短线绘制,其斜度方向与尺寸界线成顺时针 45°,长度宜为 2~3 mm。半径、直径、角度与弧长的尺寸起止符号,宜用箭头表示。

③互相平行的尺寸线,应从被注写的图样轮廓线由近向远整齐排列,应将大尺寸标在外侧,小尺寸标在内侧。尺寸线距图样最外轮廓之间的距离不宜小于 10 mm。平行排列的尺寸线的间距宜为 7~10 mm,并应保持一致。

④所有注写的尺寸数字应离开尺寸线约 1 mm。

⑤在 AutoCAD 中,标注样式的设置见第三章任务四的叙述,全局比例应设置为出图比例的倒数。

(6)剖切符号。剖切位置线长度宜为 6~10 mm,投射方向线应与剖切位置线垂直,画在剖切位置线的同一侧,长度应短于剖切位置线,宜为 4~6 mm。为了区分同一形体上的剖面图,在剖切符号上宜用字母或数字,并注写在投射方向线一侧。

(7)详图索引符号。

①图样中的某一局部或构件,如需另见详图,应以索引符号标出。索引符号是由直径为 10 mm 的圆和水平直径组成,圆及水平直径均以细实线绘制。

②详图的位置和编号,应以详图符号表示。详图符号的圆应以直径为 14 mm 的粗实线绘制。

(8)引出线。引出线应以细实线绘制,宜采用水平方向的直线,与水平方向成 30°、45°、60°、90°的直线,或经上述角度再折为水平线。文字说明宜注写在水平线的上方,也可注写在水平线的端部。

(9)指北针。指北针是用来指明建筑物朝向的。圆的直径宜为 24mm,用细实线绘制,指针尾部的宽度宜为 3mm,指针头部应标示"北"或"N"。需用较大直径绘制指北针时,指针尾部宽度宜为直径的 1/8。

（10）高程。

①高程符号用以细实线绘制的等腰直角三角形表示,其高度控制在 3mm 左右。在模型空间绘图时,等腰直角三角形的高度值应是 3 mm 乘以出图比例的倒数。

②高程符号的尖端指向被标注高程的位置。高程数字写在高程符号的延长线一端,以米为单位,注写到小数点的第 3 位。零点高程应写成 ±0.000,正数高程不用加"＋",但负数高程应注上"－"。

（11）定位轴线。

①定位轴线应用细单点长画线绘制。

②定位轴线一般应编号,编号应注写在轴线端部的圆圈内,字高大概比尺寸标注的文字大一号。圆应用细实线绘制,直径为 8 ~ 10mm,定位轴线圆的圆心,应在定位轴线的延长线上。

③横向编号应用阿拉伯数字,从左至右顺序编写;纵向编号应用大写拉丁字母,从下至上顺序编写,但 I、O、Z 字母不得用作轴线编号,以避免与阿拉伯数字 1、0、2 混淆。

13.1.3　建筑平面图的绘制方法

（1）选择比例,确定图纸幅面。

（2）绘制定位轴线。

（3）绘制墙体和柱的轮廓线。

（4）绘制细部,如门窗、阳台、台阶、卫生间等。

（5）尺寸标注、轴线圆圈及编号、索引符号、高程、门窗编号等。

（6）文字说明。

13.1.4　建筑平面图的绘制过程

下面以附录 B 办公楼的底层平面图为例介绍建筑平面图的具体绘制步骤。

1. 设置绘图环境

（1）建立一个新文件,文件名为"办公楼底层平面图"。

（2）设置图形界限。按所绘平面图的实际尺度和出图时的图纸幅面确定图形界限。本例用 A3 图纸,1∶100 出图,故将图形界限的左下角确定为(0,0),右上角确定为(42 000,29 700)。

（3）设置图形单位。将长度单位的类型设置为"小数","精度"设置为"0",其他使用默认值。

（4）设置图层。为方便绘图,便于编辑、修改和输出,根据建筑平面图的实际情况,参照专业软件所设定的主要图层的颜色(见表 13 – 1)供大家参考。

表 13 – 1　　办公楼底层平面图的图层设置

层名	颜色	线型	线宽
轴线	红色	Genter	默认
墙线	灰色	Continuous	默认
门窗	青色	Continuous	默认
标注	绿色	Continuous	默认
楼梯	黄色	Continuous	默认
文字	白色	Continuous	默认
阳台	品红	Continuous	默认
台阶	黄色	Continuous	默认

（5）设置辅助工具。按下 F6 功能键两次，使坐标显示为"距离 < 角度 > "方式，其他"栅格"、"正交"和"对象捕捉"功能可在绘图状态中随时打开和关闭。

2. 绘图轴网

（1）将"轴线"层置为当前层，如图 13 – 1 所示。

图 13 – 1　　轴线层的当前层设置

图 13 – 2　　基准轴线

（2）执行"Line"命令生成横向和纵向两条基准轴线，如图 13 – 2 所示。

（3）修改线型比例，选菜单"格式"→"线型"，设线型全局比例因子改为 100。

提示：

①在命令行中输入"Z"后按空格键，再输入命令"E"按 Enter 键，执行"范围缩放"命

令。这样等于把图形由远推近,所以可以看到线的两个端点。

②执行"范围缩放"命令后,如果看到的线不是中心线时,应检查"图层特性管理器"对话框中的轴线图层的线型是否加载了中心线(CENTER);当前层是否是轴层;线型管理器对话框的全局比例因子是否改为"100"。

(4)执行"Offset"命令,画出其他轴线。

(5)执行"trim"、"Erase"命令,剪去、删除多余的轴线,其效果如图 13-3 所示。

图 13-3   横向轴线偏移

3. 绘制墙体

墙体分内墙与外墙。墙线用双线表示,并通常以轴线为中心,用多线绘制,也可用偏移命令以轴线为基线向两边偏移得出。绘制步骤如下:

(1)将"墙线"层设置为当前层。

(2)建立多线样式。选择菜单"格式"→"多线样式",弹出"多线样式"对话框。单击"新建"按钮,输入新建多线样式名称"w240",在偏移量对话框中输入 120 和 -120,单击"确定"按钮,如图 13-4 所示。

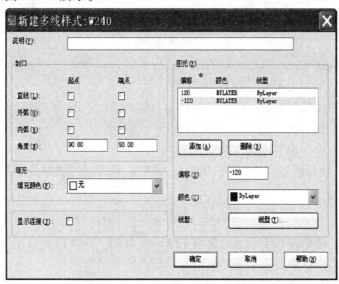

图 13-4   定义多线样式窗口

(3)执行"Mline"命令绘制墙线。查看命令行。

打开"对象捕捉"功能,捕捉 1 轴和 A 轴的交点作为多段线的起点。最后输入"C",完成墙线的绘制。绘制多线时注意按命令行的提示选择多线样式、对正方式和缩放比例。

命令：_Mline   //执行多线命令

当前设置：对正 = 上,比例 = 20.00,样式 = standard

在指定起点或［对正(J)/比例(S)/样式(ST)］: ST

在输入多线样式名或［?］:w240

在指定起点或［对正(J)/比例(S)/样式(ST)］:S

输入多线比例 ＜20.00＞: 1

当前设置：对正 = 上,比例 = 1.00,样式 = W240

在指定起点或［对正(J)/比例(S)/样式(ST)］: J

在输入对正类型［上(T)/无(Z)/下(B)］＜上＞: Z

当前设置：对正 = 无,比例 = 1.00,样式 = W240

在指定起点或［对正(J)/比例(S)/样式(ST)］:

在指定下一点或［放弃(U)］:依次用鼠标点击相应的点。

在指定下一点或［闭合(C)/放弃(U)］: C

结果如图 13 - 5 所示。

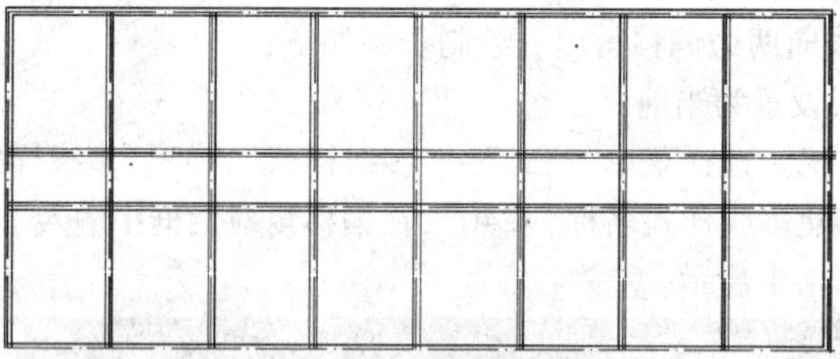

图 13 - 5　墙线的绘制

(4)执行"Mledit"命令,对已绘制的墙体进行编辑。

①单击"图层特性管理器",关闭"轴线"层。

②选择菜单栏中的"修改"→"对象"→"多线"命令,打开"多线编辑工具"对话框,如图 13 - 6 所示。选择 T 形打开。结果如图 13 - 7 所示。

③用同样的方法编辑其他的 T 形接头处。

④将"图层特性管理器"的"轴线"层打开,恢复正常,即点亮"轴线"层的灯泡。

4. 绘制散水线

(1)分解墙线。在命令行输入"explode"命令并按 Enter 键。

(2)用"偏移"命令将外墙线向外偏移 1000mm,如图 13 - 8 所示。

(3)用"圆角"命令修剪散水线的阴阳角。圆角的半径为 0。

提示:按空格键,重新启动"圆角"命令,对其他的角点进行修角。

(4)启动直线命令,绘制四角的散水线交接处,结果如图 13 - 9 所示。

(5)换图层。散水线是由墙线偏移得到的,所以它在"墙线"层上,现将其换到"室外"层上,换图层可用:

①利用图层工具栏换图层。

②利用对象特性换图层。

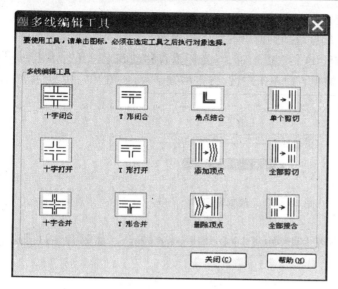

图 13 - 6　多线编辑工具对话框

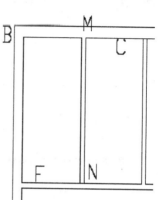

图 13 - 7　墙线节点

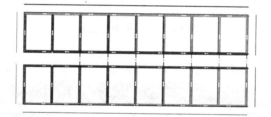

图 13 - 8　外墙线向外偏移

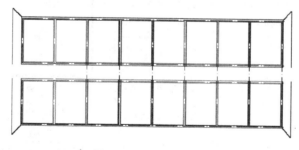

图 13 - 9　散水线绘制

③利用特性匹配命令换图层。

5. 绘制门窗

（1）开门窗洞口线。用"Line"、"Offset"、"trim"等命令,依据附录 B 提供的门窗的定形尺寸和定位尺寸开设门窗洞口。

①分别按下"正交"、"对象捕捉"、"对象跟踪"功能。

②在命令行输入"L"并按空格键,启动直线命令。

③在"_line 指定第一点:"提示下,把光标移到 A 点,不单击左键,待出现端点捕捉

点后,水平移动鼠标的光标,输入"780"(该值是 A 点到窗口线左下角的距离,即 900 -120 =780)后按空格键,直线的起点就画到窗口的左下角 M 处。

　　④在"指定下一点或［放弃(U)］:"提示下,将光标垂直移动到上一条外墙上,打开"垂足"捕捉点,当出现"垂足"捕捉点时单击左键,按空格键结束,如图 13 - 10 所示。

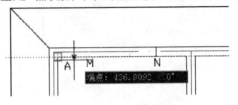

图 13 - 10　　绘制窗口线

　　⑤用"偏移"命令生成 M、N 线,偏移距离 1800 并按空格键确认。如图 13 - 11 所示。

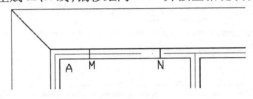

图 13 - 11　　绘制窗口线

　　⑥用"阵列"命令复制其他窗洞口线。"阵列"设置如图 13 - 12 所示。

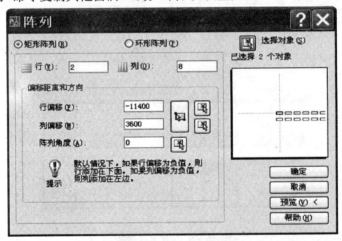

图 13 - 12　　阵列设置

　　⑦参照附图 B "办公楼底层平面图"的尺寸,画出其他的门洞线,并利用修剪命令,修剪结果如图 13 - 13 所示。

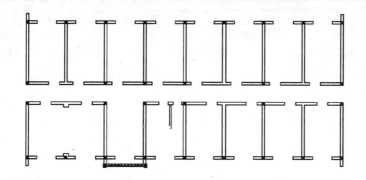

图 13 – 13 开门窗洞口

（2）制作门窗图块。按图 13 – 14 所示的尺寸在 0 层制作门窗图块。

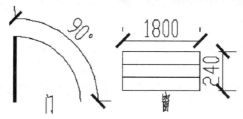

图 13 – 14 门窗图块

（3）插入门窗图块。按附录 B 图所示的门窗尺寸,分别在门层和窗层插入门窗图块。插入时应调整好缩放比例和旋转角度。个别门插入后,执行"Mirror"命令,才能达到附录 B 所示图的效果。图 13 – 15 所示的是插入门窗后的效果。

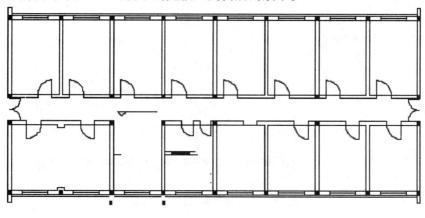

图 13 – 15 门窗绘制

6. 绘制楼梯

（1）将楼梯层切换为当前层,在楼梯间确定踏步线的起点。用"Line"、"Offset"或"Array"等命令绘制楼梯踏步线。

（2）用"Line"、"Offset"等命令绘制扶手。

（3）用"Line"命令绘制折断线,然后用"trim"命令进行修剪。

（4）用"PLine"命令绘制上下行箭头。图 13 – 16 是绘制楼梯后的效果。

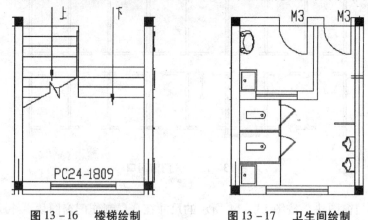

　　　　图 13 – 16　　楼梯绘制　　　　　　　图 13 – 17　　卫生间绘制

7. 绘制卫生间的设施

　　卫生间的设施主要有便池、水龙头、水池等,这些可通过点击 AutoCAD 的设计中心的"主页"按钮,将"House Designer. dwg"和"Kitchens. dwg"文件中的相应图块插入到目标文件。也可按附录 B 所示图形状绘制。图 13 – 17 是绘制卫生间设施后的效果。

8. 绘制台阶和悬挑空花

　　（1）绘制台阶。执行"Line"命令或"Mline"命令,在阳台图层按照附图 B 所示的台阶平面位置绘制。

　　（2）绘制悬挑空花。执行"Line"命令、"填充"、块命令,在室外层按照附图 B 所示的悬挑空花位置绘制。图 13 – 18 是绘制台阶和悬挑空花后的效果。

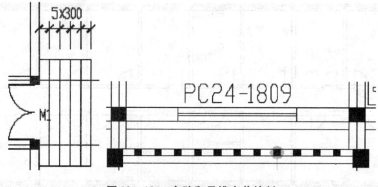

　　　　　　图 13 – 18　　台阶和悬挑空花绘制

9. 整理平面图

加粗墙线。

①将"楼梯"、"门窗"和"轴线"图层关闭。

②在下拉菜单中选择"修改"→"对象"→"多段线"命令,启动多段线编辑命令。

选择多段线或 [多条(M)]:选择 1 墙线。

是否将其转换为多段线? < Y > :按 Enter 键,取默认值。

输入选项 [闭合(C)/合并(J)/宽度(W)/编辑顶点(E)/拟合(F)/样条曲线(S)/非

曲线化(D)/线型生成 L)/放弃(U)]：输入 J

选择对象。指定对角点：找到 17 个,用交叉窗口选择对象,如图 13 – 19 所示。

输入选项［闭合(C)/合并(J)/宽度(W)/编辑顶点(E)/拟合(F)/样条曲线(S)/非曲线化(D)/线型生成(L)/放弃(U)]：输入 w, 按 Enter 键。

指定所有线段的新宽度：50, 按 Enter 键结束。结果如图 13 – 20 所示。

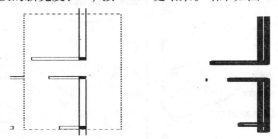

图 13 – 19　选择对象合并　　　　图 13 – 20　多段线加粗

③重复①~②的步骤,完成所有墙体线的加粗。

10. 平面图的标注

(1)设置文字标注样式,如图 13 – 21 所示。

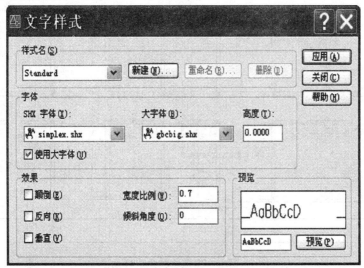

图 13 – 21　Standard 字体样式设置

(2)设置尺寸标注样式。

①"直线"选项卡设置,如图 13 – 22 所示。

②"箭头"选项卡设置,如图 13 – 23 所示。

③将"调整"选项卡中的全局比例设置为 100,并置为当前。尺寸数字的高度一般可设置为 2.5 mm 或 3.5 mm。

(3)标注外 3 道尺寸。

①将散水线向下偏移 1500mm, 如图 13 – 24 所示。

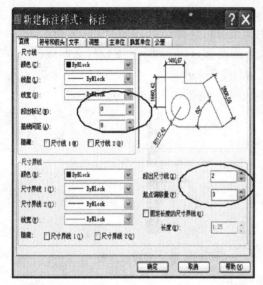

图 13 - 22　"直线"选项卡设置　　　　　图 13 - 23　"箭头"选项卡设置

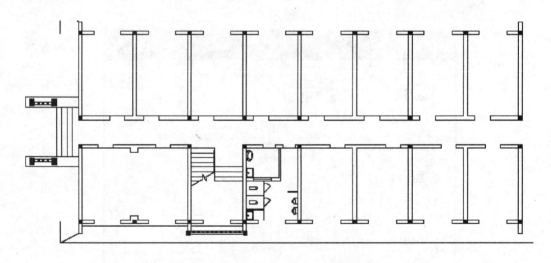

图 13 - 24　由散水线生成辅助线

②换图层：辅助线是由散水线生成的，需要把辅助线换到"辅助"层上。

③打开轴线图层，将门窗层、室外层关闭，如图 13 - 24 所示。

④标注第一道墙的长度和洞口宽度尺寸，用"线性"标注命令。

提示：在指定第一条尺寸界线原点或 ＜选择对象＞：捕捉交点，但不单击鼠标，移动光标到辅助线上出现交点后，单击左键，如图 13 - 25 所示。

指定第二条尺寸界线原点：移动光标到如图 13 - 26 所示的捕捉交点上，不单击鼠标，当光标在辅助线上出现交点后，单击左键。确定第二条尺寸界线。

指定尺寸线位置或［多行文字（M）/文字（T）/角度（A）/水平（H）/垂直（V）/旋转（R）］：输入"1000"，按 Enter 键结束命令，如图 13 - 27 所示。

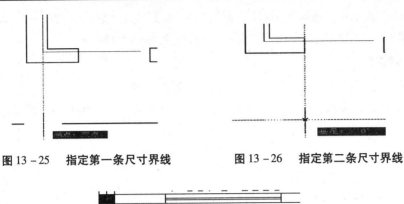

图 13 - 25　指定第一条尺寸界线　　　　　图 13 - 26　指定第二条尺寸界线

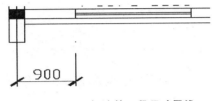

图 13 - 27　标注第一段尺寸界线

⑤标注第二段的尺寸时,用"连续"标注命令。AutoCAD 自动将连续标注连接在刚刚标注的尺寸线上。

提示:如果 AutoCAD 自动连接的尺寸线不是所需要的,可按 Enter 键选择,在选择连续标注命令提示下,选择需要连接的尺寸线。

⑥在指定第二条尺寸界线原点或"[放弃(U)/选择(S)] <选择>:"提示下,移动光标到辅助线上出现交点时单击左键。如图 13 - 28 所示。

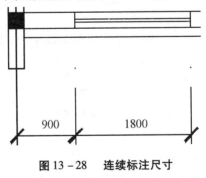

图 13 - 28　连续标注尺寸

⑦在指定第二条尺寸界线原点或"[放弃(U)/选择(S)] <选择>:"提示下,用同样的方法依次向后操作。

(4)标注第二道轴线的尺寸。

①用"基线"标注命令。AutoCAD 自动连接到刚刚标注的尺寸线上。由于连接的标注尺寸线不是所需要的,在出现"指定第二条尺寸界线原点或 [放弃(U)/选择(S)] <选择>:"时,按 Enter 键重新选择。

选择基准标注:将光标放到 900 左侧的尺寸线上,然后单击左键以选择基准标注。

②启动"连续"标注命令,依次标注轴线的相应的点。

(5)标注总尺寸。选择菜单栏的"标注"→"基线"命令,启动"基线"标注即可。

(6)内部尺寸的标注可采用"线性"和"连续"标注命令即可。

11. 标高符号

(1)在 0 层按图 13 – 29 所示的尺寸制作高程符号属性块。

(2)在标注层插入标高符号属性块,缩放比例一般取 70.7、100,属性值的最终高度应和尺寸数字的高度一致。

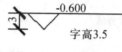

图 13 – 29   标高尺寸

12. 绘制剖切符号、索引符号

在相应的图层,按前述建筑平面图绘制要求的第 6 点和第 7 点绘制剖切符号和索引符号。

13. 编制定位轴线

(1)在 0 层按图 13 – 30 所示的尺寸制作定位轴线圆属性块。

(2)在标注层按附录 B 图所示的图样插入相应的定位轴线圆属性块,缩放比例一般取 70.7、100,属性值的最终高度应比尺寸数字的高度大一号。旋转角度视轴网而定。

(3)对于文字方向不对的编号,应执行 Eattedit 命令,通过弹出的"增强属性编辑器"对话框,将文字的旋转角度改为 0。

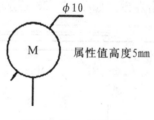

图 13 – 30   轴标尺寸

14. 文字说明

将文字样式置为当前,用单行文字或多行文字输入附录 B 图所示的文字。图名的字高 7 mm、标题和比例的字高 5 mm、正文和房间名称的字高 3.5 mm。因采用 1 : 100 的比例出图,所以在模型空间输入文字时高度值还应乘上 100。

办公楼底层平面图的最终效果如图 13 – 31 所示。

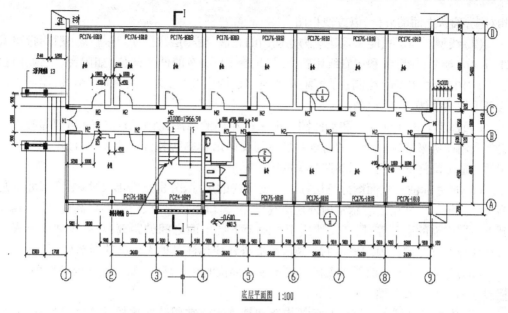

图 13 - 31　办公楼底层平面图

13.2　绘制立面图

13.2.1　建筑立面图的绘制内容

建筑立面图反映了房屋的外貌,各部分配件的形状和相互关系以及外墙面装饰材料、做法等。建筑立面图是建筑施工中控制高度和外墙装饰效果的重要技术依据。在绘制前也应清楚需绘制的内容,建筑立面图的主要内容如下:

(1)图名、比例。

(2)两端的定位轴线和编号。

(3)建筑物的体形和外貌特征。

(4)门窗的大小、样式、位置及数量。

(5)各种墙面、台阶、阳台等建筑构造与构件的具体位置、大小、形状、做法。

(6)立面高程及局部需要说明的尺寸。

(7)详图的索引符号及施工说明等。

13.2.2　建筑立面图的绘制要求

(1)图纸幅面和比例。通常建筑立面图的图纸幅面和比例的选择在同一工程中可考虑与建筑平面图相同,一般采用1:100 的比例。建筑物过大或过小时,可以选择1:200 或1:50。

(2)定位轴线在立面图中,一般只绘制两条定位轴线,且分布在两端,与建筑平面图相对应,确认立面的方位,以方便识图。

（3）线型。为了更能突现建筑物立面图的轮廓,使得层次分明,地坪线一般用特粗实线（1.4b）绘制;轮廓线和屋脊线用粗实线（b）绘制;所有的凹凸部位（如阳台、线脚、门窗洞等）用中实线（0.5b）绘制;门窗扇、雨水管、尺寸线、高程、文字说明的指引线、墙面装饰线等用细实线（0.25b）绘制。

（4）图例。由于立面图和平面图一般采用相同的出图比例,所以门窗和细部的构造也常采用图例来绘制。绘制的时候我们只需要画出轮廓线和分格线,门窗框用双线。常用的构造和配件的图例可以参照相关的国家标准。

（5）尺寸标注。立面图分三层标注高度方向的尺寸,分别是细部尺寸、层高尺寸和总高尺寸。细部尺寸用于表示室内外地面高度差、窗口下墙高度、门窗洞口高度、洞口顶部到上一层楼面的高度等;层高尺寸用于表示上下层地面之间的距离;总高尺寸用于表示室外地坪至女儿墙压顶端檐口的距离。除此外还应标注其他无详图的局部尺寸。

（6）高程尺寸。立面图中需标注房屋主要部位的相对高程,如建筑室内外地坪、各级楼层地面、檐口、女儿墙压顶、雨罩等。

（7）索引符号等。建筑物的细部构造和具体做法常用较大比例的详图来反映,并用文字和符号加以说明。所以凡是需绘制详图的部位,都应该标上详图的索引符号,具体要求与建筑平面图相同。

13.2.3　建筑立面图的绘制方法

（1）选择比例,确定图纸幅面。
（2）绘制轴线、地坪线及建筑物的外围轮廓线。
（3）绘制阳台、门窗。
（4）绘制外墙立面的造型细节。
（5）标注立面图的文本注释。
（6）立面图的尺寸标注。
（7）立面图的符号标注,如高程符号、索引符号、轴标号等。

13.2.4　建筑立面图的绘制过程

下面以如图 13 -32 所示的正立面图为例介绍建筑立面图的具体绘制步骤。

1. 设置绘图环境

建筑立面图的绘图环境设置与建筑平面图的绘图环境设置相同,可添加地坪线图层,线宽 1.4b（b 取 0.5 mm）。快速简单的方法是直接将上面绘制好的建筑平面图打开,按绘制立面图的需要适当添加图层,然后另存为本任务的建筑立面图文件。

2. 绘立面图框架

（1）设置"墙线"层为当前层。
（2）启动矩形命令。
指定第一个角点或 ［倒角（C）/标高（E）/圆角（F）/厚度（T）/宽度（W）］:单击任意

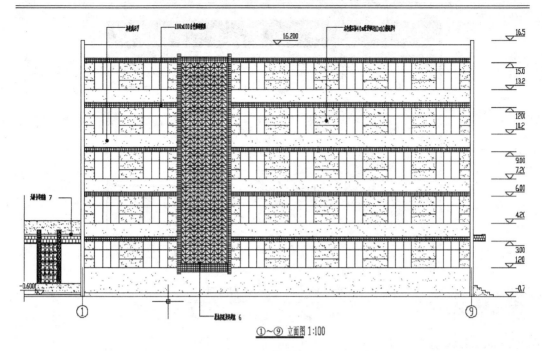

图 13－32　办公楼立面图

一点。

　　指定另一个角点或［面积（A）/尺寸（D）/旋转（R）］：输入 @29040,16950 ↙

　　命令：ZOOM ↙

　　命令：E ↙

　　（3）分解矩形，用"偏移"命令将踢脚线依次向上偏移 270、1950、1800、300，生成一层的窗台线。结果如图 13－33 所示。

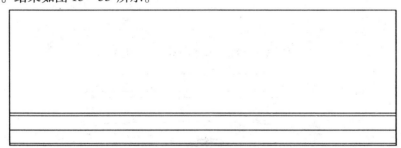

图 13－33　偏移生成的窗台线

　　（4）用阵列命令生成 2、3、4、5 层的窗台线。按照如图 13－34 所示设定阵列对话框。

　　（5）选择对象，如图 13－35 所示。

3．绘立面图窗洞口

　　（1）用鼠标单击此夹点，变红色，按两次 Esc 键，夹点消失，把此点作为基准点，如图 13－36所示。

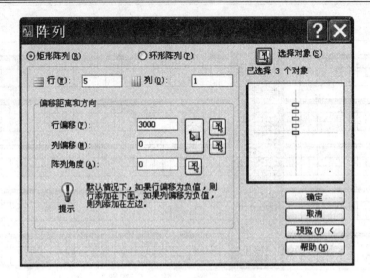

图 13－34 "阵列"对话框

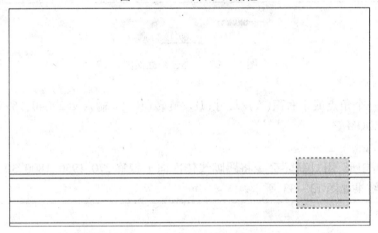

图 13－35 "阵列"设置对话框中选择对象

图 13－36 取基准点

（2）启动矩形命令。输入：

命令：_rectang ↙

指定第一个角点或［倒角（C）/标高（E）/圆角（F）/厚度（T）/宽度（W）］：w 改变线宽↙

指定矩形的线宽 ＜0.0000＞：50 ↙

指定第一个角点或［倒角（C）/标高（E）/圆角（F）/厚度（T）/宽度（W）］：＠1140,0 ↙

指定另一个角点或［面积(A)/尺寸(D)/旋转(R)］：@1800,1800↙

提示：平面图中的 1 轴和 2 轴的 C-1 窗宽为 1800mm,离外墙线的距离为：240mm +

900mm = 1140mm。

（3）结果如图 13-37 所示。

图 13-37　绘窗洞口

（4）用阵列命令生成 1~8 轴线之间 2~5 层的窗洞口。阵列对话框参数设定为：5 行、8 列、行偏移 3000、列偏移 3600,结果如图 13-38 所示。

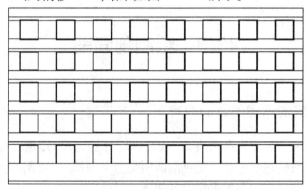

图 13-38　阵列生成窗洞口

4.绘立面图窗

按图 13-39 所示的图形尺寸在 0 层制作窗的图块,然后在窗图层插入窗的图块,其效果如图 13-40 所示。

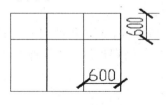

图 13-39　窗体尺寸

图 13-40　窗效果

5. 修整立面图

(1)依据一层平面图中所标注的台阶的定形尺寸和定位尺寸,在台阶图层绘制台阶的立面图。

(2)拉长地平线,用多段线编辑加粗地平线。

(3)在一层地面和地坪面之间的外墙上,用"AR－B816"图案进行图案填充,其效果如图 13－32 所示。

6. 标注尺寸

按三级尺寸标注法,分别标注细部尺寸、层高尺寸和总高尺寸。除此外还应标注屋顶细部无详图的局部尺寸。尺寸数字的高度一般取 2.5 mm 或 3.5 mm。标注尺寸后的效果如图 13－32 所示。

7. 注写文字及相关符号的标注

按图 13－32 所示的文字内容,注写施工说明。文字高度应设定为 3.5mm 乘以出图比例的倒数。其他文字高度的设定与建筑平面图相同。标高符号和索引符号只需插入在平面图的制作的属性块,视图面的复杂程度确定缩放比例,一般为 70.7、100。标高数字的高度应和尺寸数字的高度一致,定位轴线编号的数字、字母的高度应比尺寸数字大一号。办公楼正立面图的最终效果如图 13－32 所示。

13.3　绘制剖面图

13.3.1　建筑剖面图的绘制内容

建筑剖面图反映了房屋内部垂直方向的高度、分层情况,楼地面和屋顶结构形式及各构配件在垂直方向的相互关系。建筑剖面图是与平面图、立面图相互配合的不可或缺的重要图样之一。建筑剖面图的主要内容如下:

(1)图名、比例。

(2)必要的轴线以及各自的编号。

(3)被剖切到的梁、板、平台、阳台、地面以及地下室图形。

(4)被剖切到的门窗图形。

(5)剖切处各种构配件的材质符号。

(6)未剖切到的可见部分,如室内的装饰、和剖切平面平行的门窗图形、楼梯段、栏杆的扶手等和室外可见的雨水管、地漏等以及底层的勒脚和各层的踢脚。

(7)高程以及必需的局部尺寸的标注。

(8)详图的索引符号。

(9)必要的文字说明。

13.3.2　建筑剖面图的绘制要求

（1）图名和比例。建筑剖面图的图名必须与底层平面图中剖切符号的编号一致,如 1 –1 剖面图。建筑剖面图的比例与平面图、立面图一致,采用 1∶50、1∶100、1∶200 等较小比例绘制。

（2）所绘制的建筑剖面图与建筑平面图、建筑立面图之间应符合投影关系,即长对正、宽相等、高平齐。读图时,也应将三图联系起来。

（3）图线。凡是剖到的墙、板、梁等构件的轮廓线用粗实线表示,没有剖到的其他构件的投影线用细实线表示。

（4）图例。由于比例较小,剖面图中的门窗等构配件应采用国家标准规定的图例表示。为了清楚地表达建筑各部分的材料及构造层次,当剖面图的比例大于 1∶50 时,应在剖到的构配件断面上画出其材料图例;当剖面图的比例小于 1∶50 时,则不画材料图例,而用简化的材料图例表示其构件断面的材料,如钢筋混凝土的梁、板可在断面处涂黑,以区别于砖墙和其他材料。

（5）尺寸标注与其他标注。剖面图中应标出必要的尺寸。外墙的竖向标注三道尺寸,最里面一道为细部尺寸,标注门窗洞及洞间墙的高度尺寸;中间一道为层高尺寸;最外一道为总高尺寸。此外,还应标注某些局部的尺寸,如内墙上门窗洞的高度尺寸,窗台的高度尺寸;以及一些不需绘制详图的构件尺寸,如栏杆扶手的高度尺寸、雨篷的挑出尺寸等。建筑剖面图中需标注高程的部位有室内外地面、楼面、楼梯平台面、檐口顶面、门窗洞口等。剖面图内部的各层楼板、梁底面也需标注高程。建筑剖面图的水平方向应标注墙、柱的轴线编号及轴线间距。

（6）详图索引符号。由于剖面图比例较小,某些部位如墙脚、窗台、楼地面、顶棚等节点不能详细表达,可在剖面图上的该部位处画上详图索引符号,另用详图表示其细部构造。楼地面、顶棚、墙体内外装修也可用多层构造引出线的方法说明。

13.3.3　建筑剖面图的绘制方法

（1）绘制各定位轴线。
（2）绘制建筑物的室内地坪线和室外地坪线。
（3）绘制墙体断面轮廓、未被剖切到的可见墙体轮廓以及各层的楼面、屋面等。
（4）绘制门窗洞、楼梯、檐口及其他可见轮廓线。
（5）绘制各种梁的轮廓和具体的断面图形。
（6）绘制固定设备、台阶、阳台等细节。
（7）尺寸标注、高程及文字说明等。

13.3.4　建筑剖面图的绘制过程

绘制剖面图可以采用绘制三视图的作图方法,依据已绘制的建筑平面图、正立面图与将要绘制的 1 –1 剖面图之间的投影关系和三视图的作图原则,在打开的建筑正立面图文件中,将底层平面图粘贴在正立面图的正下方,即长对正。绘制三视图的坐标线和45°辅助线(按照作右视图的方法绘制辅助线)。按照宽相等的作图原则,绘制宽度方向的定位辅助线,然后建立剖面图。用户可以采用灵活的绘图方法。下面以附录 B 所示的正立面图为例介绍建筑立面图的具体绘制步骤。

1. 设置绘图环境

建筑剖面图的绘图环境设置与建筑立面图的绘图环境设置相同。快速简单的方法是直接将上一任务的建筑正立面图打开,按绘制建筑剖面图的需要适当添加图层,然后另存为建筑剖面图文件。

2. 绘制轴线

(1)将轴线层设置为当前层。

(2)绘制长度为 17250mm 的垂直线,并自左向右依次偏移 5400、1800、4800。

3. 绘制剖面图的室外地坪线、底层的地面线和前后的台阶

用水平辅助线偏移 750mm 绘制地坪线,台阶步长 300mm、高为 150mm,如图 13 - 41所示。

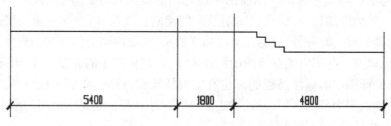

图 13 - 41　室外地坪线、地面线

4. 绘制底层的剖面图

(1)绘制内外墙体。没有被剖切到的墙体用单实线绘制,剖切到的墙体用双线绘制。图形比例为 1:100~1:200 时,材料图例可采用简化画法,如砖墙涂红、钢筋混凝土涂黑。

将墙线层设置为当前层,用"多线"命令绘制。

(2)绘制楼地面。用偏移命令将地坪线向上偏移 3300mm,生成二层楼地面,然后两者分别向下偏移 120mm,形成楼板。

(3)绘制梁。根据如图 13 - 42 所示的梁尺寸,可用"矩形"命令,采用自捕捉的方式绘制。也可以使用块。绘制的位置参照附录 B 图所示的尺寸。

图 13 - 42　绘制梁 L - 1

(4)绘制窗的剖面图、立面图,尺寸如办公楼底层平面图所示。结果如图 13 - 43 所示。

(5)绘制楼梯及其扶手,见附录 B 图所示。楼梯的具体绘制过程在后面介绍。

(6)绘制梁和楼板填充,结果如图 13 - 44 所示。

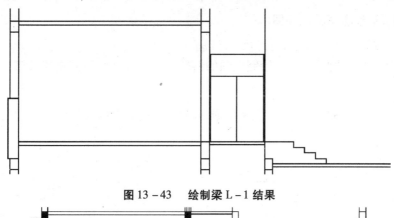

图 13 - 43　　绘制梁 L - 1 结果

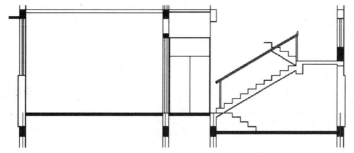

图 13 - 44　　底层剖面图

5. 绘制标准层的剖面图

（1）绘制内外墙体、楼地面和梁。

（2）绘制窗的剖面图、立面图，如图 13 - 45 所示。

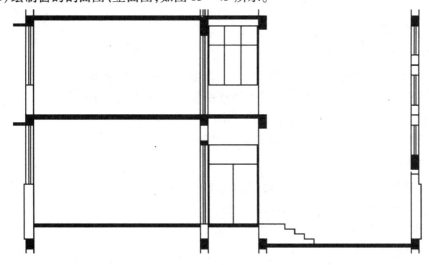

图 13 - 45　　标准层剖面图

6. 其他层的剖面图绘制

其他层的剖面图用标准层的图复制即可。

7. 绘制顶层和屋顶的剖面图

(1)绘制顶层的内外墙体、门窗及其细部。

(2)按附录 B 图所示的尺寸绘制屋顶的斜坡、构造的厚度、门窗及其细部。

8. 绘制楼梯

(1)用多段线命令绘制如图 13 - 46 所示的图形,并绘制两条辅助线,然后向下偏移 110mm。

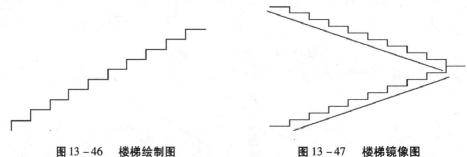

图 13 - 46　楼梯绘制图　　　　　　图 13 - 47　楼梯镜像图

用镜像命令生成如图 13 - 47 所示的图形。

(2)按照如图 13 - 48 所示的尺寸绘制平台梁。

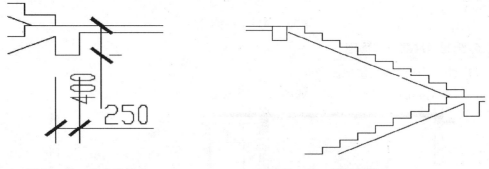

图 13 - 48　平台梁尺寸　　　　　　图 13 - 49　楼梯修整

(3)将平台梁向下偏移 100mm,然后修整图形,结果如图 13 - 49 所示。

(4)用直线、倒角命令绘制楼梯扶手,如图 13 - 50 所示。

(5)把修整后的楼梯填充并复制到剖面图中。

9. 尺寸标注

(1)标注外墙上的细部尺寸,标注层高尺寸和总高尺寸。

(2)标注轴线间距的尺寸和前后墙间的总尺寸。

(3)标注局部尺寸,效果如图 13 - 30 所示。

10. 注写文字及相关符号

注写文字及相关符号按图 13 - 24 所示的文字内容标注。文字高度的设定与建筑立面图的设定相同。高程符号和轴线编号只需插入已制作的属性块,缩放比例的设定与建筑立面图的设定相同。某小区别墅剖面图的最终效果如图 13 - 24 所示。

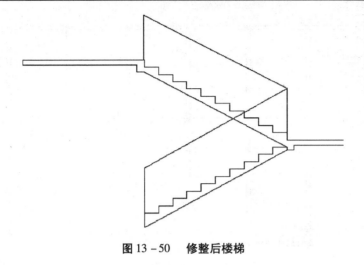

图 13 - 50　修整后楼梯

13.4　结构施工图的绘制

13.4.1　绘制基础平面图

1. 绘图准备

利用 AutoCAD 2007 打开前面绘制的"学校办公楼底层平面图. dwg"文件,关闭"轴线"、"标注"图层后,按住 Crtl + C 键框选整个图形,然后粘贴到建立的新文件中。

2. 将图中多余的部分修剪删除并修改部分参数

(1)在"线型管理器"对话框中的"全局比例因子"改为"100"。

(2)打开"标注样式管理器"中,将"调整"选项卡中的"使用全局比例"改为"100"。

(3)打开"图层管理器",将"墙线"层名称改为"基础墙",并新建"大放脚"图层。

(4)清理多余的图层。选择"文件"→"绘图实用工具"→"清理"命令,打开"清理"对话框,除"基础墙线"、"标注"、"文本"、"轴线"、"大放脚"、"辅助"层之外,其余层全部清除。

(5)将"基础墙"设为当前层,用前面讲过的多线绘制方法,修补墙线,修改后的图形如图 13 - 51 所示。

提示:"清理"命令可以清理不使用的图层、多线样式、线型、图块、标注样式等。也可在命令行输入"PURGE"命令启动"清理"对话框。

13.4.2　绘制大放脚

(1)分解墙线,然后用"偏移"命令,参照附录 B 中的"学校办公楼基础平面图"尺寸偏移墙线,用"修剪"、"倒角"命令修整,结果如图 13 - 52 所示。

(2)修整图形。

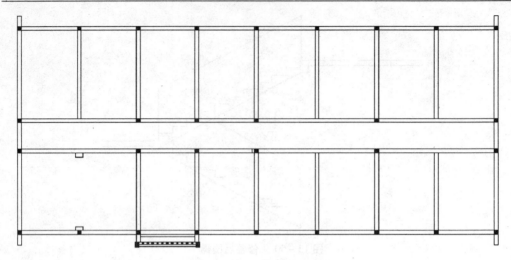

图 13 - 51   修剪平面图

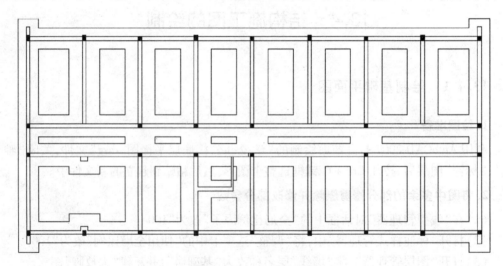

图 13 - 52   大放脚绘制

①选中全部大放脚线,把它们切换到"大放脚"图层。

②加粗基础墙线。将"大放脚"和"轴线"层锁定,启动"多段线编辑"命令。

选择对象: //选择基础墙

[闭合(C)/打开(O)/合并(J)/宽度(W)/拟合(F)/样条曲线(S)/非曲线化(D)/线型生成(L)/放弃(U)]: w

指定所有线段的新宽度: 50

[闭合(C)/打开(O)/合并(J)/宽度(W)/拟合(F)/样条曲线(S)/非曲线化(D)/线型生成(L)/放弃(U)]: j

③参照附录 B"基础平面图",标注尺寸,断面编号和图名,结果如图 13 - 53 所示。

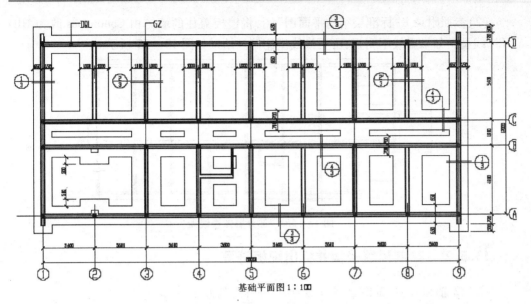

图 13 - 53   基础平面图

13.5   绘制标准层结构布置图

标准层结构布置图和基础平面图一样,是在底层建筑平面图的基础上绘制的,同时,在绘制标准层结构布置图时,需要参照附录 B"标准层结构平面图"中的尺寸。

13.5.1   绘制初始图

1. 新建图形文件

参照绘制底层平面图的方法,将图绘制到如图 13 - 54 所示的状态,并起文件名为"办公楼标准层布置图"。

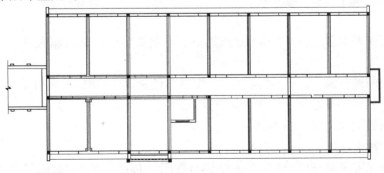

图 13 - 54   图形准备

2. 修改墙线的线型

(1)在"对象特性"工具栏中的"线型"对话框中,加载 HIDDEN 线型。

（2）参照附录 B"标准层结构平面图"图,将楼板盖住的墙体由 Continuous 改为 HID-DEN 线型。如果虚线不明显,可更换线型比例。结果如图 13 – 55 所示。

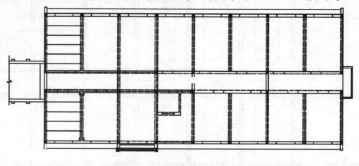

图 13 – 55　　部分墙体换线型

13.5.2　绘制预置楼板并标出配板符号

以 1、2 轴和 C 、D 轴的合围范围为例,讲解绘制方法。

（1）将 A 线向下偏移 5 个 900mm。新建一个"楼板"层,把偏移线切换到"楼板"层。如图 13 – 56 所示。

（2）用直线和圆环命令绘出如图 13 – 57 所示的圆环和直线。圆环内径为 0,外径为 70。

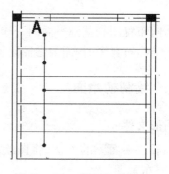

图 13 – 56　　偏移墙线　　　　　图 13 – 57　　圆环和直线

（3）写配板文字。启动"DR"文字输入命令,定义字高为 300,输入文字"5 – bKB3609 – 4"。

（4）绘制楼板编号。启动"圆"命令,绘制半径为 300 的圆,然后启动文字命令,输入"B",调整位置,用复制命令绘制到其他板上。

（5）画斜线、阳台及文字输入。

（6）绘制构造柱。

（7）参照附录 B"办公楼标准层结构布置图",标注尺寸,断面编号和图名,结果如图 13 – 58所示。

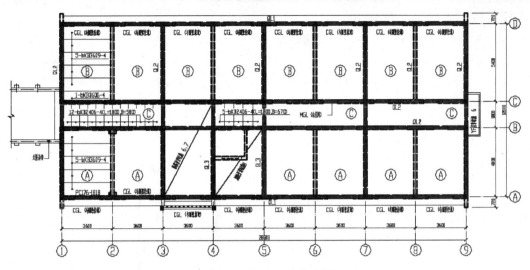

图 13 – 58　标准层结构布置图

13.6　绘制其他结构图

参照附录 B"办公楼结构配筋图",介绍圈梁 1 – 1 断面图、卫生间板的配筋图、梁 L – 1 的纵断面图和楼梯撒进图。注意各图的不同出图比例。

13.6.1　绘制圈梁 1 – 1 断面图

圈梁 1 – 1 断面图如图 13 – 59 所示。

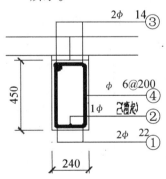

图 13 – 59　绘圈梁断面图

1. 在结构配筋图上按 1∶1 的比例绘制

(1)启动矩形命令绘制断面图轮廓。

命令:_rectang

指定第一个角点或［倒角(C)/标高(E)/圆角(F)/厚度(T)/宽度(W)］:

指定另一个角点或［尺寸(D)］:@240,450

(2)用"偏移"命令把矩形依次向内偏移 30mm(25 厚的保护层 + 5mm 的半个线宽)

和 10mm。如图 13 – 60(a)所示。

（3）用"多段线编辑"命令加粗箍筋。

选择多段线或［多条(M)］:

输入选项［打开(O)/合并(J)/宽度(W)/编辑顶点(E)/拟合(F)/样条曲线(S)/非曲线化(D)/线型生成(L)/放弃(U)］:w

指定所有线段的新宽度:10

按回车键结束命令。结果如图 13 – 60 (b)所示。

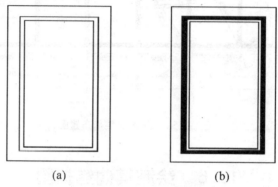

(a)   (b)

图 13 – 60   绘制箍筋

（4）启动圆环命令绘制最里面的矩形的 4 个角点和 1 个边线的纵向钢筋。

命令:_donut

指定圆环的内径 ＜0.5000＞:0

指定圆环的外径 ＜1.0000＞:10

指定圆环的中心点:

（5）删除最里面的矩形。

（6）用 10mm 宽的多段线绘制箍筋的弯钩,结果如图 13 – 61 所示。

图 13 – 61   绘制箍筋的弯钩

2. 按照 1:20 的出图比例标注尺寸、标高、文字及图名

（1）新建标注样式,在"调整"选项卡中的"使用全局比例"设定为 20,用"线性"标注宽度和高度。

（2）标注标高时,三角形的高度为 3mm × 比例 20 = 60mm。

（3）文字高度为 3.5mm × 比例 20 = 70mm。

(4)绘制钢筋的圆圈直径为 6mm × 比例 20 = 120mm。结果见图 13 - 59。

13.6.2   绘制卫生间板的配筋图

1. 在结构配筋图上按 1:1 的比例绘制卫生间板的配筋图

(1)打开标准层结构布置图,复制并调整图型如图 13 - 62 所示。

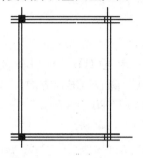

图 13 - 62   准备图形

(2)用偏移命令生成轴线,用多线命令绘制底板梁,把梁线的线型比例修改成“0.5”。

(3)启动“偏移”命令将用外墙线向内分别偏移 120mm。

(4)画一条辅助线,结果如图 13 - 63 所示。

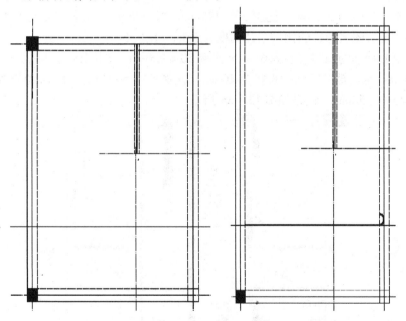

图 13 - 63   向内偏移墙线图   图 13 - 64   绘制受力筋

(5)用多段线绘制受力筋,以内墙线与辅助线的交点为起点绘制。

指定起点:

当前线宽为 0.5.0000

指定下一个点或 [圆弧(A)/半宽(H)/长度(L)/放弃(U)/宽度(W)]: w

指定起点宽度 < 0.5.0000 >: 50

指定端点宽度 ＜50.0000＞：

提示：卫生间板的配筋图的出图比例为 1：50，打印出图后钢筋为 0.5mm 宽的粗线，所以出图前纲筋的线宽为 0.5mm × 50 = 25mm。

指定下一个点或［圆弧(A)/半宽(H)/长度(L)/放弃(U)/宽度(W)］：a

指定圆弧的端点或［角度(A)/圆心(CE)/方向(D)/半宽(H)/直线(L)/半径(R)/第二个点(S)/放弃(U)/宽度(W)］：a

指定包含角：180

指定圆弧的端点或［圆心(CE)/半径(R)］：100

指定下一个点或［圆弧(A)/半宽(H)/长度(L)/放弃(U)/宽度(W)］：a

指定圆弧的端点或［角度(A)/圆心(CE)/方向(D)/半宽(H)/直线(L)/半径(R)/第二个点(S)/放弃(U)/宽度(W)］：80

并按空格键结束，结果如图 13 - 64 所示。

(6)重复启动"多段线"命令，绘制拉结筋。拉结筋的线宽为 0.5mm × 50 = 25mm，拉结筋的长度参考办公楼结构配筋图，向下弯钩的长度为 100mm - 15mm = 85mm。

2. 按照 1：20 的出图比例标注尺寸、标高、文字及图名

(1)新建标注样式，在"调整"选项卡中的"使用全局比例"设定为 50，用"线性"标注宽度和高度。

(2)文字高度为 3.5mm × 比例 50 = 175mm。"8@200"。图名字体高度为 7mm × 比例 50 = 350mm，图名旁边的比例字体高度为 5mm × 比例 50 = 250mm。

(3)绘制钢筋的圆圈直径为 6mm × 比例 50 = 300mm。圆圈内的字高为 5mm × 比例 50 = 250mm。定位轴线的圆圈直径为 10mm × 比例 50 = 500mm，定位轴线圆圈内的字高为 5mm × 50 = 250mm。结果如图 13 - 65 所示。

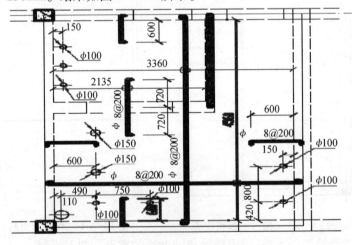

卫生间板配筋图　　1：50

图 13 - 65　卫生间配筋图

13.6.3　绘制 1:20 的 L−1 梁断面图

1. 修改标注样式

在"调整"选项卡中的"使用全局比例"设定为 20。

2. 绘制 1:20 的 L−1 梁纵断面图

(1)启动"矩形"命令。

命令：_rectang

指定第一个角点或［倒角(C)/标高(E)/圆角(F)/厚度(T)/宽度(W)］：

指定另一个角点或［尺寸(D)］：@5040,450

(2)将矩形向内偏移 30mm,确定主筋和架立筋的位置。

提示：出图前的线宽为 0.5mm×20＝10mm,梁内的保护层为 25mm,所以钢筋中心线到梁外沿的距离为 25+10/2＝30mm。

(3)用"多线编辑"更改内矩形的线宽为 10mm。

(4)用分解命令分解外矩形。

(5)用偏移命令、修剪命令完成图形,如图 13−66 所示。

(6)多段线命令绘制架立筋的半圆弯钩。

图 13−66　绘制钢筋

13.6.4　绘制 1:20 的楼梯配筋图

(1)在其他绘制好的图形中复制楼梯,修剪、编辑成如图 13−67 所示。

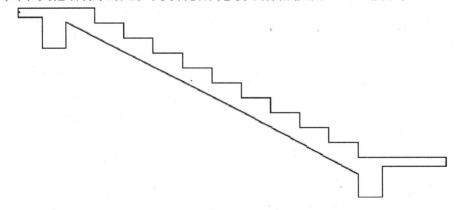

图 13−67　准备图形

(2)启动"偏移"命令将 A 线和 B 线 向下偏移 20mm,C 线向上偏移 20mm,D 线向上偏移 52mm,E 线向右偏移 30mm,如图 13−68 所示。

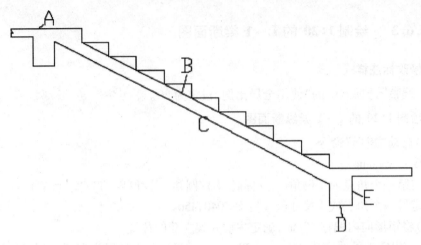

图 13 - 68   偏移图形

提示：

20 = 15mm 厚的钢筋保护层 + 半个线宽 5mm。

52 = 25mm 厚的钢筋保护层 + 2. 25 倍的钢筋直径。

30 = 25mm 厚的钢筋保护层 + 半个线宽 5mm。

（3）用"圆角"命令修剪辅助线。绘制 A、B 两条辅助线，将 A 线向左偏移 850mm，B 线向右偏移 850mm，如图 13 - 69 所示。

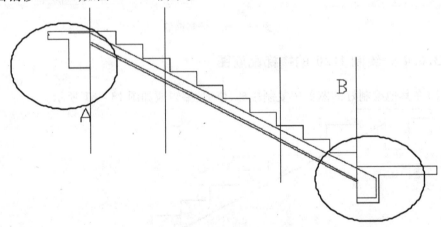

图 13 - 69   绘制辅助线

（4）用"多段线"命令绘制负弯矩筋。

命令：_pline

指定起点：//辅助线的上交点

当前线宽为 10. 0000

指定下一个点或［圆弧（A）/半宽（H）/长度（L）/放弃（U）/宽度（W）］：

指定下一点或［圆弧（A）/闭合（C）/半宽（H）/长度（L）/放弃（U）/宽度（W）］：600

指定下一点或［圆弧（A）/闭合（C）/半宽（H）/长度（L）/放弃（U）/宽度（W）］：a

指定圆弧的端点或［角度(A)/圆心(CE)/闭合(CL)/方向(D)/半宽(H)/直线(L)/半径(R)/第二个点(S)/放弃(U)/宽度(W)］：a

指定包含角：180

指定圆弧的端点或［圆心(CE)/半径(R)］：40

指定圆弧的端点或［角度(A)/圆心(CE)/闭合(CL)/方向(D)/半宽(H)/直线(L)/半径(R)/第二个点(S)/放弃(U)/宽度(W)］：L

指定下一点或［圆弧(A)/闭合(C)/半宽(H)/长度(L)/放弃(U)/宽度(W)］：36

(5)用"多段线"命令绘制其他的负弯矩筋,如图 13－70 所示。

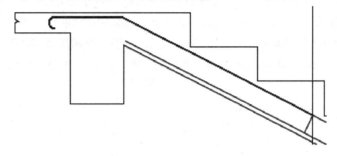

图 13－70　绘制负弯矩筋

(6)用"多段线"命令绘制板下受力筋。

(7)借助辅助线,用圆环命令绘制板下的分布筋,结果如图 13－71 所示。

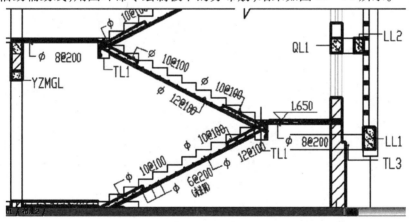

图 13－71　绘制分布筋

参考文献

［1］杨碧香. 建筑 CAD 教程［M］. 北京:中国建筑工业出版社,2010.

［2］吴银柱. 土建工程 CAD［M］. 北京:高等教育出版社,2011.

［3］史岩. 建筑 CAD［M］. 武汉:华中科技大学出版社,2009.

［4］赵光. AutoCAD2006 实用教程［M］. 北京:电子工业出版社,2007.

［5］贾东永. AutoCAD 机械制图与工程实践［M］. 北京:清华大学出版社,2008.